移动通信技术

何晓明　胡　燏　张　琦　主编
张仕海　王渊民　叶利丽　副主编

西南交通大学出版社
·成都·

图书在版编目（ＣＩＰ）数据

移动通信技术 / 何晓明，胡燏，张琦主编. —成都：
西南交通大学出版社，2017.9
ISBN 978-7-5643-5587-6

Ⅰ. ①移… Ⅱ. ①何… ②胡… ③张… Ⅲ. ①移动通
信 – 通信技术 – 教材 Ⅳ. ①TN929.5

中国版本图书馆 CIP 数据核字（2017）第 163545 号

移动通信技术

何晓明　胡　燏　张　琦／主　编　　　　　责任编辑／穆　丰
　　　　　　　　　　　　　　　　　　　　封面设计／墨创文化

西南交通大学出版社出版发行

（四川省成都市二环路北一段 111 号西南交通大学创新大厦 21 楼　610031）
发行部电话：028-87600564　028-87600533
网址：http://www.xnjdcbs.com
印刷：成都中铁二局永经堂印务有限责任公司

成品尺寸　185 mm×260 mm
印张　20.25　　字数　504 千
版次　2017 年 9 月第 1 版　　印次　2017 年 9 月第 1 次

书号　ISBN 978-7-5643-5587-6
定价　45.00 元

课件咨询电话：028-87600533
图书如有印装质量问题　本社负责退换
版权所有　盗版必究　举报电话：028-87600562

前　言

移动通信发展至今，已经深深改变了我们的生活，生活也离不开移动通信技术；近 20 年来，我们国家移动通信产业高速发展，各个层面都发生了飞跃，4G 的普及，5G 的即将开始，都将需要大量从业人员，面对这样的形势，为了培养出满足用人单位需求的人才，现在大部分高校通信相关专业开设了"移动通信技术"的相关课程，但是现在能够使用的教材技术方向单一，与工程实际脱离，不能满足学生全面的、从整体层面了解及学习移动通信技术。所以，本书包含移动通信发展的所有阶段，循序渐进，使移动通信技术成为一个整体，不再是以前某个单一技术（如"WCDMA"的单方面学习），而是先通过 2G 铺垫基础知识，3G、4G 学习移动通信技术的方法，通过此书，希望能让读者全面系统的了解移动通信技术。

本书共分为 3 个大的部分：第 1 部分为基础篇，介绍并讲解 2G 移动通信技术的发展、原理、技术，主要通过这一部分将读者引入门，并且掌握移动通信中的基本知识。第 2 部分为巩固篇，讲解 3G 的发展及包含的 3 种主流技术标准（WCDMA、TD-SCDMA、CDMA2000）的原理及关键技术，并且加入 3G 技术的对比章节，从客观上、原理上分析 3 种 3G 技术标准的优缺点。第 3 部分为夯实篇，讲解如今大量普及成熟的 4G 技术（TD-LTE）技术特性和结构原理，以及向未来发展提升的趋势。通过前期的章节学习，其实读者已经掌握了学习移动通信技术的方法，这一部分，读者学起来会比较轻松。

本书可作为通信、电子、信息类本科院校、普通大专院校、高职院校的教材，也可以供通信领域的技术培训及工程技术人员学习参考之用。

尽管编者数易其稿，力求内容准确、文字精练、易学易懂，但由于水平有限，书中难免存在不妥乃至错误之处，敬请读者不吝指正。

编　者

2017 年 5 月

目 录

基础篇

巩固篇

夯实篇

基础篇

移动通信基础知识及发展概述

第1章 引 言

1.1 移动通信概述

随着社会的进步、科技的发展，特别是计算机和数字通信技术的发展，近年来，移动通信系统以其显著的优越性能得以迅猛发展。

移动通信的主要目的是实现任何时间、任何地点和任何通信对象之间的通信。

从通信网的角度看，移动网可以看成是有线通信网的延伸，它由无线和有线两部分组成。无线部分提供用户终端接入，利用有限的频率资源在空中可靠地传送话音和数据；有线部分完成网络功能，包括交换、用户管理、漫游、鉴权等，构成公众陆地移动通信网 PLMN。从陆地移动通信的具体实现形式来分主要有模拟移动通信和数字移动通信两种。

移动通信系统从 20 世纪 40 年代发展至今，根据其发展历程和发展方向，可分为三个阶段：

1.1.1 第一代——模拟蜂窝通信系统

第一代移动电话系统采用了蜂窝组网技术，蜂窝概念由贝尔实验室提出，20 世纪 70 年代在世界许多地方得到研究。当第一个试运行网络在芝加哥开通时，美国第一个蜂窝系统 AMPS（高级移动电话业务）在 1979 年成为现实。

现在存在于世界各地比较实用的、容量较大的系统主要有：

① 北美的 AMPS；② 北欧的 NMT-450/900；③ 英国的 TACS；其工作频带都在 450 MHz 和 900 MHz 附近，载频间隔在 30 kHz 以下。

鉴于移动通信用户的特点：一个移动通信系统不仅要满足区内，越区及越局自动转接信道的功能，还应具有处理漫游用户呼叫（包括主被叫）的功能。因此移动通信系统不仅希望有一个与公众网之间开放的标准接口，还需要一个开放的开发接口。由于移动通信是基于固定电话网的，因此由于各个模拟通信移动网的构成方式有很大差异，所以总的容量受到很大的限制。

鉴于模拟移动通信的局限性，因此尽管模拟蜂窝移动通信系统还会以一定的增长率在近几年内继续发展，但是它有着下列致命的弱点：

（1）各系统间没有公共接口。

（2）无法与固定网迅速向数字化推进相适应，数字承载业务很难开展。

（3）频率利用率低，无法适应大容量的要求。

（4）安全利用率低，易于被窃听，易做"假机"。

这些致命的弱点将妨碍其进一步发展，因此模拟蜂窝移动通信将逐步被数字蜂窝移动通信所替代。然而，在模拟系统中的组网技术仍将在数字系统中应用。

1.1.2 第二代——数字蜂窝移动通信系统

由于 TACS 等模拟制式存在各种缺点，20 世纪 90 年代开发出了以数字传输、时分多址和窄带码分多址为主体的移动电话系统，称之为第二代移动电话系统。代表产品分为两类：

1.1.1.1 TDMA 系统

TDMA 系列中比较成熟和最有代表性的制式有：泛欧 GSM、美国 D-AMPS 和日本 PDC。

（1）D-AMPS 是在 1989 年由美国电子工业协会 EIA 完成技术标准制定工作，1993 年正式投入商用。它是在 AMPS 的基础商改造成的，数模兼容，基站和移动台比较复杂。

（2）日本的 JDC（现已更名为 PDC）技术标准在 1990 年制定，1993 年使用，只限于本国使用。

（3）欧洲邮电联合会 CEPT 的移动通信特别小组（SMG）在 1988 年制定了 GSM 第一阶段标准 phase1，工作频带为 900 MHz 左右，1990 年投入商用；同年，应英国要求，工作频带为 1 800 MHz 的 GSM 规范产生。

上述三种产品的共同点是数字化，时分多址、话音质量比第一代好，保密性好、可传送数据、能自动漫游等。

三种不同制式各有其优点，PDC 系统频谱利用率很高，而 D-AMPS 系统容量最大，但 GSM 技术最成熟，而且它以 OSI 为基础，技术标准公开，发展规模最大。

1.1.2.2 N-CDMA 系统

N-CDMA（码分多址）系列主要是以高通公司为首研制的基于 IS-95 的 N-CDMA（窄带 CDMA）。北美数字蜂窝系统的规范是由美国电信工业协会制定的，1987 年开始系统研究，1990 年被美国电子工业协会接受，由于北美地区已经有统一的 AMPS 模拟系统，该系统按双模式设计。随后频带扩展到 1 900 MHz，即基于 N-CDMA 的 PCS1900。

1.1.3 第三代——IMT-2000

随着用户的不断增长和数字通信的发展，第二代移动电话系统逐渐显示出它的不足之处。首先是频带太窄，不能提供如高速数据、慢速图像与电视图像等的各种宽带信息业务；其次是 GSM 虽然号称"全球通"，实际未能实现真正的全球漫游，尤其是在移动电话用户较多的国家如美国、日本均未得到大规模的应用。而随着科学技术和通信业务的发展，需要的是一个综合现有移动电话系统功能和提供多种服务的综合业务系统，所以国际电联要求在 2000 年实现商用化的第三代移动通信系统，即 IMT-2000，它的关键特性有：

（1）包含多种系统；

（2）世界范围设计的高度一致性；

（3）IMT-2000 内业务与固定网络的兼容；

（4）高质量；

（5）世界范围内使用小型便携式终端。

具有代表性的第三代移动通信系统技术主要存在两个标准：

（1）以 Qualcomm 公司为代表提出的与 IS-95 系统反向兼容的宽带 cdmaOne 建议。

建议采用多级 DS-CDMA，射频信道带宽 1.25/10/20 MHz，PN 码片率为 1.288/3.6864/7.3728/14.7456 Mb/s。采用多级的目的在于将 5 MHz 分为 3 个 1.25 MHz 带宽的信道，以便于 IS-95 后向兼容，可以共享或重叠。

美国考虑在 IMT-2000 网络发展目标上，支持宽带分组交换网为核心，将当前的从功能上分层的网络模式演变成端到端的客户-服务器模式。

（2）专门开发与 GSM 系统反向兼容的 UMTS 标准，包括两个子方案：

① 日本的 W-CDMA。

日本最大的移动电话运营商 NTT DoCoMo 提出的建议为相干多码率宽带 CDMA（W-CDMA）。由于日本的第二代移动电话系统并没有成为全球化标准，而在第三代 IMT-2000 网络技术方案上，日本决心走全球化合作的道路。在支持 ITU 的 IMT-2000 家族及接口概念基础上，有意参照无线传输技术的合作方式，支持欧洲的 GSM UMTS 的网络概念。现在爱立信等公司以与 NTT DoCoMo 公司合作，共同提出无线传输技术采用 W-CDMA，而核心网路则沿用 GSM 网络平台，其目的在于能从 GSM 演进到第三代 IMT-2000。

② 欧洲的 TD-CDMA。

欧洲西门子和阿尔卡特等公司提出了一种 TD-CDMA。该方案将 FDMA/TDMA/CDMA 组合在一起。其特点是信道间隔扩展为 1.6 MHz，但它的帧结构和时隙结构与 GSM 相同，扩展因子为 16，可支持每时隙 8 个用户。由于每时隙仅 8 个用户（码分），故可采用联合检测（Joint Detection）从而不需快速功率控制和减少码间干扰，另外还可采用时分双工（TDD）。移动台将采用双模手机，以便在网络、信令层与 GSM 兼容。

此方案便于由 GSM 平滑过渡到第三代，故受到很多 GSM 供应商支持。

1992 年世界无线电管制大会的规定，IMT-2000 频谱分配如下：

上行频段：1 885 ~ 2 025 MHz；下行频段：2 110 ~ 2 200 MHz；

移动卫星业务频段：1 980 ~ 2 010 MHz；2 170 ~ 2 200 MHz。

从上面的分配可以看出，其上、下行频段是不对称的，因此有的系统提出利用不对称的频段以 TDD 方式提供业务。但是在 IMT-2000 频谱分配上，各国家和地区的考虑并不相同，不可能完全遵照这样的频谱安排。

1.2 移动通信的特点

移动通信：对于通话的双方，只要有一方处于移动状态，即构成移动通信方式。

移动通信是有线通信的延伸，与有线通信相比具有以下特点：

1. 终端用户的移动性

移动通信的主要特点在于用户的移动性，需要随时知道用户当前位置，以完成呼叫、接续等功能；用户在通话时的移动性，还涉及到频道的切换问题等。

2. 无线接入方式

移动用户与基站系统之间采用无线接入方式，频率资源的有限性、用户与基站系统之间信号的干扰（频率利用、建筑物的影响、信号的衰减等）、信息（信令、数据、话路等）的安全保护（鉴权、加密）等。

3. 漫游功能

移动通信网之间的自动漫游，移动通信网与其他网络的互通（公用电话网、综合业务数字网、数据网、专网、现有移动通信网等），各种业务功能的实现等（电话业务、数据业务、短消息业务、智能业务等）。

第 2 章　GSM 通信系统

2.1　GSM 的发展

GSM 数字移动通信系统源于欧洲。早在 20 世纪 80 年代初，欧洲已有几大模拟蜂窝移动系统在运营，例如北欧的 NMT（北欧移动电话）和英国的 TACS（全接入通信系统），西欧其他各国也提供移动业务。但是模拟系统有一些限制：第一，尽管在 80 年代初的过低估计下，移动业务的潜在需求也远远超过当时模拟蜂窝网的预计容量；第二，运营中的不同系统不能向用户提供兼容性：一个 TACS 终端不能进入 NMT 网，一个 NMT 终端也不能进入 TACS 网。为了方便全欧洲统一使用移动电话，需要一种公共的系统。

1982 年，在欧洲邮电行政大会（CEPT）上成立"移动特别小组"（Group Special Mobile）简称 "GSM"，开始制定使用于泛欧各国的一种数字移动通信系统的技术规范。1990 年完成了 GSM900 的规范，产生一套 12 章规范系列。随着设备的开发和数字蜂窝移动通信网的建立，GSM 逐渐演变为"全球移动通信系统"（Global System for Mobile Communication）的简称。

2.2　GSM 系统的技术规范及其主要性能

2.2.1　GSM 标准

01 系列：概述；

02 系列：业务方面；

03 系列：网络方面；

04 系列：MS-BS 接口和规约（空中接口第 2、3 层）；

05 系列：无线路径上的物理层（空中接口第 1 层）；

06 系列：话音编码规范；

07 系列：对移动台的终端适配；

08 系列：BS 到 MSC 接口（A 和 Abis 接口）；

09 系列：网络互连；

10 系列：暂缺；

11 系列：设备和型号批准规范；

12 系列：操作和维护。

2.2.2　GSM 的主要特点

（1）频谱效率。由于采用了高效调制器、信道编码、交织、均衡和语音编码技术，使系统具有高频谱效率。

（2）容量。由于每个信道传输带宽增加，使同频复用载干比要求降低至 9 dB，故 GSM 系统的同频复用模式可以缩小到 4/12 或 3/9 甚至更小（模拟系统为 7/21）；加上半速率话音编码的引入和自动话务分配以减少越区切换的次数，使 GSM 系统的容量效率（每兆赫每小区的信道数）比 TACS 系统高 3 ~ 5 倍。

（3）话音质量。鉴于数字传输技术的特点以及 GSM 规范中有关空中接口和话音编码的定义，在门限值以上时，话音质量总是达到相同的水平而与无线传输质量无关。

（4）开放的接口。GSM 标准所提供的开放性接口，不仅限于空中接口，而且报刊网络直接以及网络中各设备实体之间，例如 A 接口和 Abis 接口。

（5）安全性。通过鉴权、加密和 TMSI 号码的使用，保证安全。鉴权用来验证用户的入网权利。加密用于空中接口，由 SIM 卡和网络 AUC 的密钥决定。TMSI 是一个由业务网络给用户指定的临时识别号，以防止有人跟踪而泄漏其地理位置。

（6）与 ISDN、PSTN 等的互联。与其他网络的互联通常利用现有的接口，如 ISUP 或 TUP 等。

（7）在 SIM 卡基础上实现漫游。漫游是移动通信的重要特征，它标志着用户可以从一个网络自动进入另一个网络。GSM 系统可以提供全球漫游，当然也需要网络运营者之间的某些协议，例如计费。

在 GSM 系统中，漫游是在 SIM 卡识别号以及被称为 IMSI 的国际移动用户识别号的基础上实现的。这意味着用户不必带着终端设备而只需带其 SIM 卡进入其他国家即可。终端设备可以租借，仍可达到用户号码不变，计费账号不变的目的。

2.3　GSM 系统关键技术

2.3.1　工作频段的分配

1. 工作频段

我国陆地公用蜂窝数字移动通信网 GSM 通信系统采用 900 MHz 频段：

890 ~ 915（移动台发、基站收）；

935 ~ 960（基站发、移动台收）。

双工间隔为 45 MHz，工作带宽为 25 MHz，载频间隔为 200 kHz。

随着业务的发展，可视需要向下扩展，或向 1.8 GHz 频段的 GSM1 800 过渡，即 1 800 MHz 频段：

1 710 ~ 1 785（移动台发、基站收）；

1 805 ~ 1 880（基站发、移动台收）。

双工间隔为 95 MHz，工作带宽为 75 MHz，载频间隔为 200 kHz。

2. 频道间隔

相邻两频道间隔为 200 kHz。每个频道采用时分多址接入（TDMA）方式，分为 8 个时隙，即 8 个信道（全速率）。每信道占用带宽 200 kHz/8=25 kHz。

将来 GSM 采用半速率话音编码后，每个频道可容纳 16 个半速率信道。

2.3.2　多址方案

GSM 通信系统采用的多址技术：频分多址（FDMA）和时分多址（TDMA）结合，还加上跳频技术。

GSM 在无线路径上传输的一个基本概念是：传输的单位是约一百个调制比特的序列，称为一个"突发脉冲"。脉冲持续时间优先，在无线频谱中也占一有限部分。它们在时间窗和频率窗内发送，我们称之为间隙。精确地讲，间隙的中心频率在系统频带内间隔 200 kHz 安排（FDMA 情况），它们每隔 0.577 ms（更精确地是 15/26 ms）出现一次（TDMA 情况）。对应于相同间隙的时间间隔称为一个时隙，它的持续时间将作为一种时间单位，称为 BP（突发脉冲周期）。

这样一个间隙可以在时间/频率图中用一个长 15/26 ms，宽 200 kHz 的小矩形表示（见图 2.1）。统一地，我们将 GSM 中规定的 200 kHz 带宽称为一个频隙。

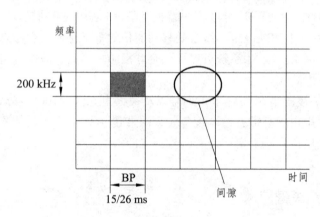

图 2.1　在时域和频域中的间隙

在 GSM 系统中，每个载频被定义为一个 TDMA 帧，相当于 FDMA 系统的一个频道。每帧包括 8 个时隙（TS0 ~ 7）。每个 TDMA 帧有一个 TDMA 帧号。

TDMA 帧号是以 3 小时 28 分 53 秒 760 毫秒（2 048×51×26×8BP 或者说 2 048×51×26 个 TDMA 帧）为周期循环编号的。每 2 048×51×26 个 TDMA 帧为一个超高帧，每一个超高帧又可分为 2 048 个超帧，一个超帧是 51×26 个 TDMA 帧的序列（6.12 秒），每个超帧又是由复帧组成。复帧分为两种类型。

26 帧的复帧：它包括 26 个 TDMA 帧（26×8BP），持续时长 120 ms。51 个这样的复帧组成一个超帧。这种复帧用于携带 TCH（和 SACCH 加 FACCH）。

51 帧的复帧：它包括 51 个 TDMA 帧（51×8BP），持续时长 3 060/13 ms。26 个这样的复帧组成一个超帧。这种复帧用于携带 BCH 和 CCCH。

2.3.3　无线接口管理

在 GSM 通信系统中，可用无线信道数远小于潜在用户数，双向通信的信道只能在需要时才分配。这与标准电话网有很大的区别，在电话网中无论有无呼叫，每个终端都与一个交换机相连。

在移动网中，需要根据用户的呼叫动态地分配和释放无线信道。不论是移动台发出的呼叫，还是发往移动台的呼叫，其建立过程都要求用专门方法使移动台接入系统，从而获得一条信道。在 GSM 中，这个接入过程是在一条专用的移动台——基站信道上实现的。这个信道与用于传送寻呼信息的基站——移动台信道一起称为 GSM 的公用信道，因为它同时携带发自/发往许多移动台的信息。相反地，在一定时间内分配给一单独移动台的信道称作专用信道。由于这种区别，可以定义移动台的两种宏状态。

空闲模式：移动台在侦听广播信道，此时它不占用任一信道。

专用模式：一条双向信道分配给需要通信的移动台，使它可以利用基础设施进行双向点对点通信。

接入过程使移动台从空闲模式转到专用模式。

2.3.4 GSM 信道

GSM 中的信道分为物理信道和逻辑信道，一个物理信道就为一个时隙（TS），而逻辑信道是根据 BTS 与 MS 之间传递的信息种类的不同而定义的不同逻辑信道，这些逻辑信道映射到物理信道上传送。从 BTS 到 MS 的方向称为下行链路，相反的方向称为上行链路。

广播信道（BCH）

频率校正信道（FCCH）：携带用于校正MS频率的消息，下行信道，点对多点（BTS对多个MS）方式传播。

同步信道（SCH）：携带MS的帧同步（TDMA帧号）和BTS的识别码（BSIC）的信息，下行信道，点对多点（BTS对多个MS）方式传播。

广播控制信道（BCCH）：广播每个BTS的通用信息（小区特定信息），下行信道，点对多点（BTS对多个MB）方式传播。

公共控制信道（CCCH）

寻呼信道（PCH）：用于寻呼（搜索）MS，下行信道，点对多点（BTS对多个MS）方式传播。

随机接入信道（RACH）：MS通过此信道申请分配一个独立专用控制信道（SDCCH），可作为对寻呼的响应或MS主叫/登记时的接入。上行信道，点对点方式传播。

允许接入信道（AGCH）：用于为MS分配一个独立专用控制信道（SDCCH），下行信道，点对点方式传播。

专用控制信道（DCCH）

独立专用控制信道（SDCCH）：用在分配TCH之前呼叫建立过程中传送系统信令。例如登记和鉴权在此信道上进行。上行和下行信道，点对点方式传播。

慢速随路控制信道（SACCH）：它与一个TCH或一个SDCCH相关，是一个传送连续信息的连续数据信息，如传送移动台接收到的关于服务及邻近小区的信号强大的测试报告。这对实现移动台残余切换功能是必要的。它还用于MS的功率管理和时间调整。上行和下行信道，点对点方式传播。

快速随路控制信道（FACCH）：它与一个TCH相关，工作于借用模式，即在话音传输过程中如果突然需要以比SACCH所能处理的高得多的速度传送信令信息，则借用20 ms的话音（数据）来传送。这一般在切换时发生。由于语音译码器会重复最后20 ms的话音，因此这种终端不被用户察觉。

图 2.2　广播、公用、专用控制通道

逻辑信道又分为两大类，业务信道和控制信道。

（1）业务信道（TCH）：用于传送编码后的话音或客户数据，在上行和下行信道上，点对点（BTS 对一个 MS，或反之）方式传播。

（2）控制信道：用于传送信令或同步数据。根据所需完成的功能又把控制信道定义成广播、公共及专用三种控制信道，如图 2.2 所示。

2.3.5　保密措施

GSM 系统在安全性方面有了显著改进，GSM 与保密相关的功能有两个目标：第一，包含网络以防止未授权的接入，（同时保护用户不受欺骗性假冒）；第二，保护用户的隐私权。

防止未授权的接入是通过鉴权（即插入的 SIM 卡与移动台提供的用户标识码是否一致的安全性检查）实现的。从运营者方面看，该功能是头等重要的，尤其在国际漫游情况下，被访问网络并不能控制用户的记录，也不能控制它的付费能力。

保护用户的隐私是通过不同手段实现时，对传输加密可以防止在无线信道上窃听通信。大多数的信令也可以用同样方法保护，以防止第三方了解被叫方是谁。另外，以一个临时代号替代用户标识是使第三方无法在无线信道上跟踪 GSM 用户的又一机制。

2.3.5.1　PIN 码

这是一种简单的鉴权方法。

在 GSM 系统中，客户签约等信息均被记录在 SIM 卡中。SIM 卡插到某个 GSM 终端设备中，便视作自己的电话机，通话的计费账单便记录在此 SIM 卡名下。为防止盗打，账单上产生讹误计费，在 SIM 卡上设置了 PIN 码操作(类似计算机上的 Password 功能)。PIN 码是由 4～8 位数字组成，其位数由客户自己决定。如客户输入了一个错误的 PIN 码，它会给客户一个提示，重新输入，若连续 3 次输入错误，SIM 卡就被闭锁，即使将 SIM 卡拔出或关掉手机电源也无济于事，必须向运营商申请，由运营商为用户解锁。

2.3.5.2　鉴　权

鉴权的计算如图 2.3 所示。其中 RAND 是网络侧对用户的提问，只有合法的用户才能够给出正确的回答 SRES。

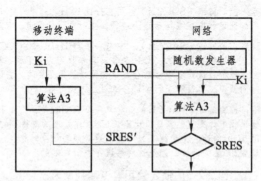

图 2.3　鉴权的计算

RAND 是由网络侧 AUC 的随机数发生器产生的，长度为 128 比特，它的值随机地在 0～$2^{(128-1)}$（成千上万亿）范围内抽取。

SRES 称为符号响应，通过用户唯一的密码参数（Ki）的计算获取，长度为 32 比特。

Ki 以相当保密的方式存储于 SIM 卡和 AUC 中，用户也不了解自己的 Ki，Ki 可以是任意格式和长度的。

A3 算法为鉴权算法，由运营者决定，该算法是保密的。A3 算法的唯一限制是输入参数的长度（RAND 是 128 比特）和输出参数尺寸（SRES 必须是 32 比特）。

2.3.5.3　加　密

在 GSM 中，传输链路中加密和解密处理的位置允许所有专用模式下的发送数据都用一种方法保护。发送数据可以是用户信息（语音、数据……），与用户相关的信令（例如携带被呼号码的消息），甚至是与系统相关信令（例如携带着准备切换的无线测量结果的消息）。

加密和解密是对 114 个无线突发脉冲编码比特与一个由特殊算法产生的 114 比特加密序列进行异或运算（A5 算法）完成的。为获得每个突发加密序列，A5 对两个输入进行计算：一个是帧号码，另一个是移动台与网络之间同意的密钥（称为 Kc），如图 2.4 所示。上行链路和下行链路上使用两个不同的序列：对每一个突发，一个序列用于移动台内的加密，并作为 BTS 中的解密序列；而另一个序列用于 BTS 的加密，并作为移动台的解密序列。

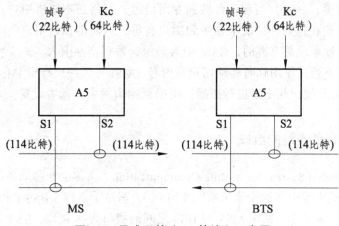

图 2.4　异或运算（A5 算法）示意图

1. 帧　号

帧号编码成一连串的三个值，总共加起来 22 比特。对于各种无线信道，每个突发的帧号都不同，所有同一方向上给定通信的每个突发使用不同的加密序列。

2. A5 算法

A5 算法必须在国际范围内规定，该算法可以描述成由 22 比特长的参数（帧号码）和 64 比特长参数（Kc）生成两个 114 比特长的序列的黑盒子。

3. 密钥 Kc

开始加密之前，密钥 Kc 必须是移动台和网络同意的。GSM 中选择在鉴权期间计算密钥 Kc，然后把密钥存贮于 SIM 卡的永久内存中。在网络一侧，这个"潜在"的密钥也存贮于拜访 MSC/VLR 中，以备加密开始时使用。

由 RAND（与用于鉴权的相同）和 Ki 计算 Kc 的算法为 A8 算法。与 A3 算法（由 RAND 和 Ki 计算 SRES 的鉴权算法）类似，可由运营者选择决定。

Kc 的计算如图 2.5 所示。

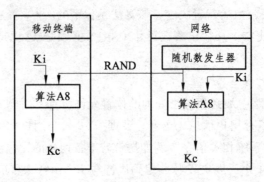

图 2.5 Kc 的计算

2.3.5.4 用户身份保护

加密对于机密信息十分有效，但不能用在无线路径上保护每一次信息交换。首先，加密不能应用于公共信道；其次，当移动台转到专用信道，网络还不知道用户身份时，也不能加密。第三方就有可能在这两种情况下侦听到用户身份，从而得知该用户此时漫游到的地点。这对于用户的隐私性来说是有害的，GSM 中为确保这种机密性引入了一个特殊的功能。

在可能的情况下通过使用临时移动用户身份号 TMSI 替代用户身份 IMSI，可以得到保护。TMSI 由 MSC/VLR 分配，并不断进行更换，更换周期由网络运营者设置。

2.3.6 GSM 通信系统的组成

GSM 系统（Global System for Mobile Communication）又称全球移动通信系统（全球通）。

GSM 通信系统主要由移动交换子系统（MSS）、基站子系统（BSS）和移动台（MS）三大部分组成，如图 2.6 所示。其中 MSS 与 BSS 之间的接口为 A 接口，BSS 与 MS 之间的接口为 Um 接口。GSM 规范对系统的 A 接口和 Um 接口都有明确的规定，也就是说，A 接口和 Um 接口是开放的接口。

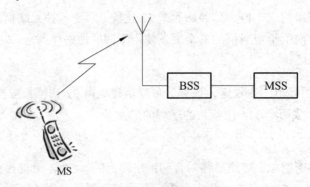

图 2.6 GSM 系统的组成

1. 移动交换子系统 MSS

完成信息交换、用户信息管理、呼叫接续、号码管理等功能。

2. 基站子系统 BSS

BSS 系统是在一定的无线覆盖区中由 MSC 控制，与 MS 进行通信的系统设备，完成信道的分配、用户的接入和寻呼、信息的传送等功能。

3. 移动台 MS

MS 是 GSM 系统的移动用户设备，它由两部分组成，移动终端和客户识别卡（SIM 卡）。移动终端就是"机"，它可完成话音编码、信道编码、信息加密、信息的调制和解调、信息发射和接收。SIM 卡就是"人"，它类似于我们现在所用的 IC 卡，因此也称作智能卡，存有认证客户身份所需的所有信息，并能执行一些与安全保密有关的重要信息，以防止非法客户进入网路。SIM 卡还存储与网路和客户有关的管理数据，只有插入 SIM 卡后移动终端才能接入进网。

4. 操作维护子系统

GSM 子系统还包括操作维护子系统（OMC），对整个 GSM 网络进行管理和监控。通过它实现对 GSM 网内各种部件功能的监视、状态报告、故障诊断等功能。

第3章　数字公用陆地移动通信网 PLMN

数字公用陆地移动通信网 PLMN 的网络结构如图 3.1 所示。从物理实体来看，数字 PLMN 网包括移动终端、BSS 子系统和 MSS 子系统等部分。移动终端与 BSS 子系统通过标准的 Um 无线接口通信，BSS 子系统与 MSS 子系统通过标准的 A 接口通信。

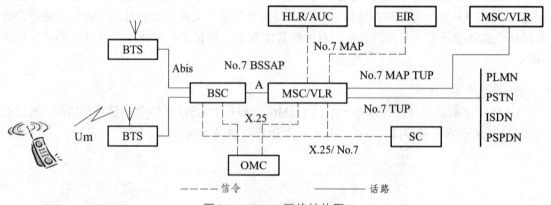

图 3.1　PLMN 网络结构图

其中：

BSC（Base Station Controller）：基站控制器；

BTS（Base Transceiver Station）：基站收发信机；

MSC（Mobile services Switching Center）：移动交换中心；

OMC（Operation and Maintenance Center）：操作维护中心；

AUC（Authentication Centre）：鉴权中心；

EIR（EquipmentIdentification Register）：设备识别登记器；

HLR（Home Location Register）：归属位置登记器；

VLR（Vistor Location Register）：拜访位置登记器；

MS（Mobile Station）：移动台；

ISDN（Intergrated Service Digital）：综合业务数字网；

PSTN（Public Switching Telephone Network）：公用电话交换网；

PSPDN（Public Switched Data Network）：公用数据交换网；

PLMN（Public Land and Mobile Network）：公用陆地移动网。

3.1　BSS 子系统

基站子系统 BSS 为 PLMN 网络的固定部分和无线部分提供中继，一方面 BSS 通过无线接

口直接与移动台实现通信连接，另一方面 BSS 又连接到移动交换子系统 MSS 的移动交换中心
MSC。

基站子系统 BSS 可分为两部分。通过无线接口与移动台相连的基站收发信台（BTS）以
及与移动交换中心相连的基站控制器（BSC），BTS 负责无线传输、BSC 负责控制与管理。

一个 BSS 系统由一个 BSC 与一个或多个 BTS 组成，BSS 子系统可由多个 BSC 和 BTS 组
成。一个基站控制器 BSC 根据话务量需要可以控制数十个 BTS。BTS 可以直接与 BSC 相连，
也可以通过基站接口设备 BIE 与远端的 BSC 相连。基站子系统还应包括码变换器（TC）和子
复用设备（SM）。

如图 3.2 所示为典型的 BSS 子系统结构图。

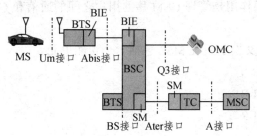

图 3.2　BSS 子系统结构图

其中：

TC（TransCoder）：码型变换器；

SM（SubMultiplexing）：子复用；

BIE（Base station Interface Equipment）：基站接口设备。

如图 3.2 所示，BSS 的组成有：

1. 基站收发信台（BTS）

基站收发信台（BTS）包括基带单元、载频单元和控制单元三部分，属于基站系统的无线
部分，由基站控制器控制，服务于某个小区的无线收发信设备，完成 BSC 与无线信道之间的
转换，实现 BTS 与 MS 之间通过空中接口的无线传输及相关的控制功能。

当 BTS 与 BSC 为远端配置方式时，则需采用 Abis 接口，这时，BTS 与 BSC 两侧都需配
置 BIE 设备；而当 BSC 与 BTS 之间的间隔不超过 10 米时，可将 BSC 与 BTS 直接相连，采
用内部 BS 接口，不需要接口设备 BIE。

2. 基站控制器（BSC）

BSC 是基站系统（BSS）的控制部分，在 BSS 中起交换作用。

BSC 一端可与多个 BTS 相连，另一端与 MSC 和操作维护中心 OMC 相连，BSC 面向无
线网络，主要负责完成无线网络管理、无线资源管理及无线基站的监视管理，控制移动台和
BTS 无线连接的建立、接续和拆除等管理，控制完成移动台的定位、切换和寻呼，提供语音
编码、码型变换和速率适配等功能，并能完成对基站子系统的操作维护功能。

BSS 中的 BSC 所控制的 BTS 的数量随业务量的大小而改变。

3. 码型变换器（TC）

码型变换器 TC 主要完成 16 kb/sRPE-LTP（规则脉冲激励长期预测）编码和 64 kb/s A 律

PCM 之间的语音变换。在典型的实施方案中，ZXG10-TC 位于 MSC 与 BSC 之间。

当 TC 位于 MSC 侧时，通过 MSC 和 BSC 之间以及 BSC 和 BTS 之间的传输线路子复用器 SM、BIE，可以充分利用在空中接口使用的低语音编码传输速率，降低传输线路的成本。

BSC 与 TC 之间的接口称为 Ater 接口；在 TC 与 MSC 之间的接口称为 A 接口。

3.2 MSS 子系统

移动交换子系统 MSS 完成 GSM 的主要交换功能，同时管理用户数据和移动性所需的数据库。MSS 子系统的主要作用是管理 GSM 移动用户之间的通信和 GSM 移动用户与其他通信网用户之间的通信。

如图 3.1 所示，移动交换子系统 MSS 包括七个功能单元。

移动交换中心（MSC）；

拜访位置寄存器（VLR）；

归属位置寄存器（HLR）；

鉴权中心（AUC）；

设备识别寄存器（EIR）；

短消息中心（SC）。

1. 移动交换中心（MSC）

MSC 是 PLMN 的核心。MSC 对位于它所覆盖区域中的移动台进行控制和完成话路接续的功能，也是 PLMN 和其他网络之间的接口。它完成通话接续、计费、BSS 和 MSC 之间的切换和辅助性的无线资源管理、移动性管理等功能。另外，为了建立至移动台的呼叫路由，每个 MSC 还完成 GMSC 的功能，即查询移动台位置信息的功能。

MSC 从三种数据库，拜访位置寄存器（VLR）、归属位置寄存器（HLR）和鉴权中心（AUC）中取得处理用户呼叫请求所需的全部数据。反之，MSC 根据其最新数据更新数据库。

2. 拜访位置寄存器（VLR）

VLR 通常与 MSC 合设，其中存储 MSC 所管辖区域中的移动台（称拜访客户）的相关用户数据，包括：用户号码、移动台的位置区信息、用户状态和用户可获得的服务等参数。

VLR 是一个动态用户数据库。VLR 从移动用户的归属位置寄存器（HLR）处获取并存贮必要的数据，一旦移动用户离开该 VLR 的控制区域，则重新在另一个 VLR 登记，原 VLR 将取消该移动用户的数据记录。

3. 归属位置寄存器（HLR）

HLR 存储管理部门用于移动用户管理的数据。每个移动用户都应在其归属位置寄存器（HLR）注册登记，它主要存储两类信息：一是有关移动用户的参数，包括移动用户识别号码、访问能力、用户类别和补充业务等数据；一是有关移动用户目前所处位置的信息，以便建立至移动台的呼叫路由，例如 MSC、VLR 地址等。

4. 鉴权中心（AUC）

AUC 属于 HLR 的一个功能单元部分，专门用于 GSM 系统的安全性管理。鉴权中心产生鉴权三参数组（随机数 RAND、符号响应 SRES、加密键 Kc），用来鉴权用户身份的合法性以及对无线接口上的话音、数据、信令信号进行加密，防止无权用户接入和保证移动用户通信的安全。

5. 设备识别寄存器（EIR）

EIR 存储有关移动台设备参数。完成对移动设备的识别、监视、闭锁等功能，以防止非法移动台的使用。

EIR 中存有三种名单：

白名单——存贮已分配给可参与运营的 GSM 各国的所有设备识别标识 IMEI。

黑名单——存贮所有应被禁用的设备识别标识 IMEI。

灰名单——存贮有故障的以及未经型号认证的设备识别标识 IMEI，由网路运营者决定。

6. 短消息中心（SC）

短消息中心提供短消息业务功能。

短消息业务（SHORT MESSAGE SERVICE：SMS）提供在 GSM 网络中移动用户和固定用户之间或移动用户和移动用户之间发送讯息长度较短的信息。短消息业务功能是一种类似于传呼机的业务功能，但是它具有寻呼网络无法具备的优点：即保证到达和双向寻呼功能。

点对点短消息业务包括移动台 MS 发起的短消息业务 MO/PP 及移动台终止的短消息业务 MT/PP。点对点短消息的传递与发送由短消息中心 SC 进行中继。短消息中心的作用像邮局一样，接收来自各方面的邮件，然后把它们进行分拣，再发给各个用户。短消息中心的主要功能是接收、存储和转发用户的短消息。

通过短消息中心能够更可靠地将信息传送到目的地。如果传送失败，短消息中心保存失败消息直至发送成功为止。短消息业务的另一个突出特点是，即使移动台处于通话状态，仍然可以同时接收短消息。

3.3　操作维护中心（OMC）

OMC 系统按照功能划分成几大模块，各大模块又分为前台和后台两个子模块，强调各模块的独立性以及模块间接口的通用性，以适应系统结构的变化及功能的增加。

OMC 与 GSM 系统各网络单元的关系如图 3.3 所示。

OMC 即操作维护中心，用于对 GSM 系统的交换实体进行管理。它主要具有以下功能：维护测试功能、障碍检测及处理功能、系统状态监视功能、系统实时控制功能、局数据的修改、性能管理、用户跟踪、告警、话务统计功能等。

OMC 的功能大部分分布在 MSC/VLR、HLR/AUC、BSS 等实体中，与操作维护相关的有关模块中完成，OMC 操作台主要实现 OMC 的人机接口。OMC 功能与一般的维护台功能类似，但需遵守相关规范要求。

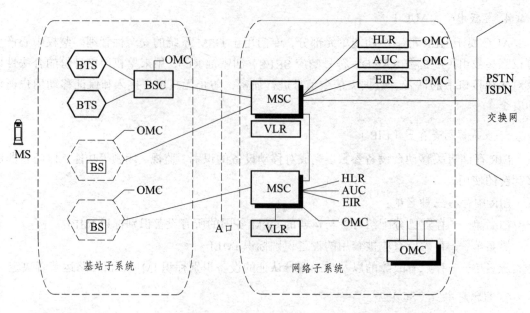

图 3.3 OMC 与 GSM 系统各网络单元的关系

3.4 GSM 系统各个接口和协议

作为现代电信系统，GSM 是一个复杂的网络系统，在多业务方面它与 ISDN 有很多共同点，同时它还增加了来自蜂窝网独有的功能。随着数据网络开放系统互连模型（OSI）的出现，我们可以把 GSM 这样一个具体系统接口的功能、接口和协议，在 OSI 模型基础上来进行分析。

就 GSM 系统与外界的联系，可划分为三大边界，因而也有了三大外部接口（见图 3.4）

图 3.4 GSM 三大外部接口

首先，在用户侧，有移动台 MS 和用户之间的界面，可认为是一个人机界面。在 GSM 规范中定义了一个 SIM-ME 接口，这里 SIM 是一张智能卡，包含存贮在无线端口的用户一侧上所有与用户有关的信息，ME 代表移动设备。

其次，GSM 与其他电信网接口，规定 GSM 作为一种接入网，建立起 GSM 用户与其他电信网用户之间的呼叫；当然我们也可以这样认识，GSM 是一种电信交换机，既执行 GSM 功能，又能管理 PSTN/ISDN 用户，而一般规范的 GSM 体系结构不考虑这种可能性，只是明确定义了 GSM 与其他电信网的接口。

再次，GSM 与运营者的接口，提供对 NSS、BSS 设备管理和运行管理，实现运营商对网络的管理。

根据 OSI 基本原理，可对 GSM 系统功能做分层结构，描述如图 3.5 所示。

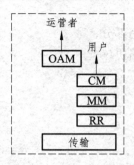

图 3.5　GSM 系统功能

传输：数据传输功能。在通信路径各段上提供携带用户数据，并提供实体间传送信令的方法。

RR：无线资源管理。在呼叫期间建立和释放移动台和 MSC 之间的稳定连接，主要由 MS 和 BSC 完成。

MM：移动性和安全性管理。当环境发生变化时，移动台可以作出不同网络的蜂房选择，使呼叫用户过程有效建立，还需基础设施来管理用户的位置数据（位置更新）。

CM：通信管理。应用户要求，在用户之间建立连接，维持和释放呼叫（可分为 CC——呼叫控制、SSM——附加业务管理、SMS——短消息业务）。

OAM：运行、管理和维护平面。为运营者操作提供手段，它直接由传输层提供服务。

首先考虑无线接口上的协议，这里有许多很重要的 GSM 协议，其协议栈结构如图 3.6 所示。

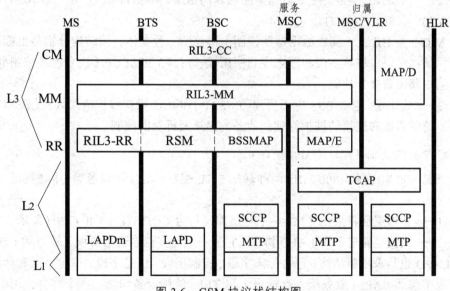

图 3.6　GSM 协议栈结构图

RIL3-CC：无线接口第 3 层——CC 层；

RIL3-MM：无线接口第 3 层——MM 层；

RIL3-RR：无线接口第 3 层——无线资源管理层；

RSM：信道释放确认；

SCCP：信令连接控制部分；

MTP：信息传递部分；

BSSMAP：基站子系统移动应用部分；

LAPDm：ISDN 的 Dm 数据链路协议；

TCAP：转移能力应用部分；

MAP：移动应用部分；

LAPD：D 信道链路接入协议。

参考以上信令协议模型：

1. BSC 与 MSC 之间的接口（A 接口）

BSC 与 MSC 之间的接口即 A 接口，它用于 BSC 和 MSC 之间的报文和进/出移动台的报文（通过 CC 或 MM 协议鉴别器实现）。

遵循《ETSIGSM 系统技术规范书 08.××》，A 接口特性包括（在 A 接口中，它遵循 GSM 规范 08 系列的要求）：

Layer1——物理和电器参数及信道结构，定义 MSC—BSC 物理层结构。

采用公共信道信令 NO.7（CSS7）的消息转移部分（MTP）的第一级来实现，采用 2 Mb/s 的 PCM 数字链路作为传输链路，性能符合 GB 7611—87 标准。

信令信道使用 2 Mb/s 链路中的 TS16。2 Mb/sPCM 链路中的 TS0 通常用于传输 MSC 与 BSC 之间的同步信号，其他时隙（TS1～TS15，TS17～TS31）传输业务信号。在该接口中，业务信号的传输速率为 64 kb/s，为 A 律 PCM 编码方式。

Layer2——网络操作程序，定义数据链路层和网络层，即 MTP2（Q.702—Q.703）和 MTP3（Q.704—Q.705）、SCCP（Q.711—Q.714）。

其中 MTP2 是 HDLC（高级数据链路控制）协议的一种变体，帧结构分别是由标志字段、控制字段、信息字段、校验字段和标志序列所组成；MTP3 和 SCCP（信令连接控制部分）则主要完成信令路由选择等功能。

Layer3——应用层。包括 BSS 应用规程（BSSAP）和 BSS 操作维护应用规程（BSSOMAP），完成基站系统的资源和连接的维护管理，业务的接续及拆除的控制。

2. BSC 与 BTS 之间的接口（Abis 接口）

BSC 支持 900 MHz 和 1800 MHz 两种基站 SITE 配置。Abis 接口遵循 GSM 规范 08.5X 系列要求。

Layer1——物理层通常采用 2 Mb/s PCM 链路，符合 CCITTG.703 和 G.704 要求。

Layer2——数据链路层采用 LAPD 协议，它为一点对多点的通信协议，是 Q.921 规范的一个子集。LAPD 也是采用帧结构，包含标志字段、控制字段、信息字段、校验字段和标志序列。在标志字段中包括 SAPI（服务接入点标识）和 TEI（终端设备识别）两个部分，用以分别区别接入到什么服务和什么实体。

Layer3——在上层部分，主要传输 BTS 的应用部分，包括无线链路管理（RLM）功能和操作维护功能（OML）。

在 Abis 接口上 BSC 提供 BTS 配置、BTS 监测、BTS 测试及业务控制等信令控制信息。

同一基站的多个 TRX 可以共用一条 LAPD 信令链路，链路应该具备流量指示功能。其业务接口为 8 条 16 kb/s（FR）的电路。如果采用复用方案，则每个 TRX 有 3 条 64 kb/s 的电路，其中一条用作 LAPD 信令链路，另外两条 64 kb/s 链路用作 8 条语音或数据链路（4 路复用）。

3. BSC 与 TC 之间的接口（Ater 接口）

Ater 接口为 ZXG10-BSS 系统内部自己定义的接口。

在 Ater 接口中，其传输内容与 A 接口类似，不同的只是话音信道在两接口中的传输速率：A 接口中的话音信号为 64 kb/s A 律 PCM 编码信号，而在 Ater 接口中的话音信号仍然为 13 kb/s RPE-LTP 编码信号。在 Ater 接口中传输的信令信号为 CCS7，信令信道占用 TS16。

4. BTS 与 MS 之间的接口 Um

Um 接口被定义为 MS 与 BTS 之间的通信接口，我们也可称它为空中接口，在所有 GSM 系统接口中，Um 接口是最重要的。

首先，它实现了各种制造商的移动台与不同运营者的网络间的兼容性，从而实现了移动台的漫游。其次，它的制定解决了蜂窝系统的频谱效率，采用了一些抗干扰技术和降低干扰的措施。很明显，Um 接口实现了 MS 到 GSM 系统固定部分的物理连接，即无线链路，同时它负责传递了无线资源管理、移动性管理和接续管理等信息。

在 GSM 规范中很明确的定义了 Um 接口的协议，根据 OSI 模型，我们把 Um 接口分成三层来分析：

第一层，信号链路层（物理层）：此层为无线接口最低层，提供无线链路的传输通道，为高层提供不同功能的逻辑信道，包括业务信道和逻辑信道。

第二层，信号链路层 2：此层为 MS 和 BTS 之间提供了可靠的专用数据链路，是基于 ISDN 的 D 信道链路接入协议（LAPD），但加入了一些移动应用方面的 GSM 特有的协议，我们称之为 LAPDm 协议。

第三层，信号链路层 3：此层主要负责控制和管理的协议层，把用户和系统控制过程的信息按一定的协议分组安排到指定的逻辑信道上。它包括了 CM、MM、RR 三个子层，分别可完成呼叫控制（CC）、补充业务管理（SS）和短消息业务管理（SMS）等功能。

在移动交换子系统 MSS 内部，每个设备与七号信令网都有一个单独接口，其七号信令接口的协议堆如图 3.7 所示。

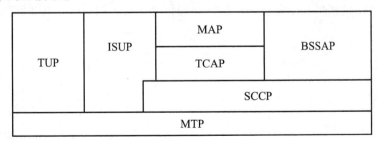

图 3.7　七号信令接口的协议堆

TUP—电话用户部分；ISUP—ISDN 用户部分；MAP—移动应用部分；
TCAP—事务处理能力应用部分

相应的协议堆共享相同的较低层：在七号信令网路上用于传输信令的协议称为 MTP（信

息传输单元）。在 MTP 之上，协议可能根据涉及的对等实体而不同。在 MSC 和完毕网路之间与呼叫有关的信令利用 TUP（电话用户单元）、ISUP（集成业务用户单元）。GSM 特有的，与呼叫不相关的信令对应于许多不同协议，组合在 MAP（移动应用单元）中。

移动交换子系统 MSS 内部接口如图 3.8 所示。

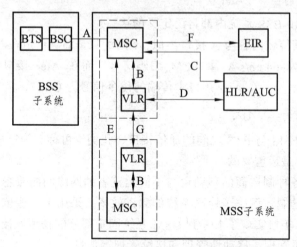

图 3.8 移动交换子系统 MSS 内部接口

B 接口：MSC 与 VLR 接口。MSC 通过该接口向 VLR 传送漫游用户位置信息，并在呼叫建立时向 VLR 查询漫游用户的有关用户数据，通常 MSC 与 VLR 合设，其间采用内部接口。

C 接口：MSC 与 HLR 接口。MSC 通过该接口向 HLR 查询被叫移动台的路由信息，HLR 提供路由。

D 接口：VLR 与 HLR 接口。此接口用于两个位置寄存器之间传送用户数据信息（位置信息、路由信息、业务信息等）。

E 接口：MSC 与 MSC 接口。用于越局频道转接。该接口要传送控制两个 MSC 之间话路接续的常规的电话网局间信令。

F 接口：MSC 与 EIR 接口。MSC 向 EIR 查询移动台设备的合法性。

G 接口：VLR 之间的接口。当移动台由某一 VLR 进入另一 VLR 覆盖区域时，新老 VLR 通过该接口交换必要的信息，仅用于数字移动通信系统。

MSC 与 PSTN 的接口：是常规的电话网局间信令接口。用于建立移动网至公用电话网的话路接续。

第 4 章　编号计划和拨号方式

4.1　编号计划

本节介绍 GSM 移动通信网中识别客户身份的各种号码的编号计划。

4.1.1　移动用户的 ISDN 号码（MSISDN）

MSISDN 号码是呼叫数字公用陆地蜂窝移动通信网中某一用户时主叫用户所拨的号码。号码组成如图 4.1 所示。

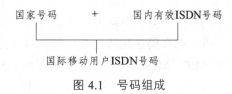

图 4.1　号码组成

我国的国家号码为 86。

我国国内有效 ISDN 号码的结构如图 4.2 所示。

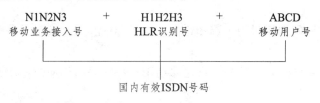

图 4.2　有效 ISDN 号码的结构图

国内有效 ISDN 号码为一个十位数字的等长号码。

（1）移动业务接入号（N1N2N3）。

识别不同的移动系统，目前邮电的移动业务接入号为 135～139；联通为 130。

（2）HLR 识别号（H1H2H3）。

HLR 识别号中 H1H2 全国统一分配；H3 由各省自行分配。一个 HLR 可包含一个或若干个 H1H2H3 数值。

（3）移动用户号（ABCD）。

ABCD 为每个 HLR 中移动用户的号码，由各 HLR 自行分配。

4.1.2　国际移动用户识别码（IMSI）

IMSI 是在 PLMN 网中唯一识别一个移动用户的号码，由 15 位数字组成，如图 4.3 所示。

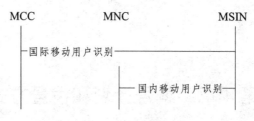

图 4.3　IMSI 组成

MCC=移动国家号码，由 3 位数字组成，唯一地识别移动用户所属的国家。我国为 460。

MNC=移动网号，由两位数字组成，用于识别移动用户所归属的移动网。邮电部门 GSM PLMN 网为 00，"中国联通公司"GSM PLMN 网为 01。

MSIN=移动用户识别号码，是一个十位的等长号码，为 H1H2H39×××××。其中 H1H2H3 与 MSISDN 号码中的 H1H2H3 相同；9 代表 GSM900MHZ；×××××为用户号码。

IMSI 用于 GSM 移动通信网所有信令中，存储在 HLR、VLR 和 SIM 卡中。

4.1.3　移动用户漫游号码（MSRN）

MSRN 是在每次呼叫移动用户时，为了使网络再次选择路由，根据 HLR 的请求，由 VLR 临时分配给移动用户的一个号码。该号码在接续完成后即可释放给其他用户使用。

它的结构为 1390M1M2M3ABC。M1M2M3 为 MSC 的号码，M1M2 与 MSISDN 号码中的 H1H2 相同。

4.1.4　切换号码（HON）

HON 是在进行局间切换时为了选择路由，由目标 MSC/VLR 临时分配给移动用户的一个号码。

该号码是 MSRN 号码的一部分，只在移动用户进行局间切换时使用，接续完成后即可释放给其他用户使用。

4.1.5　临时移动用户识别码（TMSI）

TMSI 是为了对 IMSI 保密，由 VLR 临时分配给来访移动用户的识别码，为一个 4 字节的 BCD 码，仅在本地使用，由各 MSC/VLR 自行分配。

4.1.6　位置区识别码（LAI）

LAI 是用来识别位置区的，其号码结构是：

MCC + MNC + LAC

其中，MCC 和 MNC 同 IMSI 的 MCC 和 MNC。

LAC 为位置区域码，它是唯一地识别我国数字 PLMN 中每个位置区的，是一个 2 字节 16 进制的 BCD 码，表示为 L1L2L3L4（范围 0000 ~ FFFF，可定义 65 536 个不同的位置区。）

4.2 拨号方式

拨号方式是使客户通过拨十进制数字实现本地呼叫、国内长途呼叫及国家长途呼叫的一种方式。我国移动通信网技术体制规定的 GSM 移动通信的拨号方式是：

移动客户→固定客户（含模拟移动客户）：0 XYZ PQR ABCD。

固定客户→本地移动客户：139 H1H2H3 ABCD。

固定客户→外地移动客户：0139 H1H2H3 ABCD。

移动客户→移动客户：139 H1H2H3 ABCD。

移动客户→特服业务：0 XYZ 1XX。其中火警只需拨 119，匪警只需拨 110，急救中心只需拨 120，交警中心只需拨 122。

国际客户→移动客户：国际长途有权字冠 + 139 H1H2H3 ABCD。

移动客户→国际客户：00 + 国家代码 + 该国内有效电话号码。

其中，0=国内长途有权字冠。

00=国际长途有权字冠。

XYZ=长途区号，由 3 位或两位数字组成。

PQR=局号。

ABCD=客户号码，当长途区号为 2 位时，客户号可以由 4 位或 5 位号码组成。

1××=特种业务号码。

第5章 无线覆盖的区域结构

在 GSM 系统中，由于用户的移动性，位置信息是一个很关键的参数，其表示方法如图 5.1 所示。

图 5.1 GSM 各区之间的关系

GSM 网路的最小不可分割的区域是由一个基站（全向天线）或一个基站的一个扇形天线所覆盖的区域，或称小区或 cell。

若干个小区组成一个位置区（LAI），位置区的划分是由网路运营者设置的。一个位置区可能和一个或多个 BSC 有关，但只属于一个 MSC。位置区信息存储于系统的 MSC/VLR 中，系统使用位置区识别码 LAI 识别位置区。

一个 MSC 业务区是其所管辖的所有小区共同覆盖的区域，可由一个或几个位置区组成。

PLMN（公用陆地移动通信网）业务区是由一个或多个 MSC 业务区组成。每个国家有一个或多个。我国各省邮电部门的数字 PLMN 构成邮电部全国 GSM 移动通信网络，以网络号"00"表示；"中国联通公司"各省的数字 PLMN 构成"中国联通公司"全国 GSM 移动通信网络，网络号用"01"表示。

GSM 业务区是由全球各个国家的 PLMN 网路所组成的。

第 6 章 业务流程

6.1 移动用户状态

移动用户一般处于 MS 开机（空闲状态）、MS 关机和 MS 忙三种状态之一，因此网络需要对这三种状态作相应的处理。

6.1.1 MS 开机，网络对它作"附着"标记

即常讲的 IMSI 附着，又分以下三种情况：

（1）若 MS 是第一次开机：在 SIM 卡中没有位置区识别码（LAI），MS 向 MSC 发送"位置更新请求"消息，通知 GSM 系统这是一个此位置区的新用户。MSC 根据该用户发送的 IMSI 号，向 HLR 发送"位置更新请求"，HLR 记录发请求的 MSC 号以及相应的 VLR 号，并向 MSC 回送"位置更新接收"消息。至此 MSC 认为 MS 已被激活，在 VLR 中对该用户对应的 IMSI 上作"附着"标记，再向 MS 发送"位置更新证实"消息，MS 的 SIM 卡记录此位置区识别码。

（2）若 MS 不是第一次开机，而是关机后再开机的，MS 接收到的 LAI 与它 SIM 卡中原来存储的 LAI 不一致，则 MS 立即向 MSC 发送"位置更新请求"，VLR 要判断原有的 LAI 是否是自己服务区的位置：

如判断为肯定，MSC 只需要对该用户的 SIM 卡原来的 LAI 码改成新的 LAI 码即可。

若为否定，MSC 根据该用户的 IMSI 号中的信息，向 HLR 发送"位置更新请求"，HLR 在数据库中记录发请求的 MSC 号，再回送"位置更新接收"，MSC 再对用户的 IMSI 作"附着"标记，并向 MS 回送"位置更新证实"消息，MS 将 SIM 卡原来的 LAI 码改成新的 LAI 码。

（3）MS 再开机时，所接收到的 LAI 与它 SIM 卡中原来存储的 LAI 相一致：此时 VLR 只对该用户作"附着"标记。

6.1.2 MS 关机，从网络中"分离"

MS 切断电源后，MS 向 MSC 发送分离处理请求，MSC 接收后，通知 VLR 对该 MS 对应的 IMSI 上作"分离"标记，此时 HLR 并没有得到该用户已脱离网络的通知。当该用户被寻呼后，HLR 向拜访 MSC/VLR 要漫游号码（MSRN）时，VLR 通知 HLR 该用户已关机。

6.1.3 MS 忙

此时，给 MS 分配一个业务信道传送话音或数据，并在用户 ISDN 上标注用户"忙"。

6.2 周期性登记

当 MS 向网络发送"IMSI 分离"消息时，有可能因为此时无线质量差或其他原因，GSM 系统无法正确译码，而仍认为 MS 处于附着状态。或者 MS 开着机，却移动到覆盖区以外的地方，即盲区，GSM 系统也不知道，仍认为 MS 处于附着状态。在这两种情况下，该用户若被寻呼，系统就会不断地发出寻呼消息，无效占用无线资源。

为了解决上述问题，GSM 系统采用了强制登记的措施。要求 MS 每过一定时间登记一次，这就是周期性登记。若 GSM 系统没有接收到 MS 的周期性登记信息，它所处的 VLR 就以"隐分离"状态在该 MS 上做记录，只有当再次接收到正确的周期性登记信息后，将它改写成"附着"状态。

6.3 位置更新

当移动台更换位置区时，移动台发现其存储器中的 LAI 与接收到的 LAI 发生了变化，便执行登记。这个过程就叫"位置更新"，位置更新是移动台主动发起的。位置更新有两种情况：

移动台的位置区发生了变化，但仍在同一 MSC 局内；

移动台从一个 MSC 局移到了另一个 MSC 局。

6.3.1 同一 MSC 局内的位置更新

如果在同一 MSC 局内进行位置更新，HLR 并不参与位置更新过程。同一局内的位置更新如图 6.1 所示。

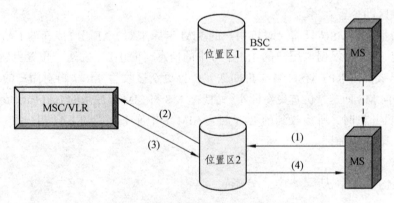

图 6.1 同一 MSC 局内的位置更新

在同一 MSC 局内的位置更新过程比较简单，分以下四步：

（1）移动台漫游到新的位置区时，分析接收到的位置区号码和存储在 SIM 卡中的位置区号码不一致，就向当前的基站控制器（BSC）发一个位置更新请求。

（2）BSC 接收到 MS 的位置更新请求，就向 MSC/VLR 发一个位置更新请求。

（3）VLR 修改这个 MS 的数据，将位置区号码改成当前的位置区号码，然后向 BSC 发一个应答消息。

（4）BSC 向 MS 发一个应答消息，MS 将自己 SIM 卡中存储的位置区号码改成当前的位置区号码。这样，一个同一 MSC 局内的位置更新过程就结束了。

6.3.2　越局位置更新

当移动用户从一个 MSC 局漫游到另一个 MSC 局时，就要进行越局位置更新。这时 HLR 就要参与位置更新过程，如图 6.2 所示。

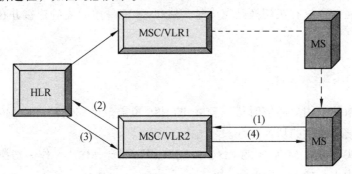

图 6.2　不同 MSC 之间的位置更新

不同 MSC 之间的位置更新比同一 MSC 内的位置更新稍复杂一些，在这里为了描述方便，称用户原来所在的 MSC 局为 MSC1，漫游到的 MSC 局为 MSC2，在图中基站控制器（BSC）已省略，但描述时仍将提到 BSC，将 BSC 和 MSC 一样称为 BSC1 和 BSC2，具体步骤如下：

（1）移动用户漫游到另一个 MSC 局时，移动台（MS）发现当前的位置区号码和 SIM 卡中存储的位置区号码不一致，就向 BSC2 发位置更新请求，BSC2 向 MSC2 发一个位置更新请求。

（2）MSC/VLR2 接到位置更新请求，发现当前 MSC 中不存在该用户信息（从其他 MSC 漫游过来的用户），就向用户登记的 HLR 发一个位置更新请求。

（3）HLR 向 MSC/VLR2 发一个位置更新证实，并将此用户的一些数据传送给 MSC/VLR2。

（4）MSC/VLR2 通过 BSC2 给 MS 发一个位置更新证实消息，MS 接到后，将 SIM 卡中位置区号码改成当前的位置区码。

（5）HLR 负责向 MSC/VLR1 发消息，通知 VLR1 将该用户的数据删除。

位置更新过程如上所述（1）~（5）步，这里要特别提出的是：在每次位置更新之前，都将对这个用户进行鉴权。

6.4　切　换

处于通话状态的移动用户从一个 BSS 移动到另一个 BSS 时，切换功能保持移动用户已经建立的链路不被中断。切换与否主要由 BSS 决定，当 BSS 检测到当前的无线链路通信质量下降时，BSS 将根据具体情况进行不同的切换。也可以由 MSS 根据话务信息要求开始切换。

切换包括 BSS 内部切换、BSS 间的切换和 MSS 间的切换。其中 BSS 间的切换和 MSS 间的切换都需要由 MSC 来控制完成，而 BSS 内部切换由 BSC 控制完成。

由 MSC 控制完成的切换又可以划分为 MSC 内部切换、基本切换和后续切换。

6.4.1 MSC 内部切换

MSC 内部切换是指移动用户无线信道由当前 BSS 切换到同一 MSC 下的另一 BSS 的过程。

整个切换进程由一个 MSC 来控制完成，MSC 需要向新的 BSS 发起切换请求，使新 BSS 为 MS 接入做好准备；新 BSS 响应切换请求后，MSC 通过原先 BSS 通知 MS 进行切换；当 MS 在新 BSS 接入成功时，MSC 负责建立新的连接。

MSC 在整个切换完成之前需要保持原先的连接，这样可以当 MS 切换失败时能够继续在原有连接上进行通信。只有在切换已完成时，MSC 才能释放原先的连接并在新连接上为 MS 提供通信。

6.4.2 基本切换

基本切换是指移动用户通信时从一 MSC 的 BSS 覆盖范围移动到另一 MSC 的 BSS 覆盖范围内，为保持通信而发生的切换过程。

基本切换的实现需要 MSC-A 与 MSC-B/VLR 相互配合，MSC-A 作为切换的移动用户控制方直至呼叫释放为止，如图 6.3 所示。

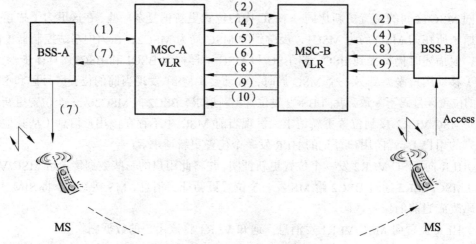

图 6.3　基本切换示意图

基本切换过程：

（1）BSS-A 对 MS 无线信道质量不满意，并查看邻近位置信息，将合适邻近位置区码作为目的地信息通过切换要求信息要求 MSC-A 控制切换；

（2）MSC-A 分析切换要求消息，发现目的地属于 MSC-B 覆盖范围，通过 MSC-B 请求 BSS-B 作 MS 接入准备即切换请求；

（3）MSC-B 接收 MSC-A 的切换请求，向 VLR 要求切换号码作为 MSC-A 到 MSC-B 电路建立的寻址信息；

（4）BSS-B 切换请求响应，MSC-B 向 MSC-A 发切换请求响应，消息中带切换号码通知 MSC-A；

（5）MSC-A 根据切换请求响应中的切换号码选择 MSC-A 与 MSC-B 间的 TUP 路由，向 MSC-B 发初始地址消息，被叫号码是切换号码；

（6）MSC-B/VLR 收到初始地址消息确认切换号码，回送地址全消息到 MSC-A；

（7）MSC-A 收到地址全消息后，通过 BSS-A 指示 MS 进行切换；

（8）MS 接入 BSS-B，BSS-B 通过 MSC-B 通知 MSC-AMS 已成功接入 BSS-B；

（9）MS 与 BSS-B 间成功完成信道建立，MSC-B 通知 MSC-A 切换完成；

（10）MSC-B 完成接续并通知 MSC-A 通信建立成功，切换成功（TUP）。

6.4.3　后续切换

后续切换意味着移动用户基本切换完成后，在继续通信过程中又发生 MSC 间的切换。后续切换根据切换的目的地不同，可以分为两种情形：

后续切换回主控 MSC；

后续切换到第三方 MSC。

6.5　鉴权处理

在数字移动通信系统中，用户接入网络系统（开机、起呼、寻呼等），需要对用户合法性进行检查，具体包括两部分：

1. 用户终端的合法性

通过网络中的 EIR 设备，检查用户使用的终端是否在"黑名单"中，如果是非法用户，则不能接入网络。当前网络中普遍未提供该功能。

2. 用户身份的合法性

密码参数 Ki：同时存贮在用户 SIM 卡和鉴权中心 AUC 中；

算法：鉴权算法 A3、加密算法 A8 等；

鉴权参数组：随机数 RAND $0 \sim 2^{(128-1)}$、应答信号（残留结果）SRES、密钥 Kc；

鉴权处理过程如图 6.4 所示。

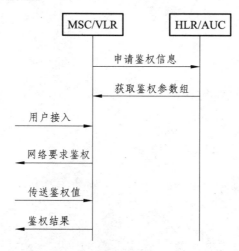

图 6.4　鉴权处理示意图

6.6 移动用户呼叫移动用户

MS1 服务于 MSC1/VLR1、MS2 服务于 MSC2/VLR2，MS2 归属于 HLR/AUC，如图 6.5 所示。

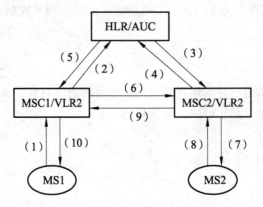

图 6.5 移动用户间的呼叫示意图

主叫用户 MS1 拨叫 MS2 电话号码，经过基站系统通知 MSC1；

MSC1 分析被叫用户 MS2 的电话号码，找到 MS2 所属的 HLR，向 HLR 发送路由申请；

HLR 查询 MS2 的当前位置信息，获得 MS2 服务于 MSC2/VLR2，HLR 向 MSC2/VLR2 请求路由信息；

MSC2/VLR2 分配路由信息，即漫游号码 MSRN；将 MSRN 提交给 HLR；

HLR 将 MSRN 送给主叫 MSC1；

MSC1 根据 MSRN 与 MSC2 之间进行呼叫建立；

MSC2/VLR2 向被叫用户 MS2 发送寻呼消息；

MSC2/VLR2 收到 MS2 用户可以接入消息；

MSC2 与 MSC1 间呼叫建立；

MSC1 向主叫 MS1 发送信号接通信号，MS1 与 MS2 可以通话。

巩固篇

3G 移动通信技术（WCDMA）

第7章　WCDMA 系统概述

7.1　移动通信的发展

现代的移动通信发展至今，主要走过了两代，而第三代现在正处于预商用阶段，不少厂家已经在欧洲、亚洲进行实验网的商用试运行。

第一阶段是模拟蜂窝移动通信网。时间是 20 世纪 70 年代中期至八十年代中期。这一阶段相对于以前的移动通信系统，最重要的突破是贝尔实验室在七十年代提出的蜂窝网的概念。蜂窝网，即小区制，由于实现了频率复用，大大提高了系统容量。

第一代移动通信系统的典型代表是美国的 AMPS 系统和后来的改进型系统 TACS，以及 NMT 和 NTT 等。AMPS（先进的移动电话系统）使用模拟蜂窝传输的 800 MHz 频带，在北美、南美和部分环太平洋国家广泛使用；TACS（总接入通信系统）使用 900 MHz 频带，分 ETACS（欧洲）和 NTACS（日本）两种版本，英国、日本和部分亚洲国家广泛使用此标准。

第一代移动通信系统的主要特点是采用频分复用，语音信号为模拟调制，每隔 30 kHz/25 kHz 有一个模拟用户信道。其主要弊端有：

（1）频谱利用率低；

（2）业务种类有限；

（3）无高速数据业务；

（4）保密性差，易被窃听和盗号；

（5）设备成本高；

（6）体积大，质量大。

为了解决模拟系统中存在的这些根本性技术缺陷，数字移动通信技术应运而生，这就是以 GSM 和 IS-95 为代表的第二代移动通信系统，时间是从 20 世纪 80 年代中期开始。第二代数字蜂窝移动通信系统的典型代表是美国的 DAMPS 系统、IS-95 和欧洲的 GSM 系统。

GSM（全球移动通信系统）发源于欧洲，它是作为全球数字蜂窝通信的 TDMA 标准而设计的，支持 64 kb/s 的数据速率，可与 ISDN 互连。GSM 使用 900 MHz 频带，使用 1 800 MHz 频带的称为 DCS1800。GSM 采用 FDD 双工方式和 TDMA 多址方式，每载频支持 8 个信道，信号带宽 200 kHz。

DAMPS（先进的数字移动电话系统）也称 IS-54（北美数字蜂窝），使用 800 MHz 频带，是两种北美数字蜂窝标准中推出较早的一种，指定使用 TDMA 多址方式。

IS-95 是北美的另一种数字蜂窝标准，使用 800 MHz 或 1 900 MHz 频带，指定使用 CDMA 多址方式，已成为美国 PCS（个人通信系统）网的首先技术。

由于第二代移动通信以传输话音和低速数据业务为目的，从 1996 年开始，为了解决中速数据传输问题，又出现了 2.5 代的移动通信系统，如 GPRS 和 IS-95B。

CDMA 系统容量大，相当于模拟系统的 10 到 20 倍，与模拟系统的兼容性好。美国、韩国、中国香港等地已经开通了窄带 CDMA 系统，对用户提供服务。由于窄带 CDMA 技术比

GSM 成熟晚等原因，使得其在世界范围内的应用远不及 GSM，只在北美、韩国和中国等地有较大规模商用。移动通信现在主要提供的服务仍然是语音服务以及低速率数据服务。由于网络的发展，数据和多媒体通信的发展势头很快，所以，第三代移动通信的目标就是宽带多媒体通信。

第三代移动通信系统是一种能提供多种类型、高质量的多媒体业务，能实现全球无缝覆盖，具有全球漫游能力，与固定网络相兼容，并以小型便携式终端在任何时候、任何地点进行任何种类的通信系统。

第三代移动通信系统最早由国际电信联盟（ITU）于 1985 年提出，当时称为未来公众陆地移动通信系统（FPLMTS，Future Public Land Mobile Telecommunication System）。1996 年更名为 IMT-2000（International Mobile Telecommunication-2000，国际移动通信-2000）。主要体制有 WCDMA、CDMA2000 和 UWC-136。1999 年 11 月 5 日，国际电联 ITU-R TG8/1 第 18 次会议通过了"IMT-2000 无线接口技术规范"建议，其中我国提出的 TD-SCDMA 技术写在了第三代无线接口规范建议的 IMT-2000 CDMA TDD 部分中。"IMT-2000 无线接口技术规范"建议的通过表明 TG8/1 制定第三代移动通信系统无线接口技术规范方面的工作已经基本完成，第三代移动通信系统开发和应用将进入实质阶段。

7.1.1　标准组织

3G 的标准化工作实际上是由 3GPP（3th Generation Partner Project，第三代伙伴关系计划）和 3GPP2 两个标准化组织来推动和实施的。

3GPP 成立于 1998 年 12 月，由欧洲的 ETSI、日本 ARIB、韩国 TTA 和美国的 T1 等组成。采用欧洲和日本的 WCDMA 技术，构筑新的无线接入网络，在核心交换侧则在现有的 GSM 移动交换网络基础上平滑演进，提供更加多样化的业务。UTRA（Universal Terrestrial Radio Access）为无线接口的标准。

1999 年的 1 月，3GPP2 也正式成立，由美国的 TIA、日本 ARIB、韩国 TTA 等组成。无线接入技术采用 CDMA2000 和 UWC-136 为标准，CDMA2000 这一技术在很大程度上采用了高通公司的专利。核心网采用 ANSI/IS-41。

我国的无线通信标准研究组（CWTS）是这两个标准化组织的正式组织成员，华为公司、大唐集团也都是 3GPP 的独立成员。

7.1.2　3G 演进策略

3GPP 和 3GPP2 制定的演进策略总体上都是渐进式的，其优点有：
保证现有投资和运营商利益；
有利于现有技术的平滑过渡。

从发展的角度说，由现有的第二代移动通信系统向 IMT-2000 演进的过程是一个至关重要的问题。它关系到现有网的再使用（另建新网络不应是最佳方案）和多种第二代数字网络体制向同一规范发展这两个主要问题。

7.1.2.1　GSM 向 WCDMA 的演进策略

GSM 向 WCDMA 的演进策略应是：目前的 GSM→HSCSD（高速电路交换数据，速率14.4 ~

64 kb/s）→GPRS（通用分组无线业务，速率 144 kb/s）→最终以网络业务覆盖再度平滑无缝隙地演进至 IMT-2000 WCDMA（DS）。

1. 高速电路交换数据（HSCSD，High Speed Circuit Switched Data）

HSCSD 是能将多个全速率话音信道共同分配给 HSCSD 结构的特性。HSCSD 的目的是以单一的物理层结构提供不同空间接口用户速率的多种业务的混合。HSCSD 的好处在于更高的数据速率（高达 64 kb/s，最大数据速率取决于生产厂家）并仍使用现有 GSM 数据技术，现有 GSM 系统稍加改动就可使用。

2. 通用分组无线业务（GPRS，General Packet Radio Service）

GPRS 的主要优点是：

标准的无线分组交换 Internet/Intranet 接入，适用于所有 GSM 覆盖的地方。

可变的数据速率峰值，从每秒几个比特到 171.2 kb/s（最大数据速率取决于生产厂家）。

由于按实际数据量计费，使用户可能全天在线上而只付实际传输数据量的费用。

支持现有业务以及新的应用业务。

无线接口上打包，优化无线资源共享。

网络构成的分组交换技术，优化网络资源共享。

可延伸到未来无线协议的能力。

在现有 GSM 部分的基础上，以分组交换为基础的 GPRS 网络结构增加了新的网络功能部分。

3. 宽带码分多址（WCDMA，Wideband Code Division Multi Access）

WCDMA 成为以 UMTS/IMT-2000 为目标的成熟的新技术。其能够满足 ITU 所列出的所有要求，提供非常有效的高速数据，具有高质量的语音和图像业务。在 GSM 向 WCDMA 的演进过程中，仅核心网部分是平滑的。而由于空中接口的革命性变化，无线接入网部分的演进也将是革命性的。

7.1.2.2 IS-95 向 CDMA2000 的演进策略

从 IS-95A（速率 9.6/14.4 kb/s）→IS-95B（速率 115.2 kb/s）→CDMA2000 1X，CDMA2000 1X 能提供更大容量和高速数据速率（144 kb/s），支持突发模式并增加新的补充信道。采用增强技术后的 CDMA2000 1X EV 可以提供更高的性能。

IS-95B 与 IS-95A 的区别主要在于可以捆绑多个信道。IS-95B 与 IS-95A 本质基本相同，可以共存于同一载波。CDMA2000 1X 则有较大的改进，CDMA2000 1X 系统设备可以同时支持 1X 终端和 IS-95A/B 终端。因此，IS-95A/B/1X 可以同时存在于同一载波中。对 CDMA2000 系统来说，从 2G 到 3G 过渡，可以采用逐步替换的方式。即压缩 2G 系统的 1 个载波，转换为 3G 载波，开始向用户提供中高速速率的业务。随着 3G 系统中用户量增加，可以逐步减少 2G 系统使用的载波，增加 3G 系统的载波。网络运营商通过这种平滑升级，不仅可以向用户提供各种最新的业务，而且很好地保护了已有设备的投资。

在向第三代演进的过程中，需要注意的问题是 BTS 和 BSC 等无线设备的演进问题。在制定 CDMA2000 标准的时候，已经充分考虑了保护运营商的投资，很多无线指标在 2G 和 3G 中是相同的。对 BTS 来说，天线、射频滤波器和功率放大器等射频部分是可以再利用的，而基带信号处理部分则必须更换。

CDMA2000 1X EV 的演进方向目前包括 2 个分支:仅支持数据业务的分支 CDMA2000 1X EV-DO 和同时支持数据和话音业务的分支 CDMA2000 1X EV-DV。在仅支持数据业务方面目前已经确定采用 Qualcomm 公司提出的 HDR,而在同时支持数据和话音业务分支方面目前的提案已有几家,包括我国已经提交的一项技术 LAS-CDMA,这些改进技术目前还处于评审过程中。

7.1.2.3　DAMPS 向 UWC-136 的演进策略

IS-136(DAMPS)向 UWC-136 的演进的第一步是实现 GPRS-136。第二步是实现 UWC-136 (Universal Wireless Communications)。UWCC 和 TIA TR-45.3 决定选用以 EDGE 为基础的技术。这同时意味着以 GPRS 网络结构来支持 136+的高速数据传输。GPRS-136 是 136+包交换数据业务的官方称呼,由于考虑到实现的经济性问题,高层协议(指第三层以上)与 GPRS 完全相同。它提供了与 GSM 的 GPRS 同样的容量,用户可接入 IP 和 X.25 两种格式的数据网。其主要目的是减少 TIA/EIA-136 与 GSM GPRS 之间的技术差别。以便用户在 GPRS-136 和 GSM GPRS 网络间的漫游。美国 TIA 发展第三代的策略之一是通过向第三代的演进实现与同样为 TDMA 接入方式的 GSM 的趋同(convergence)。这对于全球性漫游和产品的经济性极有好处,也实现了 UWCC 和 ETSI 的合作协议。更重要的是,这使 TDMA 在第三代系统中的角色更为重要。

7.2　3G 的体制种类及区别

7.2.1　多种体制的由来

目前 ITU 对 3G 的研究工作主要有 3GPP 和 3GPP2 这两个组织来承担。而在 3G 上,ITU 的目标是:建立 ITM-2000 系统家族,求同存异,实现不同 3G 系统上的全球漫游。

家族概念(Family Concept):

1. 网络部分

在 1997 年 3 月 ITU-T SG11 的一次中间会议上,通过了欧洲提出的"ITM-2000 家族概念"。此概念是基于现有的网络已经有至少两种主要标准,即 GSM MAP 和 IS-41。

2. 无线接口

在 1997 年 9 月 ITU-R TG8/1 会议上,开始讨论无线接口的家族概念。在 1998 年 1 月 TG8/1 特别会议上,提出并开始采用"套"的概念,不再使用"家族概念"。其含义是无线接口标准可能多于一个,但并没有承认可以多于一个,而是希望最终能统一成一个标准。

造成技术不同的原因主要有下面两个:

1. 与第二代关系

网络部分一定要与第二代的兼容性,即第三代的网络是基于第二代的网络逐步发展演进。第二代网络有两大核心网:GSM MAP 和 IS-41。

无线接口：美国的 IS-95 CDMA 和 IS-136 TDMA 运营者强调后向兼容（演进性）；欧洲的 GSM、日本 PDC 运营者无线接口不后向兼容（革命型）。

核心网与无线接口的对应关系如图 7.1 所示。

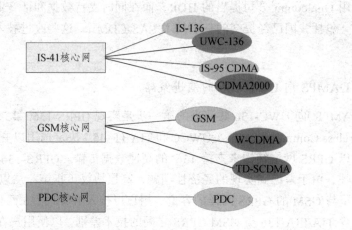

图 7.1　核心网与无线接口的对应关系

2. 频谱对技术的选用起着重要的作用

在频谱方面，其中关键的问题是 ITU 分配的 ITM-2000 频率在美国已用于 PCS 业务；由于美国要与第二代共用频谱，所以特别强调无线接口的后向兼容，技术上强调逐步演进。而其他大多数国家有新的 IMT-2000 频段，新频段有很大的灵活性。另外就是知识产权起着非常重要的作用，Qualcomm 公司有自己的专利声明；此外，竞争也是造成技术不同的主要因素。

7.2.2　RTT 技术提案

ITU-R 第 8 研究组的 TG8/1 任务组负责推进 IMT-2000 无线电传输技术（RTT）的评估、融合工作。至 1998 年 9 月，RTT 提案包括对 MSS（移动卫星业务）在内多达 16 个，它们基本来自 IMT-2000 的 16 个 RTT 评估组成员，包括：

（1）UTRA WCDMA（欧洲）；

（2）DECT（欧洲）；

（3）CDMA2000（美国）；

（4）UWC-136（美国）；

（5）WIMS WCDMA（美国）；

（6）WCDMA/NA（美国）；

（7）WCDMA（日本）；

（8）TD-SCDMA（中国）；

（9）Global CDMA（同步）（韩国）；

（10）Global CDMA（异步）（韩国）；

（11）LEO 卫星系统 SAT-CDMA；

（12）ESA 的宽带卫星系统 SW-CDMA；

（13）混合宽带 CDMA/TDMA 卫星系统 SW-CTDMA；

（14）ICO 全球通信公司的 ICO RTT；

（15）INMARSAT 的卫星系统 Horizons；

（16）Iridium LLC 公司的卫星系统 INX。

其中前 10 种为 IMT-2000 地面系统 RTT 提案，后 6 种 RTT 反映了将 MSS（卫星移动通信业务）纳入 IMT-2000 的努力。

提案充分反映了很多国家对 IMT-2000 未来制式确定的关心与力争施加有效影响的基本愿望。但从市场基础、后向兼容及总体特征看，欧洲 ETSI 的 UTRA WCDMA 及美国 CDMA2000 这两个提案，最具竞争力，RTT 融合的关键即在于这两个提案的融合能否取得有效的进展。

7.2.3　技术融合

IMT-2000 既包括地面移动通信业务（TMS），又包括卫星移动通信业务（MSS）。建立一个全球统一、融合得更好的第三代移动通信标准，对运营商、制造商、用户及政策规划管理部门均更有利，也为世界各国所欢迎。

就 16 个 RTT 候选方案来看，地面移动通信融合的最终结果对于 FDD 模式，以欧洲 ETSI 的 WCDMA（DS）与美国 TIA 的 CDMA2000 最具竞争力；而对于 TDD 模式，欧洲的 ETSI UTRA 提出的 TD-CDMA 与中国 CATT 提出的 TD-SCDMA 是进一步融合的主要对象。1999 年 3 月底，爱立信和高通公司就 IPR 达成的一系列协议，为推广全球 CDMA 标准扫除了知识产权方面的严重障碍。1999 年 5 月底，运营者协调集团 OHG（全球 31 个主要操作运营者与 11 个重要制造商）提出的涉及 IMT-2000 的融合提案对促进其主要参数（码片速率、导频结构及核心网协议以 GSM-MAP、ANSI-41 为基础）统一起了积极作用，参与者一致统一码片速率对 FDD-DS-CDMA 取 3.84 Mcps，对 FDD-MC-CDMA 即 FDD-CDMA2000-（MC）取 3.686 4 Mcps。1999 年 6 月于北京召开的 TG8/1 第 17 次会议就 IMT-2000 的无线接口技术规范建议 Rec、IMT、RSPC 达成了框架协议，并鼓励 3GPP、3GPP2 及各标准开发组织 SDOS 支持上述 OHG 提案，由工作组对 MSS 提案进行更细节化的工作。

1999 年 11 月，在芬兰赫尔辛基召开的第 18 次会议上，通过了"IMT-2000 无线接口技术规范"建议，该建议的通过表明 TG8/1 在制定第三代移动通信系统无线接口技术规范方面的工作已基本完成。第三代移动通信系统的开发和应用进入实质阶段。TD-SCDMA 和 WCDMA、CDMA2000 确定为最终的三种技术体制。

7.2.4　三种主要技术体制比较

7.2.4.1　WCDMA 的技术特点

WCDMA 由欧洲标准化组织 3GPP 所制定，受全球标准化组织、设备制造商、器件供应商、运营商的广泛支持。

核心网基于 GSM/GPRS 网络的演进，保持与 GSM/GPRS 网络的兼容性。

核心网络可以基于 TDM、ATM 和 IP 技术，并向全 IP 的网络结构演进。

核心网络逻辑上分为电路域和分组域两部分，分别完成电路型业务和分组型业务。

UTRAN 基于 ATM 技术，统一处理语音和分组业务，并向 IP 方向发展。

MAP 技术和 GPRS 隧道技术是 WCDMA 体制移动性管理机制的核心。

空中接口采用 WCDMA：信号带宽 5 MHz，码片速率 3.84 Mcps，AMR 语音编码，支持同步/异步基站运营模式，上下行闭环加外环功率控制方式，开环（STTD、TSTD）和闭环（FBTD）发射分集方式，导频辅助的相干解调方式，卷积码和 Turbo 码的编码方式，上行和下行采用 QPSK 调制方式。

7.2.4.2 CDMA2000 技术体制

CDMA2000 体制是基于 IS-95 的标准基础上提出的 3G 标准，目前其标准化工作由 3GPP2 来完成。

电路域——继承 2G IS95 CDMA 网络，引入以 WIN 为基本架构的业务平台。

分组域——基于 Mobile IP 技术的分组网络。

无线接入网——以 ATM 交换机为平台，提供丰富的适配层接口。

空中接口采用 CDMA2000 兼容 IS95：信号带宽 $N×1.25$ MHz（$N=1，3，6，9，12$）；码片速率 $N×1.228\,8$ Mcps；8K/13K QCELP 或 8K EVRC 语音编码；基站需要 GPS/GLONESS 同步方式运行；上下行闭环加外环功率控制方式；前向可以采用 OTD 和 STS 发射分集方式，提高信道的抗衰落能力，改善了前向信道的信号质量；反向采用导频辅助的相干解调方式，提高了解调性能；采用卷积码和 Turbo 码的编码方式；上行 BPSK 和下行 QPSK 调制方式。

7.2.4.3 TD-SCDMA 技术体制

TD-SCDMA 标准由中国无线通信标准组织 CWTS 提出，目前已经融合到了 3GPP 关于 WCDMA-TDD 的相关规范中。

核心网基于 GSM/GPRS 网络的演进，保持与 GSM/GPRS 网络的兼容性。核心网络可以基于 TDM、ATM 和 IP 技术，并向全 IP 的网络结构演进。核心网络逻辑上分为电路域和分组域两部分，分别完成电路型业务和分组型业务。

UTRAN 基于 ATM 技术，统一处理语音和分组业务，并向 IP 方向发展。

MAP 技术和 GPRS 隧道技术是 WCDMA 体制移动性管理机制的核心。

空中接口采用 TD-SCDMA。

TD-SCDMA 具有"3S"特点：即智能天线（Smart Antenna）、同步 CDMA（Synchronous CDMA）和软件无线电（Software Radio）。

TD-SCDMA 采用的关键技术有：智能天线 + 联合检测、多时隙 CDMA + DS-CDMA、同步 CDMA、信道编译码和交织（与 3GPP 相同）、接力切换等。

三种主要技术体制的对比情况如表 7.1 所示。

表7.1　三种主要技术体制比较

制　式	WCDMA	CDMA2000	TD-SCDMA
采用国家	欧洲、日本	美国、韩国	中国
继承基础	GSM	窄带 CDMA	GSM
同步方式	异步/同步	同步	同步
码片速率	3.84 Mcps	$N×1.228\ 8$ Mcps	1.28 Mcps
信号带宽	5 MHz	$N×1.25$ MHz	1.6 MHz
空中接口	WCDMA	CDMA2000 兼容 IS-95	TD-SCDMA
核心网	GSM MAP	ANSI-41	GSM MAP

7.3　3G 频谱情况

国际电联对第三代移动通信系统 IMT-2000 划分了 230 MHz 频率，即上行 1 885 ~ 2 025 MHz、下行 2 110 ~ 2 200 MHz，共 230 MHz。其中，1 980 ~ 2 010 MHz（地对空）和 2 170 ~ 2 200 MHz（空对地）用于移动卫星业务。上下行频带不对称，主要考虑可使用双频 FDD 方式和单频 TDD 方式。此规划在 WRC92 上得到通过，在 2000 年的 WRC2000 大会上，在 WRC-92 基础上又批准了新的附加频段：806 ~ 960 MHz，1 710 ~ 1 885 MHz，2 500 ~ 2 690 MHz，如图 7.2 所示。

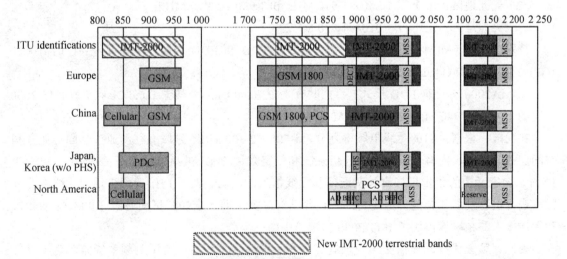

图 7.2　国际电联对第三代移动通信系统频率的划分

7.3.1　WRC-2000 的频谱分配

欧盟对第三代移动通信的问题亦十分重视，欧洲电信标准化协会早在十多年前就开始了第三代移动通信标准化的研究工作，成立了一个由运营商、设备制造商和电信管制机构的代表组成的"通用移动通信系统（即 UMTS）论坛"，1995 年正式向 ITU 提交了频谱划分的建议方案。

欧洲情况为陆地通信为 1 900 ~ 1 980 MHz、2 010 ~ 2 025 MHz 和 2 110 ~ 2 170 MHz，共计 155 MHz。

北美情况比较复杂，如图 7.2 所示。在 3G 低频段的 1 850 ~ 1 990 MHz 处，实际已经划给 PCS 使用，且已划成 2×15 MHz 和 2×5 MHz 的多个频段。PCS 业务已经占用的 IMT-2000 的频谱，虽然经过调整，但调整后 IMT-2000 的上行与 PCS 的下行频段仍需共用。这种安排不大符合一般基站发高收低的配置。

日本 1 893.5 ~ 1 919.6 MHz 已用于 PHS 频段，还可以提供 2×60 MHz + 15 MHz=135 MHz 的 3G 频段（1 920 ~ 1 980 MHz，2 110 ~ 2 170 MHz，2 010 ~ 2 025 MHz）。目前，日本正在致力于清除与第三代移动通信频率有冲突的问题。

韩国和 ITU 建议一样，共计 170 MHz。

WCDMA FDD 模式使用频谱为（3GPP 并不排斥使用其他频段）：上行：1 920 ~ 1 980 MHz，下行：2 110 ~ 2 170 MHz。每个载频的频率为 5 M 范围，双工间隔：190 MHz。而美洲地区：上行：1 850 ~ 1 910 MHz，下行：1 930 ~ 1 990 MHz。双工间隔：80 MHz

WCDMA TDD（包括 High bit rate 和 Low bit rate）模式使用频谱为（3GPP 并不排斥使用其他频段）：

（1）上下行 1 900 ~ 1 920 MHz 和 2 010 ~ 2 025 MHz；

（2）美洲地区：上下行 1 850 ~ 1 910 MHz 和 1 930 ~ 1 990 MHz；

（3）美洲地区：上下行 1 910 ~ 1 930 MHz。

特殊情况下（如两国边界地区）可能会出现 TDD 和 FDD 在同一个频带内共存的情况，3GPP TSG RAN WG4 正在进行这方面的研究。

CDMA2000 中只有 FDD 模式，目前共有 7 个 Band Class，其中 Band Class 6 为 IMT-2000 规定的 1 920 ~ 1 980 MHz/2 110 ~ 2 180 MHz 的频段。

在我国，根据目前的无线电频率划分，1 700 ~ 2 300 MHz 频段有移动业务、固定业务和空间业务，该频段内有大量的微波通信系统和一定数量的无线电定位设备正在使用。1996 年 12 月，国家无委为了发展蜂窝移动通信和无线接入的需要，对 2G Hz 的部分地面无线电业务频率进行重新规划和调整。但还与第三代移动有冲突，即公众蜂窝移动通信 1.9 MHz 的频段和无线接入的频段均占用了 IMT-2000 的频段中的一部分。

因此，第三代移动通信必须与现有的各种无线通信系统共享有限的频率资源。为了促使运营、科研、生产等部门积极发展第三代移动通信系统，满足我国移动通信发展的近期频谱需求和长远频谱需求，必须随着技术、业务的发展，做好 IMT-2000 频段的规划调整工作。

我国的 IMT-2000 频谱使用情况如图 7.3 所示。

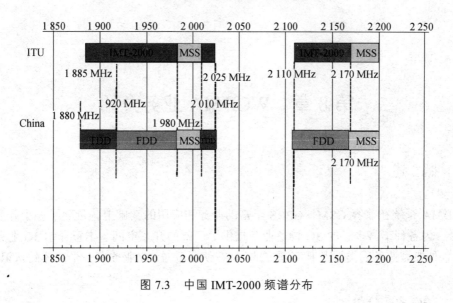

图 7.3　中国 IMT-2000 频谱分布

7.3.2　我国 IMT-2000 频谱占用情况

IMT-2000 在我国的频段分配如下：

1. 主要工作频段

频分双工（FDD）方式：1 920～1 980 MHz／2 110～2 170 MHz；

时分双工（TDD）方式：1 880～1 920 MHz、2 010～2 025 MHz。

2. 补充工作频率

频分双工（FDD）方式：1 755～1 785 MHz／1 850～1 880 MHz；

时分双工（TDD）方式：2 300～2 400 MHz，与无线电定位业务共用，均为主要业务，共用标准另行制定。

3. 卫星移动通信系统工作频段

1 980～2 010 MHz／2 170～2 200 MHz。

第 8 章　WCDMA 业务介绍

8.1　概　述

WCDMA 系统在兼容 GSM、GPRS 丰富的业务和应用的基础上，创建了一个开放的集成业务平台，为各种丰富多彩的 3G 特色业务提供了广阔的开拓空间。本章介绍 3G 业务分类及其特点，各种典型业务的类型及其实现方式。旨在使读者对 3G 业务有一个总体的认识和了解。

8.1.1　3G 业务分类

基本电信业务，包括语音业务，紧急呼叫业务，短消息业务。

补充业务，与 GSM 定义的补充业务相同。

承载业务，包括电路型承载业务和分组型承载业务。

智能业务，从 GSM 系统继承的基于 CAMEL 机制的智能网业务。

位置业务，与位置信息相关的业务，如分区计费，移动黄页，紧急定位等。

多媒体业务，包括电路型实时多媒体业务，分组型实时多媒体业务，非实时存贮转发型多媒体消息业务等。

以上只是大致分类，实际上这些业务类之间可能有交叉，如分区计费既是位置业务，又是智能业务。

8.1.2　3G 业务特征

3G（WCDMA）的业务从 2G（GSM）继承而来，在新的体系结构下，又产生了一些新的业务能力，所以其支持的业务种类繁多，业务特性差异很大，各业务特征差异也较大。总体上有如下特征：

对于语音等实时业务，普遍有 QOS 的要求；

向后兼容 GSM 上所有的业务；

引入多媒体业务的概念。

8.2　3G 典型业务详述

8.2.1　CAMEL Phase 3 智能业务

GSM 中已经实现 CAMEL Phase 2，主要是提供预付费业务。UMTS 中需要实现 CAMEL

Phase 3。Phase 2 支持 CS、USSD（Unstructured Supplementary Service Data）、SS（Supplementary Service）、CF（Call Forwarding）等业务。Phase 3 在此基础上，增加了对 GPRS，SMS，MM，LCS 的支持，其中 LCS 是可选内容。

业务分类：

基本电路交换呼叫的 CAMEL 控制业务：可以实现对语音呼叫的鉴权、计费等功能。

GPRS 的 CAMEL 控制业务：可以实现 GPRS 承载的鉴权、计费等功能。

SMS 的 CAMEL 控制业务：可以实现对短消息（SMS）的鉴权、计费、转移等功能。

USSD 的 CAMEL 控制业务。

移动性管理的 CAMEL 控制业务。

位置信息的 CAMEL 控制业务。

8.2.2　位置业务

LCS 具有极大的市场和商业前景，这已为业界广泛接受，目前已在国内外移动运营商的 GSM、GPRS 网络中开始商用。在 3G 领域，由于定位精度的提高和开放体系结构的采用，其吸引力十分令人注目，该项业务有可能成为 3G 的主要 killer 业务之一。

8.2.2.1　公共安全业务

美国从 2001 年 10 月 1 日开始提供增强紧急呼叫服务（Enhanced Emergency Services），FCC（联邦通信委员会）规定无线运营公司必须提供呼叫者位置经度和纬度的估算值，其精度在 125 m 以内（在 67%的估算值中）或者低于用根均方值的方法所得的结果。该类业务主要由国家制定的法令驱动，属于运营商为公众利益服务而提供的一项业务，业务的开通无需用户申请，对于运营商而言无利润可言，但可以提升运营商的形象，并且提供此类业务是移动通信技术进步的必然结果。

除了紧急呼叫之外，还有路边援助：车辆在公路上发生故障也可以进行报障定位自动事故报告，车辆运行时发生事故，检测设备侦测到之后可以进行自动报告并提供地点等信息。

8.2.2.2　基于位置的计费

特定用户计费：可以设定一些位置区为优惠区，在这些位置区内打/接电话能够获得优惠。

接近位置计费：主被叫双方位于相同或者相近的位置区时双方 可获得优惠。

特定区域计费：通话的某一方或者双方位于某个特定位置时可获得优惠，用以鼓励用户进入该区域，如购物区等。

8.2.2.3　增强呼叫路由（Enhanced Call Routing）

允许用户的呼叫根据其位置信息被路由到最近的服务提供点，用户可以通过特定的接入号码来完成相应的任务，如：用户可以输入 427 表示要求接入到最近的加油站。此项业务可以被连锁经营的企业使用，比如加德士、KFC 等，由这些公司申请专用的接入号码或者在同类（如加油站类）接入号码中被优选。对于银行业务，用户可以通过 ECR 获得最近的银行信息或者提款机信息等。

8.2.2.4 基于位置的信息业务（Location Based Information Services）

基于位置的信息业务可以让用户获得基于其位置的相关信息，如图 8.1 所示。以下是业务应用举例：

城市观光：提供旅游点间的方向导航或根据位置指示附近旅游点，查找最近的旅馆、银行、机场、汽车站、休息场所等。

定点内容广播：可以向特定区域范围内的用户发出信息，主要应用是广告类业务，比如向某商场附近范围内的用户发出该商场的商品广告用以吸引顾客。同时还可以针对用户进行筛选；比如某港口管理机构可以向港口区域内的工作人员发出调度信息，也可以提供向导信息；如向观光园区内的游客发出各种活动安排等。

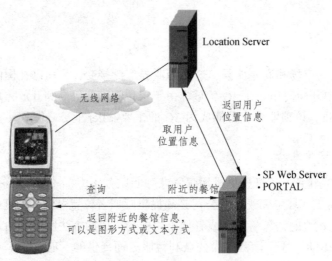

图 8.1　基于位置的信息业务应用示例图

8.2.2.5 移动黄页

移动黄页同 ECR 类似，但它指示按照用户的要求提供最近的服务提供点的联系方式。如顾客可以输入词条"餐馆"用来进行搜索，并且可以输入条件如"中餐""3 公里之内"等进行搜索匹配。输出的结果可以是联系电话或者地址等。

8.2.2.6 网络增强业务（Network Enhancing Services）

该类业务尚待定义，目前可以考虑的是合法监听业务。合法监听是 3G 系统为了法律执行机构（Law Enforcement Agency，LEA）的利益而向 LEA 提供的监听移动台的通信内容（Content of Communication，CC）和监听相关信息（Intercept Related Information，IRI）的能力。这里的移动目标可以是本地的签约用户，也可以是从其他 3G 系统漫游来的移动用户，还可以是其他移动网络中能够使用 3G 系统的漫游用户，如 GSM 用户等。

8.2.3 多媒体业务

在 3G 中的多媒体业务首先发展的将是分布式的多媒体业务。语音业务由于所需的带宽较少，将首先发展起来，尤其是压缩率高的 MP3 将广泛应用，而视频业务，出现应用的首先是基于低码率，小图像的 MPEG4 制式的单向视频应用，如实时的广告业务，或电影的片段公告。

业务的分类描述如下：

8.2.3.1　电路型实时多媒体业务

在电路域上实现的多媒体业务，主要使用 H.324/M 协议实现。

8.2.3.2　分组型实时多媒体业务

在分组域上实现的多媒体业务，主要使用 SIP 协议实现。其主要应用是 384 kb/s 视频点播、移动会议电视等。视频点播业务应用示例如图 8.2 所示。

图 8.2　视频点播业务应用示例图

8.2.3.3　非实时多媒体消息业务

此种业务称 MMS（Multimedia Message Service ），属于短消息业务的自然发展。从技术上讲，SMS 短信息服务是通过信令来传递文本信息的，仅能收发容量为一百多个字节地纯文本信息。MMS 传递具备多种功能的信息内容包括文本、图像、音频、视频以及数据，具有丰富的业务支持能力。

8.2.4　其他典型业务

8.2.4.1　PUSH 业务

PUSH 业务是一种推送技术，指网络侧（主要指网站）主动向用户推送信息，如天气预报、股票信息、新闻信息、广告业务、交通信息以及用户定制的其他信息等。

对于 PUSH 业务的研究和讨论，3GPP 提出多种实现方案，这些方案包括：利用网络发起的 PDP 上下文激活过程实现 PUSH 业务；利用由 DNS 查询触发的 PDP 上下文激活过程实现 PUSH 业务；利用 SMS 实现 PUSH 业务，利用"永远在线"方式实现 PUSH 业务，基于 SIP 协议实现 PUSH 业务，利用 HTTP 协议实现 PUSH 业务等。

8.2.4.2　PORTAL 业务

PORTAL 业务是基于 PUSH 业务的门户业务。

用户上网时，网络推出门户页面。对于运营商，可以从页面中获得广告费用；对于用户，可以傻瓜式接入，同时还可以免费获得一些公用信息：如天气、交通、股市行情等。

进一步增强该业务，手机用户可以点击页面选择各 ISP，或者接入企业网，避免烦琐的输入操作。

8.3　3G 典型业务实现简介

8.3.1　CAMEL Phase3 智能业务

为了在移动通信系统中引入智能网，欧洲电信标准研究所（ETSI）于 1997 年在 GSM Phase 2+ 上定义了 CAMEL，用以向用户提供一种与服务网络无关的业务一致性。CAMEL 特征是一种网络特征而不是补充业务，即使用户不在 HPLMN（归属公共陆地移动网络）中，它也可以作为一种帮助网络运营者向用户提供特定业务的手段。

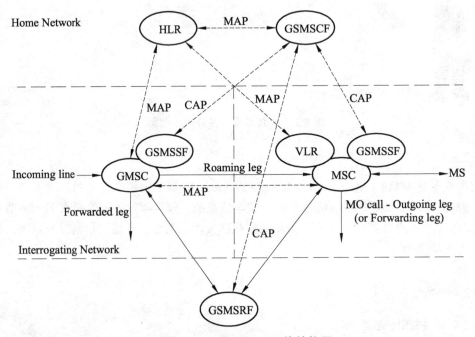

图 8.3　CAMEL Phase3 网络结构图

CAMEL Phase3 的网络结构如图 8.3 所示，它是在 GSM 网络中增加了几个功能实体：GSMSSF（业务交换功能）、GSMSRF（专用资源功能）、GSMSCF（业务控制功能）。其中 GSMSCF 与 GSMSSF、GSMSCF 与 GSMSRF 之间，采用 CAP Phase3 协议接口，MSC 与 GSMSRF 之间采用内部协议接口，其他采用 MAP Phase3 接口。

专门用于实现 GSMSCF 的设备称为 SCP，用于实现 GSMSSF 的设备称为 SSP，用于实现 GSMSRF 的设备称为 IP。

CAMEL 主要是体现交换与业务的分离，其基本思想是：交换机仅完成最基本的接续功能，而所有智能业务的控制均由另一个网络层即智能网来完成。其中业务交换部分（SSF）完成交换功能，将呼叫中的各种事件向业务控制部分（SCF）报告并可能将呼叫挂起，等待业务控制部分的进一步指示，这些事件的触发点称为检测点（DP）；业务控制部分完成业务逻辑控制功能。CAMEL 的机制实质就是 SCF 与 SSF 之间的控制机制。

8.3.2　位置业务

如图 8.4 所示是实现位置业务的网络结构图，其中，当 MSC/SGSN 支持 LCS 功能时，新增与各网络实体的接口：MSC/SGSN 与 GMLC 之间的接口为 Lg 接口，GMLC 与 HLR 之间的接口为 Lh 接口，GMLC 与 GSMSCF 之间的接口为 Lc 接口。

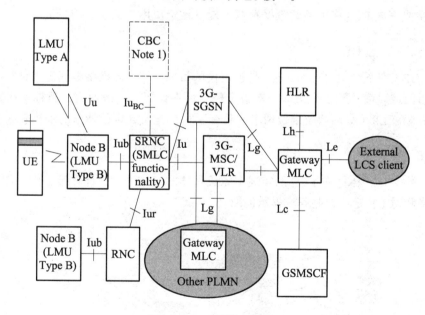

图 8.4　LCS 网络结构图

LCS 系统相关的实体功能如下：

8.3.2.1　LCS Client

LCS 客户端是发起定位请求的来源，并利用定位结果实现有关基于位置的业务。根据 LCS Client 的功能不同，可分为四类客户端：

增值服务 LCS Clients——利用 LCS 支持各种增值业务，可包括有 UE 用户或不针对具体

UE 用户。

PLMN 运营商 LCS Clients——利用 LCS 增强或支持某些 O&M 相关任务，如补充业务、IN 相关业务、承载业务和电信业务等。

紧急服务 LCS Clients——利用 LCS 增强支持来自用户的紧急呼叫。

合法侦听 LCS Clients——利用 LCS 进行各种合法的请求和认可业务。

8.3.2.2 GMLC（Gateway Mobile Location Center）

GMLC 是网络中连接外部 LCS 客户端的网关设备，在通过 Le 接口获得有关定位请求消息后，负责向 HLR 寻址，并通过 Lg 接口向 SGSN 发起定位请求。GMLC 也负责将有关定位结果发送到相关的 LCS 客户端，根据需要也可将结果转换成本地坐标信息。

8.3.2.3 MSC/SGSN/VLR

MSC/SGSN/VLR 主要完成有关定位消息的编解码、版本协商、有关信令协议消息的处理，并提供相关信令跟踪、维护管理等接口功能；需要完成定位流程主要的处理和控制，用户隐私保护等，并根据处理完成情况提供计费信息。

8.3.2.4 HLR

HLR 主要完成 LCS 有关签约数据存储、提供被定位用户的 MSC 号码。

8.3.2.5 Target UE

Target UE（在下文中也称为 MS）是被定位的目标手机。即网络根据定位请求，需要定位出该手机当前或以前（该手机最后一次被定位）所在位置。一般而言，目标手机是被定位对象，但对于 MO-LR（移动始发定位请求）目标手机就是发起定位请求的手机。

8.3.2.6 RNC

在 3G 网络中，RNC 在 LCS 的实现中完成具体的定位测量、计算等工作，如图 8.5 所示是一个网络侧对 UE 定位的业务流程示例图。

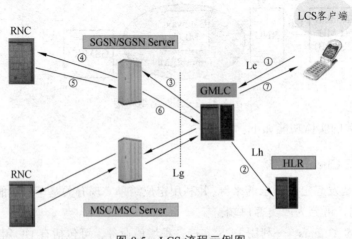

图 8.5 LCS 流程示例图

外部客户端向 GMLC 要求一个目标 UE/MS 的位置信息(或者是非实时的位置信息请求)。GMLC 检验客户端的身份以及请求的服务,然后从请求消息中获得 UE/MS 的标识。

GMLC 向 HLR/HSS 发送消息,查询 SGSN 或 MSC/MSC Server 的地址,GMLC 收到地址,向 SGSN 发送位置请求。

如果 GMLC 属于另一个 PLMN,SGSN 需要先鉴定是否允许 LCS 请求。然后 SGSN 需要根据目标 UE/MS 的签约信息检验该请求的启动限制。如果任意一项无法通过,SGSN 直接返回失败响应。SGSN 向 RAN 发送定位请求。

如果 RAN 保存满足 SGSN 需求的位置信息,就返回给 SGSN 位置报告。否则,RAN 需要根据使用的定位方法发起特定的定位处理消息。RAN 返回 SGSN 估计的位置信息报告。

SGSN 把估计的位置信息以及位置信息的获取时间返回给 GMLC。

GMLC 把位置信息返回给 LCS 客户端。GMLC 记录 LCS 客户端的话单和与 SGSN 网间合作的话单。

8.3.3　MMS 业务

MMS 可以作用在不同类型的网络,终端可以在 2G 和 3G 网络中使用。MMS 业务环境(MMSE)包含所有必需的业务单元,如传送、存储、通知功能,这些业务单元可以在一个网络内,也可以分散在不同网络中,如图 8.6 所示是 MMS 体系结构图。

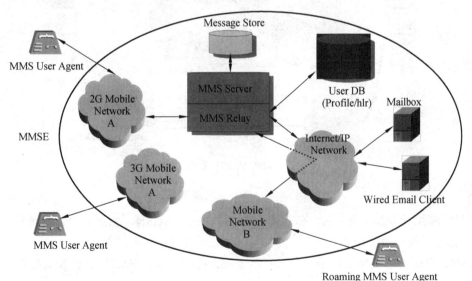

图 8.6　MMS 体系结构图

MMS User Agent(MMS 用户代理):是用户终端设备上的 MMS 功能部分,终端必须具有支持 MMS 的能力。

MMS Server:核心部分,主要完成多媒体消息的接收、通知、调度、下发、前转的功能。MMS Server 相当于控制中心,实现不同业务的调度功能。在一个 MMSE 中可以包含多个 MMS 服务器,比如:MMS-Server,E-Mail Server,SMS Server,FAX Server 等。

MMS Relay:多媒体消息网关,在 MMS 用户代理和 MMS 服务器之间充当桥梁的作用,能够消除不同服务器、不同网络之间的差别。

MMS 用户数据库：由 MMS 签约信息库（MMS Subscription Database）、MMS 描述信息库（MMS Profile Database）、归属位置寄存器（HLR）组成。用户可以根据需要灵活地定制个性化的服务。

在物理实体上，可以把 MMS Server，MMS Relay 和 MMS 用户数据库集于一体，形成多媒体消息中心 MMSC。这样 MMSC 可以形成一个独立的实体，可以直接叠加在原有的 GPRS 网络之上。

在实际应用中不同厂家根据自己对协议的理解，往往采用不同的组网方式。下面我们介绍一种基于 WAP 技术的 GPRS 网络中的组网方式。这种方式在多媒体消息中心和无线网络中间增加 WAP 网关，实现无线网络和 MMSC 之间的互联。图 8.7 中列出了多媒体短消息业务的实现流程。

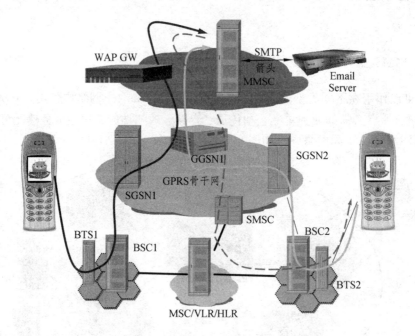

图 8.7　MMS 业务流程图

手机终端激活 MMS 业务后，依次通过 BTS，BSC，SGSN，GGSN，WAP 网关，将消息接至 MMSC 多媒体消息中心。

MMSC 根据终端类型进行消息分发，对于 MS 终端类型，MMSC 通过 SMSC 短消息中心向 MS 终端发送短消息通知。

被叫收到通知后，同样需要通过 GPRS 网络，WAP 网关接入 MMSC，从而实现多媒体短消息的下发。

如果用户没有在规定的时间内取消息，那么 MMSC 把消息转发到邮箱系统。

第 9 章　WCDMA 系统结构

9.1　概　述

UMTS（Universal Mobile Telecommunications System、通用移动通信系统）是采用 WCDMA 空中接口技术的第三代移动通信系统，通常也把 UMTS 系统称为 WCDMA 通信系统。UMTS 系统采用了与第二代移动通信系统类似的结构，包括无线接入网络（Radio Access Network，RAN）和核心网络（Core Network，CN）。其中无线接入网络用于处理所有与无线有关的功能，而 CN 处理 UMTS 系统内所有的话音呼叫和数据连接，并实现与外部网络的交换和路由功能。CN 从逻辑上分为电路交换域（Circuit Switched Domain，CS）和分组交换域（Packet Switched Domain，PS）。UTRAN、CN 与用户设备（User Equipment，UE）一起构成了整个 UMTS 系统。其系统结构如图 9.1 所示。

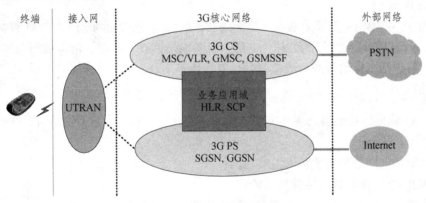

图 9.1　UMTS 的系统结构图

从 3GPP R99 标准的角度来看，UE 和 UTRAN（UMTS 的陆地无线接入网络）由全新的协议构成，其设计基于 WCDMA 无线技术。而 CN 则采用了 GSM/GPRS 的定义，这样可以实现网络的平滑过渡，此外在第三代网络建设的初期可以实现全球漫游。

9.1.1　UMTS 系统网络构成

UMTS 网络单元构成如图 9.2 所示。

从图 9.2 的 UMTS 系统网络构成示意图中可以看出，UMTS 系统的网络单元包括如下部分：

1. UE（User Equipment）

UE 是用户终端设备，它通过 Uu 接口与网络设备进行数据交互，为用户提供电路域和分组域内的各种业务功能，包括普通话音、数据通信、移动多媒体、Internet 应用（如 E-mail、

WWW 浏览、FTP 等）。

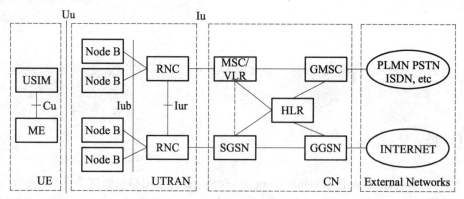

图 9.2　UMTS 网络单元构成示意图

UE 包括两部分：

ME（The Mobile Equipment），提供应用和服务。

USIM（The UMTS Subscriber Module），提供用户身份识别。

UTRAN（UMTS Terrestrial Radio Access Network，UMTS）。

UTRAN，即陆地无线接入网，分为基站（Node B）和无线网络控制器（RNC）两部分。

2. Node B

Node B 是 WCDMA 系统的基站（即无线收发信机），通过标准的 Iub 接口和 RNC 互连，主要完成 Uu 接口物理层协议的处理。它的主要功能是扩频、调制、信道编码及解扩、解调、信道解码，还包括基带信号和射频信号的相互转换等功能。

3. RNC（Radio Network Controller）

RNC 是无线网络控制器，主要完成连接建立和断开、切换、宏分集合并、无线资源管理控制等功能。具体如下：

执行系统信息广播与系统接入控制功能；

切换和 RNC 迁移等移动性管理功能；

宏分集合并、功率控制、无线承载分配等无线资源管理和控制功能。

4. CN（Core Network）

CN，即核心网络，负责与其他网络的连接和对 UE 的通信和管理。在 WCMDA 系统中，不同协议版本的核心网设备有所区别。从总体上来说，R99 版本的核心网分为电路域和分组域两大块，R4 版本的核心网也一样，只是把 R99 电路域中的 MSC 的功能改由两个独立的实体：MSC Server 和 MGW 来实现。R5 版本的核心网相对 R4 来说增加了一个 IP 多媒体域，其他的与 R4 基本一样。

R99 版本核心网的主要功能实体如下：

1. MSC/VLR

MSC/VLR 是 WCDMA 核心网 CS 域功能节点，它通过 Iu_CS 接口与 UTRAN 相连，通过 PSTN/ISDN 接口与外部网络（PSTN、ISDN 等）相连，通过 C/D 接口与 HLR/AUC 相连，通过 E 接口与其他 MSC/VLR、GMSC 或 SMC 相连，通过 CAP 接口与 SCP 相连，通过 Gs 接口与 SGSN 相连。MSC/VLR 的主要功能是提供 CS 域的呼叫控制、移动性管理、鉴权和加密等功能。

2. GMSC

GMSC 是 WCDMA 移动网 CS 域与外部网络之间的网关节点，是可选功能节点，它通过 PSTN/ISDN 接口与外部网络（PSTN、ISDN、其他 PLMN）相连，通过 C 接口与 HLR 相连，通过 CAP 接口与 SCP 相连。它的主要功能是完成 VMSC 功能中的呼入呼叫的路由功能及与固定网等外部网络的网间结算功能。

3. SGSN

SGSN（服务 GPRS 支持节点）是 WCDMA 核心网 PS 域功能节点，它通过 Iu_PS 接口与 UTRAN 相连，通过 Gn/Gp 接口与 GGSN 相连，通过 Gr 接口与 HLR/AUC 相连，通过 Gs 接口与 MSC/VLR，通过 CAP 接口与 SCP 相连，通过 Gd 接口与 SMC 相连，通过 Ga 接口与 CG 相连，通过 Gn/Gp 接口与 SGSN 相连。SGSN 的主要功能是提供 PS 域的路由转发、移动性管理、会话管理、鉴权和加密等功能。

4. GGSN

GGSN（网关 GPRS 支持节点）是 WCDMA 核心网 PS 域功能节点，通过 Gn /Gp 接口与 SGSN 相连，通过 Gi 接口与外部数据网络（Internet /Intranet）相连。GGSN 提供数据包在 WCDMA 移动网和外部数据网之间的路由和封装。GGSN 主要功能是同外部 IP 分组网络的接口功能，GGSN 需要提供 UE 接入外部分组网络的关口功能，从外部网的观点来看，GGSN 就好像是可寻址 WCDMA 移动网络中所有用户 IP 的路由器，需要同外部网络交换路由信息。

5. HLR

HLR（归属位置寄存器）是 WCDMA 核心网 CS 域和 PS 域共有的功能节点，它通过 C 接口与 MSC/VLR 或 GMSC 相连，通过 Gr 接口与 SGSN 相连，通过 Gc 接口与 GGSN 相连。HLR 的主要功能是提供用户的签约信息存放、新业务支持、增强的鉴权等功能。

9.2　UTRAN 的基本结构

UTRAN 的结构如图 9.3 所示。

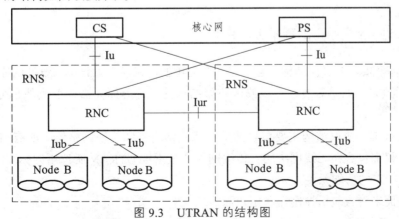

图 9.3　UTRAN 的结构图

UTRAN 包含一个或几个无线网络子系统(RNS)。一个 RNS 由一个无线网络控制器(RNC)和一个或多个基站(Node B)组成。RNC 与 CN 之间的接口是 Iu 接口，Node B 和 RNC 通过 Iub 接口连接。在 UTRAN 内部，无线网络控制器（RNC）之间通过 Iur 互联，Iur 可以通过 RNC 之间的直接物理连接或通过传输网连接。RNC 用来分配和控制与之相连或相关的 Node B 的无线资源。Node B 则完成 Iub 接口和 Uu 接口之间的数据流的转换，同时也参与一部分无线资源管理。

9.2.1　系统接口

UTRAN 主要有如下接口：

1. Cu 接口

Cu 接口是 USIM 卡和 ME 之间的电气接口，Cu 接口采用标准接口。

2. Uu 接口

Uu 接口是 WCDMA 的无线接口。UE 通过 Uu 接口接入到 UMTS 系统的固定网络部分，可以说 Uu 接口是 UMTS 系统中最重要的开放接口。

3. Iur 接口

Iur 接口是连接 RNC 之间的接口，Iur 接口是 UMTS 系统特有的接口，用于对 RAN 中移动台的移动管理。比如在不同的 RNC 之间进行软切换时，移动台所有数据都是通过 Iur 接口从正在工作的 RNC 传到候选 RNC。Iur 是开放的标准接口。

4. Iub 接口

Iub 接口是连接 Node B 与 RNC 的接口，Iub 接口也是一个开放的标准接口。这也使通过 Iub 接口相连接的 RNC 与 Node B 可以分别由不同的设备制造商提供。

5. Iu 接口

Iu 接口是连接 UTRAN 和 CN 的接口。类似于 GSM 系统的 A 接口和 Gb 接口。Iu 接口是一个开放的标准接口。这也使通过 Iu 接口相连接的 UTRAN 与 CN 可以分别由不同的设备制造商提供。Iu 接口可以分为电路域的 Iu-CS 接口和分组域的 Iu-PS 接口。

9.2.2　UTRAN 各接口的基本协议结构

UTRAN 各个接口的协议结构，是按照一个通用的协议模型设计的。设计的原则是层和面在逻辑上相互独立。如果需要，可以修改协议结构的一部分而无需改变其他部分，如图 9.4 所示。

从水平层来看，协议结构主要包含两层：无线网络层和传输网络层。所有与陆地无线接入网有关的协议都包含在无线网络层，传输网络层是指被 UTRAN 所选用的标准的传输技术，与 UTRAN 的特定的功能无关。

从垂直平面来看，包括控制面和用户面。

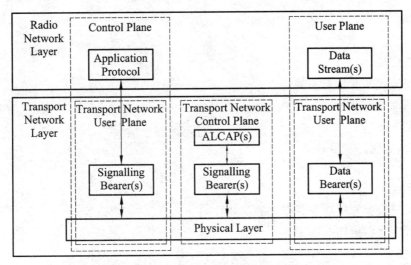

图 9.4　UTRAN 接口的通用协议模型

控制面包括应用协议（Iu 接口中的 RANAP，Iur 接口中的 RNSAP，Iub 接口中的 NBAP）及用于传输这些应用协议的信令承载。应用协议用于建立到 UE 的承载（例如在 Iu 中的无线接入承载及在 Iur、Iub 中无线链路），而这些应用协议的信令承载与接入链路控制协议（ALCAP）的信令承载可以一样也可以不一样，它通过 O&M 操作建立。

用户面包括数据流和用于承载这些数据流的数据承载。用户发送和接收的所有信息（如话音和数据）是通过用户面来进行传输的。传输网络控制面在控制面和用户面之间，只在传输层，不包括任何无线网络控制平面的信息。它包括 ALCAP 协议（接入链路控制协议）和 ALCAP 所需的信令承载。ALCAP 建立用于用户面的传输承载。引入传输网络控制面，使得在无线网络层控制面的应用协议的完成与用户面的数据承载所选用的技术无关。

在传输网络中，用户面中数据面的传输承载是这样建立的：在控制面里的应用协议先进行信令处理，这一信令处理通过 ALCAP 协议触发数据面的数据承载的建立。并非所有类型的数据承载的建立都需通过 ALCAP 协议。如果没有 ALCAP 协议的信令处理，就无需传输网络控制面，而应用预先设置好的数据承载。ALCAP 的信令承载与应用协议的信令承载可以一样也可以不一样。ALCAP 的信令承载通常是通过 O&M 操作建立的。

在用户面里的数据承载和应用协议里的信令承载属于传输网络用户面。在实时操作中，传输网络用户面的数据承载是由传输网络控制面直接控制的，而建立应用协议的信令承载所需的控制操作属于 O&M 操作。

综上所述，UTRAN 遵循以下原则：

信令面与数据面的分离；

UTRAN/CN 功能与传输层的分离，即无线网络层不依赖于特定的传输技术；

宏分集（FDD Only）完全由 UTRAN 处理；

RRC 连接的移动性管理完全由 UTRAN 处理。

9.2.3　UTRAN 完成的功能

（1）和总体系统接入控制有关的功能：

准入控制；

拥塞控制；

系统信息广播。

（2）和安全与私有性有关的功能：

无线信道加密/解密；

消息完整性保护。

（3）和移动性有关的功能：

切换；

SRNS 迁移。

（4）和无线资源管理和控制有关的功能：

无线资源配置和操作；

无线环境勘测；

宏分集控制（FDD）；

无线承载连接建立和释放（RB 控制）；

无线承载的分配和回收

动态信道分配 DCA（TDD）；

无线协议功能；

RF 功率控制；

RF 功率设置。

（5）时间提前量设置（TDD）。

（6）无线信道编码。

（7）无线信道解码。

（8）信道编码控制。

（9）初始（随机）接入检测和处理。

（10）NAS 消息的 CN 分发功能。

9.2.4　RNC（Radio Network Controller）

RNC，即无线网络控制器，用于控制 UTRAN 的无线资源。它通常通过 Iu 接口与电路域（MSC）和分组域（SGSN）以及广播域（BC）相连，在移动台和 UTRAN 之间的无线资源控制（RRC）协议在此终止。它在逻辑上对应 GSM 网络中的基站控制器（BSC）。

控制 Node B 的 RNC 称为该 Node B 的控制 RNC（CRNC），CRNC 负责对其控制的小区的无线资源进行管理。

如果在一个移动台与 UTRAN 的连接中用到了超过一个 RNS 的无线资源，那么这些涉及的 RNS 可以分为：

服务 RNS（SRNS）：管理 UE 和 UTRAN 之间的无线连接。它是对应于该 UE 的 Iu 接口（Uu 接口）的终止点。无线接入承载的参数映射到传输信道的参数，是否进行越区切换，开环功率控制等基本的无线资源管理都是由 SRNS 中的 SRNC（服务 RNC）来完成的。一个与 UTRAN 相连的 UE 有且只能有一个 SRNC。

漂移 RNS（DRNS）：除了 SRNS 以外，UE 所用到的 RNS 称为 DRNS。其对应的 RNC 则是 DRNC。一个用户可以没有，也可以有一个或多个 DRNS。

通常在实际的 RNC 中包含了所有 CRNC、SRNC 和 DRNC 的功能。

9.2.5　NodeB

Node B 是 WCDMA 系统的基站（即无线收发信机），通过标准的 Iub 接口和 RNC 互连，主要完成 Uu 接口物理层协议的处理。它的主要功能是扩频、调制、信道编码及解扩、解调、信道解码，还包括基带信号和射频信号的相互转换等功能。同时它还完成一些如内环功率控制等的无线资源管理功能。它在逻辑上对应于 GSM 网络中基站（BTS）。

9.3　核心网络基本结构

核心网（CN）从逻辑上可划分为电路域（CS 域）、分组域（PS 域）和广播域（BC 域）。CS 域设备是指为用户提供"电路型业务"，或提供相关信令连接的实体。CS 域特有的实体包括：MSC、GMSC、VLR、IWF。PS 域为用户提供"分组型数据业务"，PS 域特有的实体包括：SGSN 和 GGSN。其他设备如 HLR（或 HSS）、AuC、EIR 等为 CS 域与 PS 域共用。

WCDMA 的网络总体结构定义在 3GPP TS 23.002 中。目前具有三个版本，分别为：

R99——3GPP TS 23.002 V3.4.0，2000-12；

R4——3GPP TS 23.002 V4.2.0，2001-4；

R5——3GPP TS 23.002 V5.2.0，2001-4。

3GPP 在 1998 年底至 1999 年初开始制定 3G 的规范。R99 后不再按年来命名版本，同时把 R2000 的功能分成两个阶段实施：R4 和 R5。原则上 R99 的规范是 R4 规范集的一个子集，若在 R99 中增加新的特征，就把它升级到 R4。同样 R4 规范集是 R5 规范集的子集，若在 R4 中增加了新的特征就把它升级到 R5。

对于以上三个版本，PS 域特有设备主体没有变化，只进行协议的升级和优化，其中 R99 版本的电路域与 GSM 网络没有根本性改变。但在 R4 网络中，核心网络电路域 MSC 被拆分为 MSC Server 和 MGW，新增了一个 R-SGW，HLR 也可被替换为 HSS（规范中没有给出明确说明）。在 R5 网络中，支持端到端的 VOIP，核心网络引入了大量新的功能实体，改变了原有的呼叫流程。如果有 IMS（IP 多媒体子系统），则网络使用 HSS 以替代 HLR。

9.3.1　R99 网络结构及接口

为了确保运营商的投资利益，在 R99 网络结构设计中充分考虑了 2G/3G 兼容性问题，以支持 GSM/GPRS/3G 的平滑过渡。因此，在网络中 CS 域和 PS 域是并列的，R99 核心网设备包括：MSC/VLR、IWF、SGSN、GGSN、HLR/AuC、EIR 等。

如图 9.5 所示是 PLMN 的基本网络结构（包括 CS 域和 PS 域），图中所有功能实体都可作为独立的物理设备。

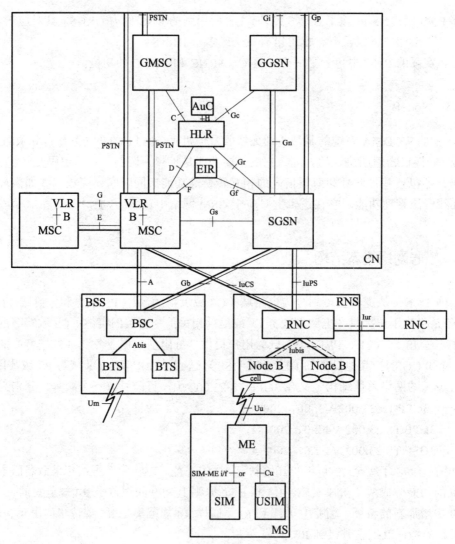

粗线：表示支持用户业务的接口；

细线：表示支持信令的接口。

图 9.5　PLMN 的基本网络结构图

  R99 中 CS 域的功能实体包括有 MSC、VLR 等。其中，运营商可以根据连接方式的不同将 MSC 设置为 GMSC、SM-GMSC、SM-IWMSC 等。为实现网络互通，在系统中配置 IWF（一般结合于 MSC）。

  除上述功能实体之外，PS 域特有的功能实体包括 SGSN 和 GGSN，为用户提供分组数据业务。HLR、AuC、EIR 为 CS 域和 PS 域共用设备。

  R99 的主要功能实体包括：

1. 移动交换中心（MSC）

  MSC 为电路域特有的设备，用于连接无线系统（包括 BSS、RNS）和固定网。MSC 完成电路型呼叫所有功能，如控制呼叫接续，管理 MS 在本网络内或与其他网络（如 PSTN/ISDN/PSPDN、其他移动网等）的通信业务，并提供计费信息。

2. 拜访位置寄存器（VLR）

VLR 为电路域特有的设备，存储着进入该控制区域内已登记用户的相关信息，为移动用户提供呼叫接续的必要数据。当 MS 漫游到一个新的 VLR 区域后，该 VLR 向 HLR 发起位置登记，并获取必要的用户数据；当 MS 漫游出控制范围后，需要删除该用户数据，因此 VLR 可看作为一个动态数据库。

一个 VLR 可管理多个 MSC，但在实现中通常都将 MSC 和 VLR 合为一体。

3. 归属位置寄存器（HLR）

HLR 为 CS 域和 PS 域共用设备，是一个负责管理移动用户的数据库系统。PLMN 可以包含一个或多个 HLR，具体配置方式由用户数、系统容量以及网络结构所决定。HLR 存储着本归属区的所有移动用户数据，如识别标志、位置信息、签约业务等。

当用户漫游时，HLR 接收新位置信息，并要求前 VLR 删除用户所有数据。当用户被叫时，HLR 提供路由信息。

4. 鉴权中心（AuC）

AuC 为 CS 域和 PS 域共用设备，是存储用户鉴权算法和加密密钥的实体。AuC 将鉴权和加密数据通过 HLR 发往 VLR、MSC 以及 SGSN，以保证通信的合法和安全。每个 AuC 和对应的 HLR 关联，只通过该 HLR 和外界通信。通常 AuC 和 HLR 结合在同一物理实体中。

5. 设备识别寄存器（EIR）

EIR 为 CS 域和 PS 域共用设备，存储着系统中使用的移动设备的国际移动设备识别码（IMEI）。其中，移动设备被划分"白""灰""黑"三个等级，并分别存储在相应的表格中。目前中国没有用到该设备。

一个最小化的 EIR 可以只包括最小"白表"（设备属于"白"等级）。

6. 网关 MSC（GMSC）

GMSC 是电路域特有的设备。GMSC 作为系统与其他公用通信网之间的接口，同时还具有查询位置信息的功能。如 MS 被呼时，网络如不能查询该用户所属的 HLR，则需要通过 GMSC 查询，然后将呼叫转接到 MS 目前登记的 MSC 中。

具体由运营商决定那些 MSC 可作为 GMSC，如部分 MSC 或所有的 MSC。

7. 服务 GPRS 支持节点（SGSN）

SGSN 为 PS 域特有的设备，SGSN 提供核心网与无线接入系统 BSS、RNS 的连接，在核心网内，SGSN 与 GGSN/GMSC/HLR/EIR/SCP 等均有接口。SGSN 完成分组型数据业务的移动性管理、会话管理等功能，管理 MS 在移动网络内的移动和通信业务，并提供计费信息。

8. 网关 GPRS 支持节点（GGSN）

GGSN 也是分组域特有的设备。GGSN 作为移动通信系统与其他公用数据网之间的接口，同时还具有查询位置信息的功能。如 MS 被呼时，数据先到 GGSN，再由 GGSN 向 HLR 查询用户的当前位置信息，然后将呼叫转接到目前登记的 SGSN 中。GGSN 也提供计费接口。

R99 中核心网的接口协议如表 9-1 所示。

表 9-1 R99 核心网的接口名称与含义

接口名	连接实体	信令与协议
A	MSC——BSC	BSSAP
Iu-CS	MSC——RNS	RANAP
B	MSC——VLR	内部协议
C	MSC——HLR	MAP
D	VLR——HLR	MAP
E	MSC——MSC	MAP
F	MSC——EIR	MAP
G	VLR——VLR	MAP
Gs	MSC——SGSN	BSSAP+
H	HLR——AuC	内部协议
	MSC——PSTN/ISDN/PSPDN	TUP/ISUP
Ga	GSN——CG	GTP'
Gb	SGSN——BSC	BSSGP
Gc	GGSN——HLR	MAP
Gd	SGSN——SMS-GMSC/IWMSC	MAP
Ge	SGSN——SCP	CAP
Gf	SGSN——EIR	MAP
Gi	GGSN——PDN	TCP/IP
Gp	GSN——GSN（Inter PLMN）	GTP
Gn	GSN——GSN（Intra PLMN）	GTP
Gr	SGSN——HLR	MAP
Iu-PS	SGSN——RNC	RANAP

9.3.2 R4 网络结构及接口

如图 9.6 所示是 R4 版本的 PLMN 基本网络结构，图中所有功能实体都可作为独立的物理设备。关于 Nb、Mc 和 Nc 等接口的标准包括在 23.205 和 29-系列的技术规范中。

在实际应用中一些功能可能会结合到同一个物理实体中，如 MSC/VLR、HLR/AuC 等，使得某些接口成为内部接口。

R4 版本中 PS 域的功能实体 SGSN 和 GGSN 没有改变，与外界的接口也没有改变。CS 域的功能实体仍然包括有：MSC、VLR、HLR、AuC、EIR 等设备，相互间关系也没有改变。但为了支持全 IP 网发展需要，R4 版本中 CS 域实体有所变化，如：

（1）MSC 根据需要可分成两个不同的实体：MSC 服务器（MSC Server，仅用于处理信令）和电路交换媒体网关（CS-MGW，用于处理用户数据），MSC Server 和 CS-MGW 共同完成 MSC 功能。对应的 GMSC 也分成 GMSC Server 和 CS-MGW。

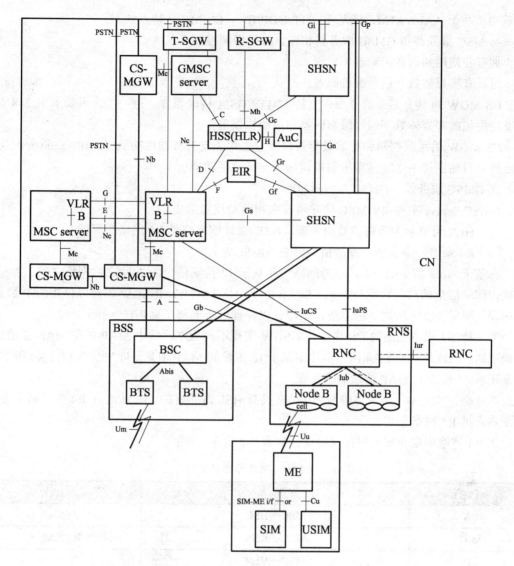

粗线：支持用户业务的接口；细线：支持信令的接口。

图 9.6　R4 的网络结构图

① MSC 服务器（MSC Server）。

MSC Server 主要由 MSC 的呼叫控制和移动控制组成,负责完成 CS 域的呼叫处理等功能。MSC Server 终接用户-网络信令,并将其转换成网络-网络信令。MSC Server 也可包含 VLR 以处理移动用户的业务数据和 CAMEL 相关数据。

MSC Server 可通过接口控制 CS-MGW 中媒体通道的关于连接控制的部分呼叫状态。

② 电路交换媒体网关（CS-MGW）。

CS-MGW 是 PSTN/PLMN 的传输终节点,并且通过 Iu 接口连接核心网和 UTRAN。CS-MGW 可以是从电路交换网络来的承载通道的终接点,也可是分组网来的媒体流（例如,IP 网中的 RTP 流）的终节点。在 Iu 接口上,CS-MGW 可支持媒体转换、承载控制和有效载荷处理（例如,多媒体数字信号编解码器、回音消除器、会议桥等）,可支持 CS 业务的不同

Iu 选项（基于 AAL2/ATM，或基于 RTP/UDP/IP）。CS-MGW 特点如下：

与 MSC 服务器和 GMSC 服务器相连，进行资源控制。

拥有并使用如回音消除器等资源。

可具有多媒体数字信号编解码器。

CS-MGW 可具有必要的资源以支持 UMTS/GSM 传输媒体。进一步，可要求 H.248 裁剪器支持附加的多媒体数字信号编解码器和成帧协议等。

CS-MGW 的承载控制和有效载荷处理能力也用于支持移动性功能，如 SRNS 重分配/切换和定位。目前期待 H.248 标准机制可运用于支持这些功能。

③ GMSC 服务器（GMSC Server）。

GMSC Server 主要由 GMSC 的呼叫控制和移动控制组成。

（2）HLR 可更新为归属位置服务器（HSS），详细内容见 R5 网络介绍。

（3）R4 新增一个实体：漫游信令网关（R-SGW）。

在基于 No.7 信令的 R4 之前的网络，和基于 IP 传输信令的 R99 之后网络之间，R-SGW 完成传输层信令的双向转换（Sigtran SCTP/IP 对 No.7 MTP）。R-SGW 不对 MAP/CAP 消息进行翻译，但对 SCCP 层之下消息进行翻译，以保证信令能够正确传送。

为支持 R4 版本之前的 CS 终端，R-SGW 实现不同版本网络中 MAP-E 和 MAP-G 消息的正确互通。也就是，保证 R4 网络实体中基于 IP 传输的 MAP 消息，与 MSC/VLR（R4 版本前）中基于 No.7 传输的 MAP 消息能够互通。

图 9.6 中 T-SGW（信令传输网关）是在具有 HSS 时才有的，而 HSS 在 R4 中不是必需的，详细内容见 R5 网络介绍。

在 R4 网络中也新增一些接口协议，如表 9-2 所示。

表 9-2 R4 核心网外部接口名称与含义

接口名	连接实体	信令与协议
A	MSC—BSC	BSSAP
Iu-CS	MSC—RNS	RANAP
B	MSC—VLR	
C	MSC—HLR	MAP
D	VLR—HLR	MAP
E	MSC—MSC	MAP
F	MSC—EIR	MAP
G	VLR—VLR	MAP
Gs	MSC—SGSN	BSSAP+
H	HLR—AuC	
	MSC—PSTN/ISDN/PSPDN	TUP/ISUP
Ga	SGSN—CG	GTP'
Gb	SGSN—BSC	BSSGP
Gc	GGSN—HLR	MAP

续表

接口名	连接实体	信令与协议
Gd	SGSN—SM-GMSC/IWMSC	MAP
Ge	SGSN—SCP	CAP
Gf	SGSN—EIR	MAP
Gi	GGSN—PDN	TCP/IP
Gp	GSN—GSN（Inter PLMN）	GTP
Gn	GSN—GSN（Intra PLMN）	GTP
Gr	SGSN—HLR	MAP
Iu-PS	SGSN—RNC	RANAP
Mc	（G）MSC Server—CS-MGW	H.248
Nc	MSC Server—GMSC Server	ISUP/TUP/BICC
Nb	CS-MGW—CS-MGW	
Mh	HSS—R-SGW	

9.3.3 R5 网络结构及接口

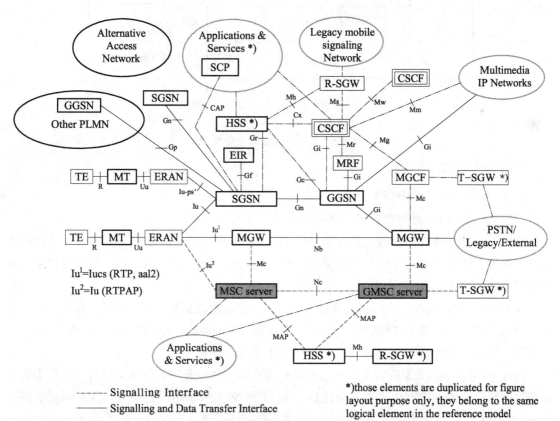

图 9.7 R5 的网络结构图

R5 版本的网络结构和接口形式和 R4 版本基本一致,如图 9.7 所示。差别主要是:当 PLMN 包括 IM 子系统时,HLR 被 HSS 所替代;另外,BSS 和 CS-MSC、MSC-Server 之间同时支持 A 接口及 Iu-CS 接口,BSC 和 SGSN 之间支持 Gb 及 Iu-PS 接口。

为简洁起见,不再赘述 R5 的接口协议。

如图 9.8 所示是 R5 版本的 IMS 基本网络结构,主要表示的是 IMS 域的功能实体和接口。图中所有功能实体都可作为独立的物理设备。

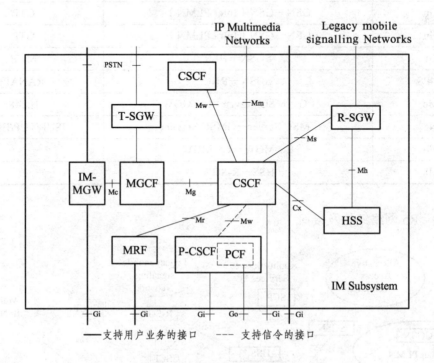

图 9.8　R5 的 IMS 网络结构图

R5 新增的物理实体有:

1. 归属位置服务器(HSS)

当网络具有 IM 子系统时,需要利用 HSS 替代 HLR。

HSS 是网络中移动用户的主数据库,存储有支持网络实体完成呼叫/会话处理相关的业务信息。例如,HSS 通过进行鉴权、授权、名称/地址解析、位置依赖等,以支持呼叫控制服务器能顺利完成漫游/路由等流程。

和 HLR 一样,HSS 负责维护管理有关用户识别码、地址信息、安全信息、位置信息、签约服务等用户信息。基于这些信息,HSS 可支持不同控制系统(CS 域控制、PS 域控制、IM 控制等)的 CC/SM 实体。HSS 的基本结构与接口如图 9.9 所示。

HSS 可集成不同类型的信息。在增强核心网对应用和服务域的业务支持时,屏蔽上层不同类型的网络结构。HSS 支持的功能包括:IM 子系统请求的用户控制功能;PS 域请求的有关 HLR 功能子集;CS 域部分的 HLR 功能(如果容许用户接入 CS 域,或漫游到传统网络)。

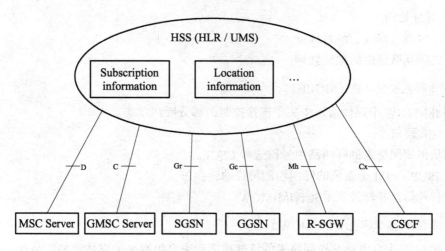

图 9.9　HSS 的基本结构与接口

2. 呼叫状态控制功能（CSCF）

CSCF 的功能形式有：Proxy CSCF（P-CSCF）、Serving CSCF（S-CSCF）或 Interrogating CSCF（I-CSCF）。

P-CSCF：是 UE 在 IM 子系统中的第一个接入点。

S-CSCF：处理网络中的会话状态。

I-CSCF：主要用于路由相应的 SIP 呼叫请求，类似电路域 GMSC 的作用。

CSCF 完成以下功能：

ICGW（入呼网关，在 I-CSCF 中实现）。

作为第一个接入点，完成入呼的路由功能。

入呼业务的触发（如呼叫的显示/呼叫的无条件转发）。

地址的查询处理。

与 HSS 通信。

CCF（呼叫控制功能，在 S-CSCF 中实现）。

呼叫的建立/终结与状态/事件的管理。

与 MRF 交互支持多方或其他业务。

用于计费、审核、监听等所有事件的上报。

接收与处理应用层的登记。

地址的查询处理。

向应用与业务网络（VHE/OSA）提供业务触发机制（Service Capabilities Features）。

可向服务网络触发位置业务。

检查呼出的权限。

SPD（业务描述数据库）。

与归属网络的 HSS 交互获取 IM 域的用户签约信息，并可根据与归属网络签定的 SLA 将签约数据存储。

通知归属网络最初的用户接入（包括 CSCF 的信令传输地址，用户的 ID 等）。

缓存接入的相关信息。

AH（寻址处理）。

分析、转换、修改、映射地址。

网络之间互联路由的地址处理。

3. 媒体网关控制功能（MGCF）

控制 IM-MGW 中媒体信道中关于连接控制的部分呼叫状态。

与 CSCF 通信。

根据从传统网络来的呼叫路由号码选择 CSCF。

进行 ISUP 与 IM 子系统的呼叫控制协议的转换。

接收带外信息并转发到 CSCF/IM-MGW。

4. IP 多媒体-媒体网关（IM-MGW）

IM-MGW 是来自电路交换网络来的承载通道和来自组网来的媒体流的终结点。IM-MGW 可支持媒体转换、承载控制和有效载荷处理（例如，多媒体数字信号编解码器、回音消除器、会议桥等）。

IM-MGW 的功能：

与 MGCF，MSC 服务器和 GMSC 服务器相连，进行资源控制；

拥有并使用如回音消除器等资源；

可能需要具有多媒体数字信号编解码器。

CS-MGW 可具有必要的资源以支持 UMTS/GSM 传输媒体。进一步，可要求 H.248 裁剪器支持附加的多媒体数字信号编解码器和成帧协议等。

5. 信令传输网关功能（T-SGW）

T-SGW 完成以下功能：

将来自或去向 PSTN/PLMN 的呼叫相关的信令映射为 IP 承载，并将它发送到 MSGCF 或从 MGCF 接收。

必须提供 PSTN/PLMN<->IP 的传输层的地址映射。

6. 多媒体资源功能（MRF）

MRF 完成的功能：

完成多方呼叫与多媒体会议功能，与 H.323 的 MCU 功能相同。

在多方呼叫与多媒体会议中负责承载控制（与 GGSN 和 IM-MGW 一起完成）。

与 CSCF 通信，完成多方呼叫与多媒体会话中的业务确认功能。

第 10 章　WCDMA 关键技术

本章主要从原理的角度介绍 WCDMA 收发信机的各个组成部分，包括 RAKE 接收机的原理和结构，射频和中频处理技术，信道编解码技术和多用户检测的技术。

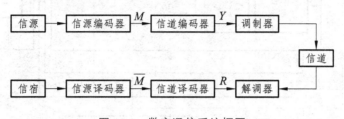

图 10.1　数字通信系统框图

如图 10.1 所示为一般意义上的数字通信系统，WCDMA 的收发信机就建立在这个基本的框图上，其中信道编译码采用卷积码或者 Turbo 码，调制解调采用码分多址的直接扩频通信技术，信源编码部分根据应用数据的不同，对语音采用 AMR 自适应多速率编码，对图像和多媒体业务采用 ITU Rec.H.324 系列协议。

10.1　RAKE 接收机

在 CDMA 扩频系统中，信道带宽远远大于信道的平坦衰落带宽。不同于传统的调制技术需要用均衡算法来消除相邻符号间的码间干扰，CDMA 扩频码在选择时就要求它有很好的自相关特性。这样，在无线信道中出现的时延扩展，就可以看作只是被传信号的再次传送。如果这些多径信号相互间的延时超过了一个码片的长度，那么它们将被 CDMA 接收机看作是非相关的噪声，而不再需要均衡了。

由于在多径信号中含有可以利用的信息，所以 CDMA 接收机可以通过合并多径信号来改善接收信号的信噪比。其实 RAKE 接收机所作的就是：通过多个相关检测器接收多径信号中的各路信号，并把它们合并在一起。如图 10.2 所示为一个 RAKE 接收机，它是专为 CDMA 系统设计的经典的分集接收器，其理论基就是：当传播时延超过一个码片周期时，多径信号实际上可被看作是互不相关的。

带 DLL 的相关器是一个具有迟早门锁相环的解调相关器。迟早门和解调相关器分别相差 ±1/2（或 1/4）个码片。迟早门的相关结果相减可以用于调整码相位。延迟环路的性能取决于环路带宽。

由于信道中快速衰落和噪声的影响，实际接收的各径的相位与原来发射信号的相位有很大的变化，因此在合并以前要按照信道估计的结果进行相位的旋转，实际的 CDMA 系统中的信道估计是根据发射信号中携带的导频符号完成的。根据发射信号中是否携带有连续导频，可以分别采用基于连续导频的相位预测和基于判决反馈技术的相位预测方法。如图 10.3、图 10.4 所示。

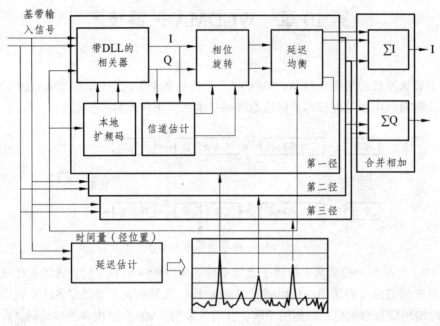

图 10.2 RAKE 接收机框图

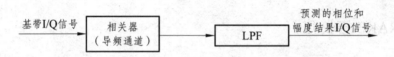

图 10.3 基于连续导频信号的信道估计方法

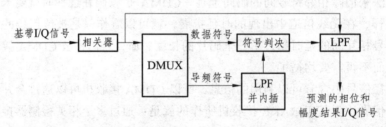

图 10.4 使用判决反馈技术的间断导频条件的信道估计方法

LPF 是一个低通滤波器，滤除信道估计结果中的噪声，其带宽一般要高于信道的衰落率。使用间断导频时，在导频的间隙要采用内插技术来进行信道估计，采用判决反馈技术时，先硬判决出信道中的数据符号，在已判决结果作为先验信息（类似导频）进行完整的信道估计，通过低通滤波得到比较好的信道估计结果，这种方法的缺点是由于非线性和非因果预测技术，使噪声比较大的时候，信道估计的准确度大大降低，而且还引入了较大的解码延迟。

延迟估计的作用是通过匹配滤波器获取不同时间延迟位置上的信号能量分布（见图 10.5），识别具有较大能量的多径位置，并将它们的时间量分配到 RAKE 接收机的不同接收径上。匹配滤波器的测量精度可以达到 1/4 ~ 1/2 码片，而 RAKE 接收机的不同接收径的间隔是一个码片。实际实现中，如果延迟估计的更新速度很快（比如几十毫秒一次），就可以无须迟早门的锁相环。

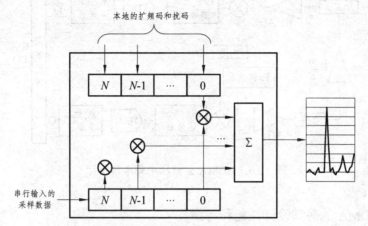

图 10.5　匹配滤波器的基本结构图

延迟估计的主要部件是匹配滤波器。它的功能是用输入的数据和不同相位的本地码字进行相关，取得不同码字相位的相关能量。当串行输入的采样数据和本地的扩频码和扰码的相位一致时，其相关能力最大，在滤波器输出端有一个最大值。根据相关能量，延迟估计器就可以得到多径的到达时间量。

从实现的角度而言，RAKE 接收机的处理包括码片级和符号级。码片级的处理有相关器、本地码产生器和匹配滤波器。符号级的处理包括信道估计、相位旋转和合并相加。码片级的处理一般用 ASIC 器件实现，而符号级的处理用 DSP 实现。移动台和基站间的 RAKE 接收机的实现方法和功能尽管有所不同，但其原理是完全一样的。

对于多个接收天线分集接收而言，多个接收天线接收的多径同样可以用上面的方法处理。RAKE 接收机既可以接收来自同一天线的多径，也可以接收来自不同天线的多径。从 RAKE 接收的角度来看，两种分集并没有本质的不同。但是，在实现上由于多个天线的数据要进行分路控制处理，增加了基带处理的复杂度。

10.2　CDMA 射频和中频设计原理

10.2.1　CDMA 射频和中频的总体结构

如图 10.6 所示给出了 CDMA 射频和中频部分的原理框图，射频部分是传统的模拟结构，有用信号在这里转化为中频信号。射频下行通道部分主要包括自动增益控制（RF AGC）、接收滤波器（Rx 滤波器）和下变频器。射频的上行通道部分主要包括自动增益控制（RF AGC）、二次上变频、宽带线性功放和射频发射滤波器。中频部分主要包括下行的去混迭滤波器、下变频器、ADC 和上行的中频和平滑滤波器、上变频器和 DAC。对于 WCDMA 的数字下变频器而言，由于其输出的基带信号的带宽已经大于中频信号的 10%，故与一般的 GSM 信号和第一代信号不同，称为宽带信号。

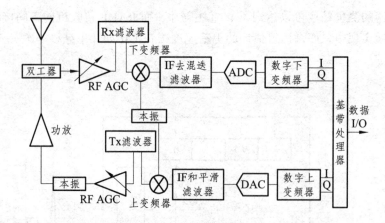

图 10.6　CDMA 射频和中频原理框图

10.2.2　CDMA 的射频设计性能和考虑

前面已经提到，CDMA 的信号是宽带信号，因此射频部分必须设计成适合于宽带低功率谱密度信号。CDMA 的高动态范围、高峰值因数（由于采用线性调制和多码传输）、精确的快速功率控制环路向功率放大器的线性和效率提出了挑战。

CDMA 对 RF 前端提出了非常困难的线性和效率要求。线性约束是由于要求了严格的输出频谱的掩模（Mask），同时输出的信号包络变化幅度很大。当然，为了保证功放有足够的效率，功放的工作电平一般也保持在 1dB 压缩点附近。

为了减少移动台的体积和功耗，要求在接收和发射端实现基带到射频或者相反方向的一次直接变频，这种技术的困难在于混频器需要有良好的线性，避免相邻信道的互调产物。同时混频器的输入隔离也必须足够高，以避免自混频而可能出现的直流分量。

射频部分的自动增益控制器（AGC）和低噪声放大器（LNA）的性能也非常关键，WCDMA 设计中 AGC 的要求在 80 dB 左右；而 LNA 的指标直接决定了接收机的总噪声指标，WCDMA 中要求 LNA 的噪声指标低于 4 dB。

模拟的射频器件使射频指标变化比较大，同时个体的差异也比较大。我们要按照最坏的情况对每个射频部件可能带来的整体接收机性能损失进行仿真，从而得到一组较好而且稳定的射频设计参数。另外，最新的设计方法也提出尽可能地减少模拟器件的数量，这也要求我们把模数变换（ADC）和数模变换（DAC）的位置尽可能向射频部分前移，鉴于目前器件信号处理能力的考虑，数字中频技术是常用的设计方法。

10.2.3　数字中频技术

抽样定理表明：一个频带限制在（0，f_H）赫兹内的时间连续信号 $m(t)$，如果以 1/2 f_H 秒间隔对它进行等间隔采样，则 $m(t)$ 将被所得到的抽样值完全确定。此时 2 f_H 被称为奈奎斯特频率。

现代的接收机结构一般是在中频部分实现模数变换和采样，带宽为 B 的中频信号 $M(\omega)$ 通过 $f_s \geqslant 2B（1 + \alpha/n）$ 的中频采样，得到信号 $MS(\omega)$，再通过低通滤波器 $H(\omega)$，得到经过量化和采样的低中频信号 $M'S(\omega)$，这个信号的频谱和原来信号的频谱是完全一样的。

从这个过程可以看出，中频采样可以用一个比信号频率最高值低的频率进行采样，而只要求这个频率满足条件。同时中频采样还可以完成频率的变换，将信号变换到一个较低的中频频率上，此时再经过和数字域的同频相乘，就可以得到基带的 I、Q 分量。

10.3　分集接收原理

无线信道是随机时变信道，其中的衰落特性会降低通信系统的性能。为了对抗衰落，可以采用多种措施，比如信道编解码技术，抗衰落接收技术或者扩频技术。分集接收技术被认为是明显有效而且经济的抗衰落技术。

我们知道，无线信道中接收的信号是到达接收机的多径分量的合成。如果在接收端同时获得几个不同路径的信号，将这些信号适当合并成总的接收信号，就能够大大减少衰落的影响。这就是分集的基本思路。分集的字面含义就是分散得到几个合成信号并集中（合并）这些信号。只要几个信号之间是统计独立的，那么经适当合并后就能使系统性能大为改善。

互相独立或者基本独立的一些接收信号，一般可以利用不同路径或者不同频率、不同角度、不同极化等接收手段来获取：

（1）空间分集：在接收或者发射端架设几副天线，各天线的位置间要求有足够的间距（一般在 10 个信号波长以上），以保证各天线上发射或者接收的信号基本相互独立。如图 10.7 所示就是一个双天线发射分集的提高接收信号质量的例子。通过双天线发射分集，增加了接收机获得的独立接收路径，取得了合并增益。

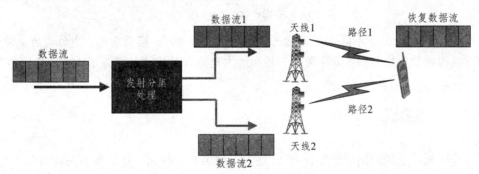

图 10.7　正交发射分集原理图

如图 10.7 所示为正交发射分集的原理，图中两个天线的发射数据是不同的，天线 1 发射的偶数位置上的数据，天线 2 发射的是奇数位置上的数据，利用两个天线上发射数据的不相关性，通过不同天线路径到达接收机天线的数据具备了相应的分集作用，降低了数据传输的功率。同时由于发射天线上单天线发射数据的比特率降低，使得数据传输的可靠性增加。因此发射分集可以提高系统的数据传输速率。

（2）极化分集：分别接收水平极化和垂直极化波形成的分集方法。

其他的分集方法还有时间分集：是利用不同时间上传播的信号的不相关性进行合并。频率分集：用多个不同的载频传送同样的信息，如果各载频的频差间隔比较远，其频差超过信道相关带宽，则各载频传输的信号也相互不相关。角度分集：利用天线波束指向不同使信号不相关的原理构成的一种分集方法。例如，在微波面天线上设置若干个照射器，产生相关性很小的几个波束。分集方法相互是不排斥的，实际使用中可以组合。

分集信号的合并可以采用不同的方法：

（1）选择合并：从几个分散信号中选取信噪比最好的一个作为接收信号。

（2）等增益合并：将几个分散信号以相同的支路增益进行直接相加，相加后的信号作为接收信号。

（3）最大比合并：控制各合并支路增益，使它们分别与本支路的信噪比成正比，然后再相加获得接收信号。

上面方法对合并后的信噪比（$\bar{\gamma}$）的改善（分集增益）各不相同，但总的来说，分集接收方法对无线信道接收效果的改善非常明显。

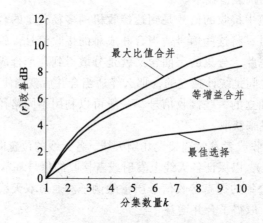

图 10.8 不同合并方式的增益比较

如图 10.8 所示给出了不同合并方法的接收效果改善情况。可以看出，当分集数 k 较大时，选择合并的改善效果比较差，而等增益合并和最大比值合并的效果相差不大，仅仅 1 dB 左右。

10.4 信道编码

信道编码按一定的规则给数字序列 M 增加一些多余的码元，使不具有规律性的信息序列 M 变换为具有某种规律性的数字序列 Y（码序列）。也就是说，码序列中信息序列的诸元与多余码元之间是相关的。在接收端，信道译码器利用这种预知的编码规则来译码，或者说检验接收到的数字序列 R 是否符合既定的规则从而发现 R 中是否有错，进而纠正其中的差错。根据相关性来检测（发现）和纠正传输过程中产生的差错就是信道编码的基本思想。

通常数字序列 M 总是以 k 个码元为一组来进行传输的。我们称这 k 个码元的码组为信息码组，信道编码器按一定的规则对每个信息码组附加一些多余的码元，构成了 n 个码元的码组。这 n 个码元之间是相关的。即附加的 $n-k$ 个码元称为该码组的监督码元。从信息传输的角度来说，监督码元不载有任何信息，所以是多余的。这种多余度使码字具有一定的纠错和检错能力，提高了传输的可靠性，降低了误码率。另一方面，如果我们要求信息传输的速率不变，在附加了监督码元后，就必须减少码组中每个码元符号的持续时间，对二进制码也就是要减少脉冲宽度，若编码前每个码脉冲的归一化宽度为 1，则编码后的归一化宽度为 k/n，因此信道带宽必须展宽 n/k 倍。在这种情况下，我们是以带宽的多余度换取了信道传输的可靠性。如果信息传输速率允许降低，则编码后每个码元的持续时间可以不变。此时我们以信息传输速度的多余度或称时间的多余度换取了传输的可靠性。

如表 10-1 所示给出了不同的编码方法所能够得到的编码增益，和理想的编码增益（达到 Shannon 限）之间有很大的差别。

表 10-1　BPSK 或 QPSK 编码增益

采用编码	编码增益（dB@BER=10-3）	编码增益（dB@BER=10-5）	数据速率
理想编码	11.2	13.6	
级联码（RS 与卷积码 Viterbi 译码）	6.5～7.5	8.5～9.5	适中
卷积码序列译码（软判决）	6.0～7.0	8.0～9.0	适中
级联码（RS 与分组码）	4.5～5.5	6.5～7.5	很高
卷积码 Viterbi 译码	4.0～5.5	5.0～6.5	高
卷积码序列译码（硬判决）	4.0～5.0	6.0～7.0	高
分组码（硬判决）	3.0～4.0	4.5～5.5	高
卷积码门限译码	1.5～3.0	2.5～4.0	很高

由此可以看出，对于相同的调制方式，不同的编码方案得到编码增益是不同的。我们通常采用的编码方式有卷积码、Reed-Solomon 码、BCH 码、Turbo 码等。WCDMA 选用的码字是语音和低速信令采用卷积码，数据采用 Turbo 码。

10.4.1　卷积码

卷积编码器在任何一段规定时间内产生的 n 个码元，不仅取决于这段时间中的 k 个信息位，而且还取决于前 $N-1$ 段时间内的信息位。此时监督码元监督着这 N 段时间内的信息，这 N 段时间内的码元数目 nN 称为这种码字的约束长度。

卷积码的解码方法有门限解码、硬判决 Viterbi 解码和软判决 Viterbi 解码。其中软判决 Viterbi 解码的效果最好，是通常采用的解码方法，与硬判决方法相比复杂度增加不多，但性能上却优于硬判决 1.5～2 dB。

10.4.2　Turbo 码

逼近 Shannon 极限是编码领域的主要努力方向，Turbo 码是领域里具有里程碑意义的创新。格状编码在带限信道情况下能够比较接近 Shannon 极限，而 Turbo 码则在深空通信、卫星通信等非带限信道上有突出表现。理论仿真表明，在 Eb/N0 为 0.7 dB 的 AWGN 信道上，1/2 码率的 Turbo 码的误比特率为 10～5。

Turbo 编码由两个或以上的基本编码器通过一个或以上交织器并行级联构成，如图 10.9 所示。Turbo 码的原理是基于对传统级联码的算法和结构上的修正，内交织器的引入使得迭代解码的正反馈得到了很好的消除。Turbo 的迭代解码算法包括 SOVA（软输出 Viterbi 算法）、MAP（最大后验概率算法）等。由于 MAP 算法的每一次迭代性能的提高都优于 Viterbi 算法，因此 MAP 算法的迭代译码器可以获得更大的编码增益。

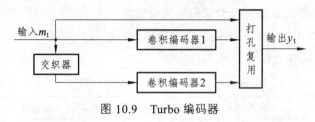

图 10.9　Turbo 编码器

10.5　多用户检测技术

多用户检测技术（MUD）是通过去除小区内干扰来改进系统性能，增加系统容量。多用户检测技术还能有效缓解直扩 CDMA 系统中的远/近效应。

由于信道的非正交性和不同用户的扩频码字的非正交性，导致用户间存在相互干扰，多用户检测的作用就是去除多用户之间的相互干扰。一般而言，对于上行的多用户检测，只能去除小区内各用户之间的干扰，而小区间的干扰由于缺乏必要的信息（比如相邻小区的用户情况），是难以消除的。对于下行的多用户检测，只能去除公共信道（比如导频、广播信道等）的干扰。

多用户检测的系统模型可以用图 10.10 来表示，每个用户发射数据比特 b_1，b_2，$\cdots$，b_N，通过扩频码字进行频率扩展，在空中经过非正交的衰落信道，并加入噪声 $n(t)$，接收端接收的用户信号与同步的扩频码字相关，相关由乘法器和积分清洗器组成，解扩后的结果通过多用户检测的算法去除用户之间的干扰，得到用户的信号估计值 $\hat{b}_1$，$\hat{b}_2$，$\cdots$，$\hat{b}_N$。

从图 10.10 可以看到，多用户检测的性能取决于相关器的同步扩频码字跟踪、各个用户信号的检测性能，相对能量的大小，信道估计的准确性等传统接收机的性能。

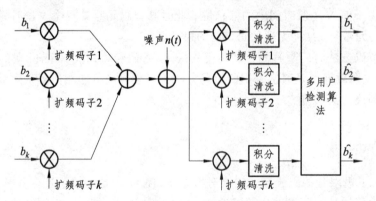

图 10.10　多用户检测的系统模型

从上行多用户检测来看，由于只能去除小区内干扰，假定小区间干扰的能量占据了小区内干扰能量的 f 倍，那么去除小区内用户干扰，容量的增加是 $(1+f)/f$。按照传播功率随距离 4 次幂线性衰减，小区间的干扰是小区内干扰的 55%。因此在理想情况下，多用户检测提高减少干扰 2.8 倍。但是实际情况下，多用户检测的有效性还不到 100%，多用户检测的有效性取决于检测方法，和一些传统接收机估计精度，同时还受到小区内用户业务模型的影响。例如，在小区内如果有一些高速数据用户，那么采用干扰消除的多用户检测方法去掉这些高速数据用户对其他用户的较大的干扰功率，显然能够比较有效地提高系统的容量。

这种方法的缺点是会扩大噪声的影响，并且导致解调信号很大的延迟。解相关器如图 10.11 所示。

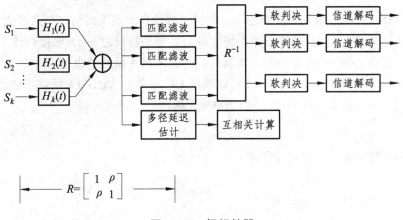

图 10.11　解相关器

干扰消除的想法是估计不同用户和多径引入的干扰，然后从接收信号中减去干扰的估计。串行干扰消除（SIC）是逐步减去最大用户的干扰，并行干扰消除（PIC）是同时减去除自身外所有其他用户的干扰。

并行干扰消除是在每级干扰消除中，对每个用户减去其他用户的信号能量，并进行解调。重复进行这样的干扰消除 3 ~ 5 次，就基本可以去除其他用户的干扰。值得注意地是，在每一级干扰消除中，并不是完全消除其他用户的所有信号能量，而是乘以一个相对小的系数，这样做的原因是为了避免传统接收检测中的误差被不断放大。PIC 的好处在于比较简单地实现了多用户的干扰消除，而又优于 SIC 的延迟。

就 WCDMA 上行多用户检测而言，目前最有可能实用化的技术就是并行的干扰消除，因为它需要的资源相对比较少，仅仅是传统接收机的 3 ~ 5 倍。而数据通路的延迟也相对比较小。

WCDMA 下行的多用户检测技术则主要集中在消除下行公共导频、共享信道和广播信道的干扰，以及消除同频相邻基站的公共信道的干扰方面。

第 11 章　WCDMA 无线接口技术

在 WCDMA 系统中，移动用户终端 UE 通过无线接口上的无线信道与系统固定网络相连，该无线接口称为 Uu 接口，是 WCDMA 系统中是最重要的接口之一。无线接口技术是 WCDMA 系统中的核心技术，各种 3G 移动通信体制的核心技术与主要区别也主要存在于无线接口上。

通过对 WCDMA 无线接口的学习，可以理解 UE 终端与 WCDMA 网络系统之间的工作原理与通信过程；学习这部分内容也是 WCDMA 无线网络规划的前提。

11.1　WCDMA 无线接口概述

11.1.1　无线接口的协议结构

图 11.1 显示了 UTRAN 无线接口与物理层有关的协议结构。从协议结构上看，WCDMA 无线接口由层一、层二、层三组成，分别称作物理层（Physical Layer）、媒体接入控制层（Medium Access Control）、无线资源控制层（Radio Resource Control）。从协议层次的角度看，WCDMA 无线接口上存在三种信道，物理信道、传输信道、逻辑信道。

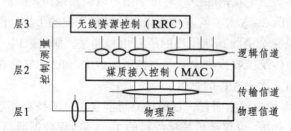

图 11.1　无线接口的物理结构图

图 11.1 中不同层/子层间的圆圈部分为业务接入点（SAPs）。

物理层提供了高层所需的数据传输业务。对这些业务的存取是通过使用经由 MAC 子层的传输信道来进行的。

物理层通过传输信道向 MAC 层提供业务，而传输数据本身的属性决定了什么种类的传输信道和如何传输；MAC 层通过逻辑信道向 RRC 层提供业务，而发送数据本身的属性决定了逻辑信道的种类。在媒体接入控制（MAC）层中，逻辑信道被映射为传输信道。MAC 层负责根据逻辑信道的瞬间源速率为每个传输信道选择适当的传输格式（TF）。传输格式的选择和每个连接的传输格式组合集（由接纳控制定义）紧密相关。

RRC 层也通过业务接入点（SAP）向高层（非接入层）提供业务。业务接入点在 UE 侧和 UTRAN 侧分别由高层协议和 IU 接口的 RANAP 协议使用。所有的高层信令（包括移动性管理、呼叫控制、会话管理）都首先被压缩成 RRC 消息，然后在无线接口发送。

RRC 层通过其与低层协议间的控制接口来配置低层的协议实体，包含物理信道、传输信道和逻辑信道等参数。RRC 层还将使用控制接口进行实时命令控制，例如 RRC 层命令低层进行特定类型的测量，低层使用相同接口报告测量接口和错误信息。

逻辑信道：直接承载用户业务；根据承载的是控制平面业务还是用户平面业务分为两大类，即控制信道和业务信道。

传输信道：无线接口层二和物理层的接口，是物理层对 MAC 层提供的服务；根据传输的是针对一个用户的专用信息还是针对所有用户的公共信息而分为专用信道和公共信道两大类。

物理信道：各种信息在无线接口传输时的最终体现形式；每一种使用特定的载波频率、码（扩频码和扰码）以及载波相对相位（I 或 Q）的信道都可以理解为一类特定的信道。

在发射端，来自 MAC 和高层的数据流在无线接口进行发射，要经过复用和信道编码、传输信道到物理信道的映射，以及物理信道的扩频和调制，形成无线接口的数据流在无线接口进行传输。在接收端，则是一个逆向过程。

本章节将简要介绍逻辑信道和传输信道，并重点介绍物理信道和物理层的过程。通过对物理信道和物理层过程的学习，可以帮助大家深入掌握 WCDMA 无线接口的工作原理，也有助于大家对 WCDMA 网络规划的理解。

11.1.2　扩频与加扰

在无线接口上，待传输信源经过信源编码和信道编码之后，数据流将继续进行扩频、加扰和调制，如图 11.2 所示。

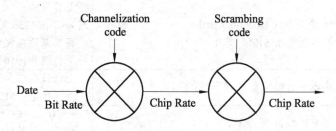

图 11.2　扩频与扰码的关系

扩频使用的码字成为信道化码，具体采用 OVSF 码（正交可变扩频因子码）。加扰使用的码字称为扰码，采用 GOLD 序列。

11.1.2.1　扩频与信道化码

信道化码用于区分来自同一信源的传输，即一个扇区的下行链路连接，以及上行中同一个终端的不同物理信道。UTRAN 的扩频/信道化码基于正交可变扩频因子（OVSF）技术。

使用 OVSF 可以改变扩频因子并保持不同长度的不同扩频码之间的正交性。码字从如图 11.3 所示的码树中选取。如果一个连接使用可变扩频因子，可根据最小扩频因子正确利用码树进行解扩，只需从以最小扩频因子码指示的码树分支中选取信道化码。

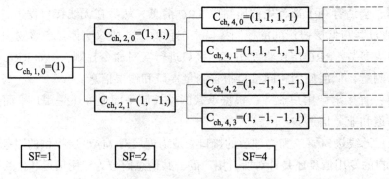

图 11.3　信道化码树的结构图

11.1.2.2　扰　码

加扰的作用是为了把终端或基站各自相互区分开，扰码是在是在扩频之后使用的，因此不改变信号的带宽，而只是把来自不同的信源的信号区分开。经过加扰，解决了多个发射机使用相同的码字扩频的问题，0 给出了 UTRA 中经过扩频和信道化码片速率的关系。因为经过信道化码扩频之后，已经达到了码片速率，所以扰码不影响符号速率。

如表 11-1 所示总结了扰码和信道化码的功能和特点。

表 11-1　扰码和信道化码的功能和特点

	信道化码	扰　码
用途	上行链路：区分同一终端的物理数据（DPDCH）和控制信道（DPCCH） 下行链路：区分同一小区中不同用户的下行链路	上行链路：区分终端 下行链路：区分小区
长度	4～256 个码片（1.0～66.7 μs） 下行链路还包括 512 个码片	上行链路：10 ms=38 400 个码片 或 66.7 μs=256 码片 高级基站接收即可选用选项 2 下行链路：10 ms=38 400 码片
码字数目	一个扰码下的码字数目=扩频因子	上行链路：几百万个 下行链路：512
码族	正交可变扩频因子	长 10 ms 码：Gold 码 短码：扩展的 S（2）码族
扩频	是，增加了传输带宽	否，没有影响传输带宽

11.2　逻辑信道

逻辑信道类型如图 11.4 所示。

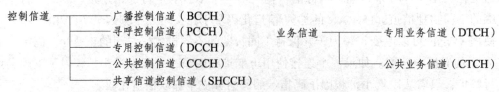

图 11.4　逻辑信道类型

11.2.1　控制信道

以下控制信道只用于控制平面信息的传送：

广播控制信道（BCCH）：广播系统消息的下行链路信道。

寻呼控制信道（PCCH）：传送寻呼消息的下行链路信道。

公共控制信道（CCCH）：在网络和 UE 之间发送控制信息的双向信道，该信道映射到 RACH/FACH 传输信道。由于该信道中要求长 UTRAN UE 的标识（U-RNTI，包括 SRNC），因此保证了上行链路消息能够正确传送到正确的 SRNC 中。

专用控制信道（DCCH）：在网络和 UE 之间发送控制信息的双向信道，该信道在 RRC 建立的时候由网络分配给 UE 的点对点专用信道。

11.2.2　业务信道

以下业务信道只用于用户平面信息的传送：

专用业务信道（DTCH）：是传输用户信息的专用于一个 UE 的点对点双向信道。

公共业务信道（CTCH）：向全部或者一组特定 UE 传输专用用户信息的点对多点的下行链路。

11.3　传输信道

11.3.1　传输信道分类

传输信道是指由物理层提供给高层的服务。传输信道定义了在空中接口上数据传输的方式和特性。

传输信道分为两类：专用信道和公共信道。他们的主要区别在于公共信道是由小区内的所有用户或一组用户共同分配使用的资源；而专用信道资源，由特定频率上特定的编码确定，只能是单个用户专用的。

11.3.2　专用传输信道

仅存在一种专用传输信道，即专用信道（DCH）。专用信道（DCH）是一个上行或下行传输信道。DCH 在整个小区或小区内的某一部分使用波束赋形的天线进行发射。

11.3.3　公共传输信道

共有六类公共传输信道：BCH，FACH，PCH，RACH，CPCH 和 DSCH。

BCH-广播信道：广播信道（BCH）是一个下行传输信道，用于广播系统或小区特定的信息。BCH 总是在整个小区内发射，并且有一个单独的传输格式。

FACH-前向接入信道：前向接入信道（FACH）是一个下行传输信道。FACH 在整个小区或小区内某一部分使用波束赋形的天线进行发射。

PCH-寻呼信道：寻呼信道（PCH）是一个下行传输信道。PCH 总是在整个小区内进行发送。PCH 的发射与物理层产生的寻呼指示的发射是相随的，以支持有效的睡眠模式程序。

RACH-随机接入信道：随机接入信道（RACH）是一个上行传输信道。RACH 总是在整个小区内进行接收。RACH 的特性是带有碰撞冒险，使用开环功率控制。

CPCH-公共分组信道：公共分组信道（CPCH）是一个上行传输信道。CPCH 与一个下行链路的专用信道相随，该专用信道用于提供上行链路 CPCH 的功率控制和 CPCH 控制命令（如紧急停止）。CPCH 的特性是带有初始的碰撞冒险和使用内环功率控制。

DSCH-下行共享信道：下行共享信道（DSCH）是一个被一些 UEs 共享的下行传输信道。DSCH 与一个或几个下行 DCH 相随路。DSCH 使用波束赋形天线在整个小区内发射，或在一部分小区内发射。

11.3.4 指示符

WCDMA 协议中为传输信道定义了一系列的指示符功能，但是实际上指示符是一种快速的低层信令实体，没有在传输信道上占用的任何实体信息块，而是由物理信道在物理层直接完成。

相关的指示符有：捕获指示（AI），接入前缀指示（API），信道分配指示（CAI），冲突检测指示（CDI），寻呼指示（PI）和状态指示（SI）。指示符可以是二进制的，也可以是三进制的。它们到指示信道的映射是由物理信道决定的。发射指示符的物理信道叫作指示信道（ICH）。

11.3.5 逻辑信道到传输信道的映射

传输信道是为逻辑信道服务的。从图 11.5 中可以知道逻辑信道和传输信道之间的映射关系。

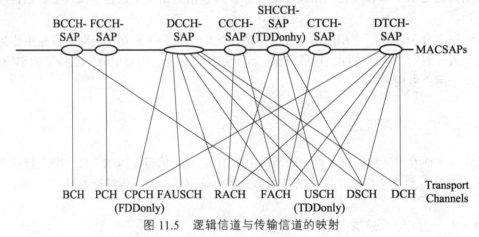

图 11.5 逻辑信道与传输信道的映射

11.4 物理信道

11.4.1 物理信道的相关概念

物理信道是由一个特定的载频、扰码、信道化码（可选的）、开始、结束的时间段（有一段持续时间）和上行链路中相对的相位（0 或 $\pi/2$）定义的。持续时间由开始和结束时刻定义，用 chip 的整数倍来测量。

无线帧：无线帧是一个包括 15 个时隙的处理单元。一个无线帧的长度是 38 400 chips。

时隙：时隙是由包含一定比特的字段组成的一个单元。时隙的长度是 2 560 chips。

一个物理信道缺省的持续时间是从它的开始时刻到结束时刻这一段连续的时间。不连续的物理信道将会明确说明。

传输信道被描述（比物理层更抽象的高层）为可以映射到物理信道上。在物理层看来，映射是从一个编码组合传输信道（CCTrCH）到物理信道的数据部分。除了数据部分，还有信道控制部分和物理信令。

物理信令和物理信道一样，是有着相同的基于空中特性的实体，但是没有传输信道或指示符映射到物理信令。物理信令可以和物理信道一起支持物理信道的功能。

11.4.2　上行物理信道结构

上行物理信道分为：专用上行物理信道和公共上行物理信道；

专用上行物理信道分为：上行专用物理数据信道（上行 DPDCH）和上行专用物理控制信道（上行 DPCCH）；

公共上行物理信道分为：物理随机接入信道（PRACH）和物理公共分组信道（PCPCH）。

11.4.2.1　DPDCH/DPCCH

如图 11.6 所示显示了上行专用物理信道的帧结构。每个帧长为 10 ms，分成 15 个时隙，每个时隙的长度为 T_{slot}=2 560 chips，对应于一个功率控制周期。

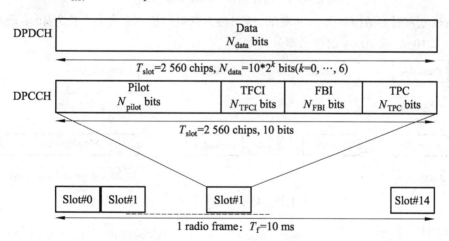

图 11.6　DPCH 的信道结构图

数据部分（DPDCH）用于传输专用传输信道（DCH）。在每个无线链路中可以有 0 个、1 个或几个上行 DPDCHs；

控制信息（DPCCH）包括支持信道估计以进行相干检测的已知导频比特（Pilot），发射功率控制指令（TPC），反馈信息（FBI）以及一个可选的传输格式组合指示（TFCI）。每个无线链路中只有一个 DPCCH。

图 11.6 中的参数 k 决定了每个上行 DPDCH/DPCCH 时隙的比特数。它与物理信道的扩频因子 SF 有关，$SF=256/2k$。DPDCH 的扩频因子的变化范围为 256 到 4。上行 DPCCH 的扩频因子一直等于 256，即每个上行 DPCCH 时隙有 10 个比特。

11.4.2.2　PRACH

物理随机接入信道用来传输 RACH。

随机接入信道的传输是基于带有快速捕获指示的时隙 ALOHA 方式。UE 可以在一个预先定义的时间偏置开始传输，表示为接入时隙。每两帧有 15 个接入时隙，间隔为 5120 码片。如图 11.7 所示显示了接入时隙的数量和它们之间的相互间隔。当前小区中哪个接入时隙的信息可用，是由高层信息给出的。

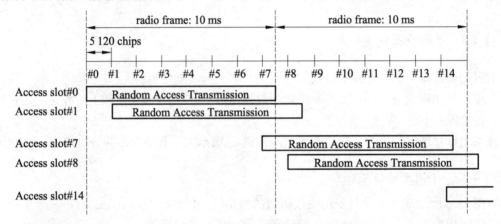

图 11.7　RACH 接入时隙数量和间隔

随机接入发射的结构如图 11.8 所示。随机接入发射包括一个或多个长为 4096 码片的前缀和一个长为 10 ms 或 20 ms 的消息部分。

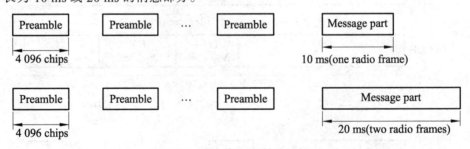

图 11.8　随机接入发射的结构图

1. RACH 前缀部分

随机接入的前缀部分长度为 4 096 chips，是对长度为 16 chips 的一个特征码（signature）的 256 次重复。总共有 16 个不同的特征码。

2. RACH 消息部分

如图 11.9 所示显示了随机接入的消息部分的结构。10 ms 的消息被分作 15 个时隙，每个时隙的长度为 $T_{slot}=2\,560$ chips。每个时隙包括两部分，一个是数据部分，RACH 传输信道映射到这部分；另一个是控制部分，用来传输层 1 控制信息。数据和控制部分是并行发射传输的。一个 10 ms 消息部分由一个无线帧组成，而一个 20 ms 的消息部分是由两个连续的 10 ms 无线帧组成。消息部分的长度可以由使用的特征码和/或接入时隙决定，这是由高层配置的。

数据部分包括 $10*2k$ 个比特，其中 $k=0$，1，2，3。对消息数据部分来说分别对应着扩频因子为 256，128，64 和 32。

控制部分包括 8 个已知的导频比特，用来支持用于相干检测的信道估计，以及 2 个 TFCI 比特，对消息控制部分来说这对应于扩频因子为 256。在随机接入消息中 TFCI 比特的总数为 15*2=30 比特。TFCI 值对应于当前随机接入消息的一个特定的传输格式。在 PRACH 消息部分长度为 20 ms 的情况下，TFCI 将在第 2 个无线帧中重复。

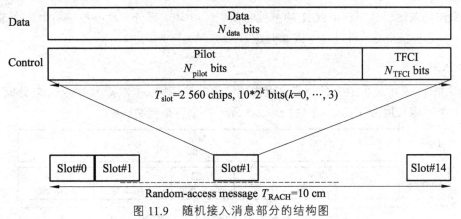

图 11.9　随机接入消息部分的结构图

11.4.2.3　PCPCH

物理公共分组信道（PCPCH）用于传输 CPCH。

1. CPCH 传输结构

CPCH 的传输是基于带有快速捕获指示的 DSMA-CD（Digital Sense Multiple Access-Collision Detection）方法。UE 可在一些预先定义的与当前小区接收到的 BCH 的帧边界相对的时间偏置处开始传输。接入时隙的定时和结构与 RACH 相同。CPCH 随机接入传输的结构如图 11.10 所示。CPCH 随机接入传输包括一个或多个长为 4 096 chips 的接入前缀[A-P]，一个长为 4 096 chips 的冲突检测前缀（CD-P），一个长度为 0 时隙或 8 时隙的 DPCCH 功率控制前缀（PC-P）和一个可变长度为 $N*10$ ms 的消息部分。

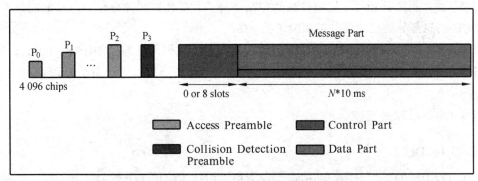

图 11.10　CPCH 随机接入传输的结构图

2. CPCH 接入前缀部分

与 RACH 前缀部分类似。这里使用了 RACH 前缀的特征序列，但使用的数量要比 RACH 前缀少。扰码的选择为组成 RACH 前缀扰码的 Gold 码中一个不同的码段，也可在共享特征码的情况下使用相同的扰码。

3. CPCH 冲突检测前缀部分

与 RACH 前缀部分类似。使用了 RACH 前缀特征序列。扰码的选择为组成 RACH 和 CPCH 前缀扰码的 Gold 码中一个不同的码段。

4. CPCH 功率控制前缀部分

功率控制前缀部分叫作 CPCH 功率控制前缀（PC-P）部分。功率控制前缀长度是一个高层参数，Lpc-preamble，可以是 0 或 8 时隙。

5. CPCH 消息部分

如图 11.11 所示显示了上行公共分组物理信道的帧结构。每帧长为 10 ms，被分成 15 个时隙，每一个时隙长度为 T slot = 2 560 chips，等于一个功率控制周期。

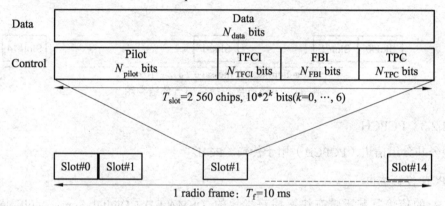

图 11.11　上行 PCPCH 的数据和控制部分的帧结构图

数据部分包括 $10 \times 2k$ 个比特，这里 $k=0$，1，2，3，4，5，6 分别对应于扩频因子 256，128，64，32，16，8 和 4。

每个消息包括最多 N_Max_frames 个 10 ms 的帧。N_Max_frames 为一个高层参数。每个 10 ms 帧分成 15 个时隙，每个时隙长度为 $T_{slot}=2\,560$ chips。每个时隙包括两个部分，用来传输高层信息的数据部分和层 1 控制信息的控制部分。数据和控制部分是并行发射的。

CPCH 消息部分的控制部分扩频因子为 256。

控制信息（DPCCH）包括支持信道估计以进行相干检测的已知导频比特（Pilot），发射功率控制指令（TPC），反馈信息（FBI），以及一个可选的传输格式组合指示（TFCI）。

11.4.3　下行物理信道结构

11.4.3.1　DPCH

只有一种类型的下行专用物理信道，即下行专用物理信道（下行 DPCH）。

在一个下行 DPCH 内，专用数据在层 2 以及更高层产生，即专用传输信道（DCH），是与层 1 产生的控制信息（包括已知的导频比特，TPC 指令和一个可选的 TFCI）以时间复用的方式进行传输发射的。因此下行 DPCH 可看作是一个下行 DPDCH 和下行 DPCCH 的时间复用。

如图 11.12 所示显示了下行 DPCH 的帧结构。每个长 10 ms 的帧被分成 15 个时隙，每个时隙长为 T_{slot}=2 560 chips，对应于一个功率控制周期。

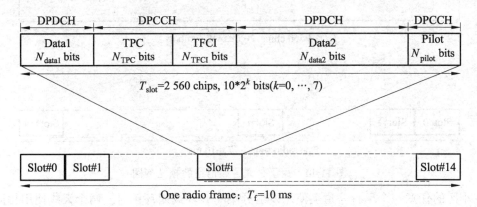

图 11.12　下行 DPCH 的帧结构图

图 11.12 中的参数 k 确定了每个下行 DPCH 时隙的总的比特数。它与物理信道的扩频因子有关，即 SF= 512/2k。因此扩频因子的变化范围为 512 到 4。

有两种类型的下行专用物理信道；包括 TFCI 的（如用于一些同时发生的业务的）和那些不包括 TFCI 的（如用于固定速率业务的）。

11.4.3.2　CPCH 的 DL-DCCH

DL-DPCCH（消息控制部分）的扩频因子为 512。如图 11.13 所示显示了 CPCH 的 DL-DPCCH 的帧结构。

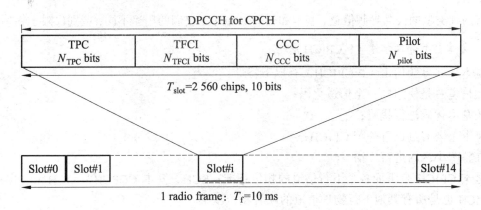

图 11.13　CPCH 的下行 DPCCH 的帧结构图

CPCH 的 DL-DPCCH 由已知的导频比特，TFCI，TPC 命令和 CPCH 控制命令（CCC）组成。CPCH 控制命令用于支持 CPCH 信令。有两种类型的 CPCH 控制命令：层 1 控制命令，例如消息开始指示；高层控制命令，例如紧急停止命令。

11.4.3.3　CPICH

CPICH 为固定速率（30 kb/s，SF=256）的下行物理信道，用于传输预定义的比特/符号序列。如图 11.14 所示显示了 CPICH 的帧结构。

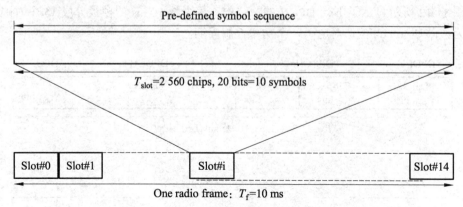

图 11.14　用于公共导频信道的帧结构图

在小区的任意一个下行信道上使用发射分集（开环或闭环）时，两个天线使用相同的信道化码和扰码来发射 CPICH。在这种情况下，对天线 1 和天线 2 来说，预定义的符号序列是不同的，如图 11.15 所示。在没有发射分集时，则使用图中的天线 1 的符号序列。

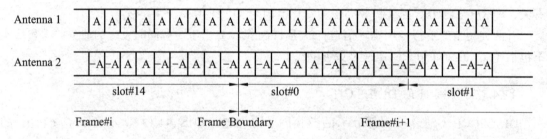

图 11.15　用于公共导频信道的调制模式　（with A = 1+j）

有两种类型的公共导频信道，基本和辅助 CPICH。它们的用途不同，区别仅限于物理特性。

1. 基本公共导频信道（P-CPICH）

基本公共导频信道（P-CPICH）有以下特性：

此信道总是使用同一个信道化码；

用基本扰码进行扰码；

每个小区有且仅有一个 CPICH；

在整个小区内进行广播。

基本 CPICH 是下面各个下行信道的相位基准：SCH、基本 CCPCH、AICH 和 PICH。基本 CPICH 也是所有其他下行物理信道的缺省相位基准。

2. 辅助公共导频信道（S-CPICH）

辅助公共导频信道有以下特性：

可使用 SF=256 的信道化码中的任一个；

可用基本或辅助扰码进行扰码；

每个小区可有 0、1 或多个辅助 CPICH；

可以在全小区或在小区的一部分进行发射；

辅助 CPICH 可以是辅助 CCPCH 和下行 DPCH 的基准。如果是这种情况，则是通过高层信令来通知 UE 的。

11.4.3.4　P-CCPCH

基本 CCPCH 为一个固定速率（30 kb/s，$SF=256$）的下行物理信道，用于传输 BCH。

如图 11.16 所示显示了基本 CCPCH 的帧结构。与下行 DPCH 的帧结构的不同之处在于没有 TPC 指令，没有 TFCI，也没有导频比特。在每个时隙的第一个 256 chips 内，基本 CCPCH 不进行发射。反过来，在此段时间内，将发射基本 SCH 和辅助 SCH。

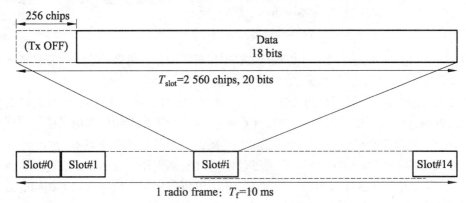

图 11.16　基本公共控制物理信道的帧结构图

当在 UTRAN 中使用分集天线，且使用开环发射分集来传输 P-CCPCH 时，P-CCPCH 的数据部分是经过 STTD 编码的。除了时隙 # 14 外的偶数时隙的最后两个数据比特和下一个时隙的最前两个数据比特一起进行 STTD 编码。时隙 # 14 的最后两个比特是不进行 STTD 编码的，而是以相同的功率从两个天线发射，参见图 11.17。高层信令决定 P-CCPCH 是否进行 STTD 编码。另外，通过调制 SCH，高层信令还指出了在 P-CCPCH 上 STTD 编码是否存在。在上电及小区间进行切换期间，通过接收高层消息、解调 SCH 或通过这两种方案的组合，UE 可确定在 P-CCPCH 上是否存在 STTD 编码。

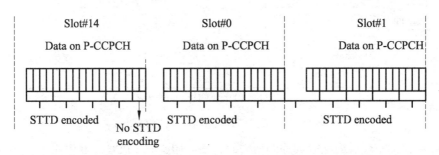

图 11.17　P-CCPCH 的数据符号的 STTD 编码

11.4.3.5　S-CCPCH

辅助 CCPCH 用于传输 FACH 和 PCH。有两种类型的辅助 CCPCH：包括 TFCI 的和不包括 TFCI 的。是否传输 TFCI 是由 UTRAN 来确定的，因此对所有的 UEs 来说，支持 TFCI 的使用是必须的。可能的速率集与下行 DPCH 相同。辅助 CCPCH 的帧结构如图 11.18 所示。

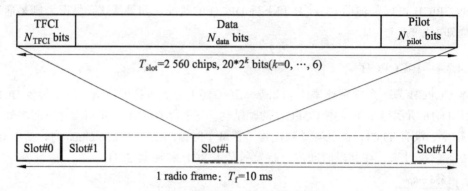

图 11.18　辅助 CCPCH 的帧结构图

图 11.18 中参数 k 确定了每个下行辅助 CCPCH 时隙的总比特数。它与物理信道的扩频因子 SF 有关，$SF = 256/2k$。扩频因子 SF 的范围为 256 至 4。

FACH 和 PCH 可以映射到相同的或不同的辅助 CCPCHs。如果 FACH 和 PCH 映射到相同的辅助 CCPCH，它们可以映射到同一帧。CCPCH 和一个下行专用物理信道的主要区别在于 CCPCH 不是内环功率控制的。基本和辅助 CCPCH 的主要的区别在于基本 CCPCH 是一个预先定义的固定速率而辅助 CCPCH 可以通过包含 TFCI 来支持可变速率。更进一步讲，基本 CCPCH 是在整个小区内连续发射的而辅助 CCPCH 可以采用与专用物理信道相同的方式以一个窄瓣波束的形式来发射（仅仅对传输 FACH 的辅助 CCPCH 有效）。

11.4.3.6　SCH

同步信道（SCH）是一个用于小区搜索的下行链路信号。SCH 包括两个子信道，基本和辅助 SCH。基本和辅助 SCH 的 10 ms 无线帧分成 15 个时隙，每个长为 2 560 码片。图 11.19 表示了 SCH 无线帧的结构。

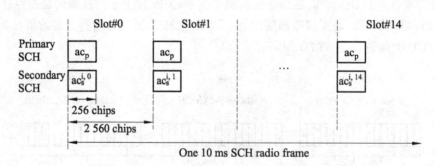

图 11.19　同步信道（SCH）的结构图

基本 SCH 包括一个长为 256 码片的调制码，基本同步码（PSC），0 中用 c_p 来表示，每个时隙发射一次。系统中每个小区的 PSC 是相同的。

辅助 SCH 重复发射一个有 15 个序列的调制码，每个调制码长为 256 chips，辅助同步码（SSC），与基本 SCH 并行进行传输。在图 11.19 中 SSC 用 $c_s^{i,k}$ 来表示，其中 $i=0, 1, \cdots, 63$ 为扰码码组的序号，$k=0, 1, 2, \cdots, 14$ 为时隙号。每个 SSC 是从长为 256 的 16 个不同码中挑选出来的一个码。在辅助 SCH 上的序列表示小区的下行扰码属于哪个码组。

当采用发射分集时采用 TSTD 方式。

11.4.3.7　PDSCH

物理下行共享信道（PDSCH），用于传输下行共享信道（DSCH）。

一个 PDSCH 对应于一个 PDSCH 根信道码或下面的一个信道码。PDSCH 的分配是在一个无线帧内，基于一个单独的 UE。在一个无线帧内，UTRAN 可以在相同的 PDSCH 根信道码下，基于码复用，给不同的 UEs 分配不同的 PDSCHs。在同一个无线帧中，具有相同扩频因子的多个并行的 PDSCHs，可以被分配给一个单独的 UE。这是多码传输的一个特例。在相同的 PDSCH 根信道码下的所有的 PDSCHs 都是帧同步的。

在不同的无线帧中，分配给同一个 UE 的 PDSCHs 可以有不同的扩频因子。

PDSCH 的帧和时隙结构如图 11.20 所示。

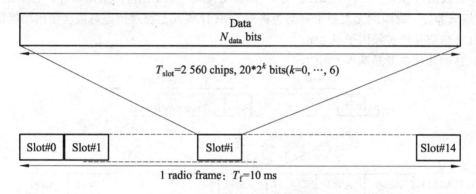

图 11.20　PDSCH 的帧结构图

对于每一个无线帧，每一个 PDSCH 总是与一个下行 DPCH 随路。PDSCH 与随路的 DPCH 并不需要有相同的扩频因子，也不需要帧对齐。

在随路的 DPCH 的 DPCCH 部分发射所有与层 1 相关的控制信息，即 PDSCH 不携带任何层 1 信息。为了告知 UE，在 DSCH 上有数据需要解码，将使用两种可能的信令方法，或者使用 TFCI 字段，或使用在随路的 DPCH 上携带的高层信令。

使用基于 TFCI 的信令方法时，TFCI 除了告知 UE，PDSCH 的信道码外，还告知 UE 与 PDSCH 相关的瞬时的传输格式参数。

在其他情况时，将由高层信令来给出这些信息。

11.4.3.8　PICH

寻呼指示信道（PICH）是一个固定速率（SF=256）的物理信道用于传输寻呼指示（PI）。PICH 总是与一个 S-CCPCH 随路，S-CCPCH 为一个 PCH 传输信道的映射。

如图 11.21 所示表示了 PICH 的帧结构。一个 PICH 帧长为 10 ms，包括 300 个比特（b_0，b_1，…，b_{299}）。其中，288 个比特（b_0，b_1，…，b_{287}）用于传输寻呼指示。余下的 12 个比特未用。这部分是为将来可能的使用而保留的。

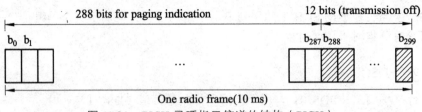

图 11.21　PICH 寻呼指示信道的结构（PICH）

11.4.3.9　AICH

捕获指示信道（AICH）是一个用于传输捕获指示（AI）的物理信道。捕获指示 AIs 对应于 PRACH 上的特征码。

如图 11.22 所示说明了 AICH 的结构。AICH 由重复的 15 个连续的接入时隙（AS）的序列组成，每个长为 5 120 chips。每个接入时隙由两部分组成，一个是接入指示（AI）部分，由 32 个实数值符号 a_0，…，a_{31} 组成；另一部分是持续 1 024 比特的空闲部分，它不是 AICH 的正式组成部分。时隙的无发射部分是为将来 CSICH 或其他物理信道可能会使用而保留的。

AICH 信道化的扩频因子是 256。

AICH 的相位参考是基本 CPICH。

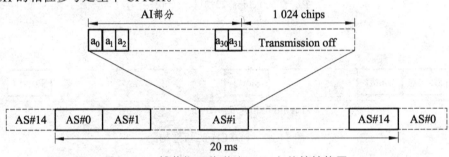

图 11.22　捕获指示信道（AICH）的帧结构图

11.4.3.10　AP-AICH

接入前缀捕获指示信道（AP-AICH）是一个固定速率（$SF=256$）的用来传输 CPCH 的 AP 捕获指示（API）的物理信道。AP 捕获指示 API 对应于 UE 发射的 AP 特征码。

AP-AICH 和 AICH 可以使用相同的或不同的信道码。AP-AICH 的相位参考是基本 CPICH。如图 11.23 所示说明了 AP-AICH 的结构。AP-AICH 用一个长为 4 096 chips 的部分来发射 AP 捕获指示（API），后面是一个长为 1 024 chips 的空闲部分，它不是 AP-AICH 的正式组成部分。时隙的这个空闲部分是为 CSICH 或其他物理信道将来可能会使用而保留的。

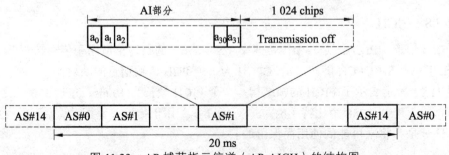

图 11.23　AP 捕获指示信道（AP-AICH）的结构图

AP-AICH 信道化的扩频因子是 256。

11.4.3.11　CD/CA-ICH

冲突检测信道分配指示信道（CD/CA-ICH）是一个固定速率（*SF*=256）的物理信道。当 CA 不活跃时，用来传输 CD 指示（CDI），或当 CA 活跃时，用来同时传输 CD 指示/CA 指示（CDI/CAI）。如图 11.24 所示显示了 CD/CA-ICH 的结构。CD/CA-ICH 和 AP-AICH 可以使用相同的或不同的信道码。

CD/CA-ICH 用一个长为 4 096 chips 的部分来发射 CDI/CAI，后面是一个长为 1 024 chips 的空闲部分。时隙的这个空闲部分是为 CSICH 或其他物理信道将来可能会使用而保留的。

CD/CA-ICH 信道化使用的扩频因子是 256。

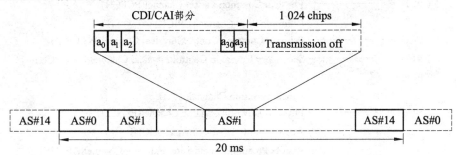

图 11.24　CD/CA 指示信道（CD/CA-ICH）的结构图

11.4.3.12　CSICH

CPCH 状态指示信道（CSICH）是一个用于传输 CPCH 状态信息的固定速率（*SF*=256）的物理信道。

CSICH 总是和一个用于发射 CPCH AP-AICH 的物理信道相关联，并和此信道使用相同的信道码和扰码。如图 11.25 所示说明了 CSICH 的帧结构。CSICH 帧由 15 个连续的接入时隙（AS）组成，每个 AS 长度为 40 比特。每个接入时隙由两部分组成，一部分是长为 4096 chips 的空闲时刻，另一部分是由 8 比特 b_{8i}，…，b_{8i+7} 组成的状态指示（SI），其中 I 是接入时隙号。CSICH 使用的调制与 PICH 相同。CSICH 的相位参考也是基本 CPICH。

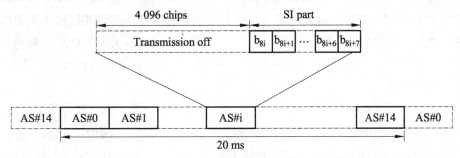

图 11.25　CPCH 状态指示信道（CSICH）的结构图

11.4.4　传输信道到物理信道的映射

在 UTRAN 中，高层生成的数据由映射到物理层中不同物理信道的传输信道在空中传送，这就要求物理层具有支持可变速率的传输信道来提供宽带业务，并且还能够几种业务复用到同一个连接上。

一个物理控制信道和一个或多个物理数据信道形成一个编码组合传输信道（CCTrCH）在一个给定的连接中可以有多个 CCTrCH，但只能有一个物理控制信道。

传输信道到物理信道的映射关系如图 11.26 所示。

Transport Channels	Physical Channels
DCH ————————	Dedicated Physical Data Channel(DPDCH)
	Dedicated Physical Control Channel(DPCCH)
RACH ———————	Physical Random Access Channel(PPACH)
CPCH ———————	Physical Common Packet Channel(PCPCH)
	Common Pilot Channel(CPICH)
BCH ————————	Primary Common Control Physical Channel(P-CCPCH)
FACH ———————	Secondary Common Control Physical Channel(S-CCPCH)
PCH	
	Synchronisation Channel(SCH)
DSCH ———————	Physical Downlink Shared Channel(PDSCH)
	Acquisition Indicator Channel(AICH)
	Access Preamble Acquisition Indicator Channel(AP-AICH)
	Paging Indicator Channel(PICH)
	CPCHStatus Indicator Channel(CSICH)
	Collision-Detection/Channel-Assignment Indicator Channel(CD/CA-ICH)

图 11.26　传输信道到物理信道的映射关系

11.4.5　物理信道的扩频与调制

11.4.5.1　上行信道的扩频

扩频应用在物理信道上。它包括两个操作。第一个是信道化操作，它将每一个数据符号转换为若干码片，因此增加了信号的带宽。每一个数据符号转换的码片数称为扩频因子。第二个是扰码操作，在此将扰码加在扩频信号上。在信道化操作时，I 路和 Q 路的数据符号分别和正交扩频因子相乘。在扰码操作时，I 路和 Q 路的信号再乘以复数值的扰码，在此，I 和 Q 分别代表实部和虚部。

1. DPCH

如图 11.27 所示描述了上行链路专用物理信道 DPCCH 和 DPDCH 的扩频原理。用于扩频的二进制 DPCCH 和 DPDCH 信道用实数序列表示，也就是说二进制的"0"映射为实数+1，二进制的"1"映射为实数-1。DPCCH 信道通过信道码 c_c 扩频到指定的码片速率，第 n 个 DPDCH 信道 DPDCHn 通过信道码 $c_{d,n}$ 扩频到指定的码片速率，一个 DPCCH 信道和六个并行的 DPDCH 信道可以同时发射，也就是说 $1 \leqslant n \leqslant 6$。

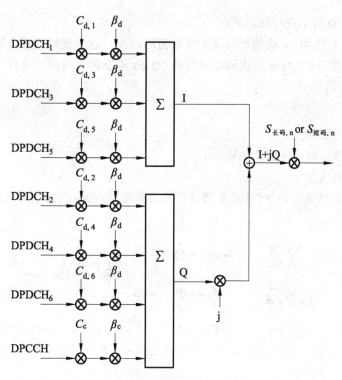

图 11.27　上行链路专用物理信道 DPCCH and DPDCH 扩频

信道化之后，实数值的扩频信号进行加重处理，对 DPCCH 信道用增益因子 β_c 进行加重处理，对 DPDCH 信道用增益因子 β_d 进行加重处理；通过加重处理，可以调整 DPCCH 和 DPDCH 的功率配比。

2. PRACH

（1）PRACH 前缀部分。

PRACH 前缀部分包括复数值的码。

（2）PRACH 消息部分。

如图 11.28 所示描述了 PRACH 消息部分扩频和扰码的原理，PRACH 消息部分包括数据和控制部分。用于扩频的二进制数据和控制部分用实数序列表示，也就是说二进制的"0"映射为实数+1，二进制的"1"映射为实数-1。控制部分通过信道码 cc 扩频到指定的码片速率，数据部分通过信道码 cd 扩频到指定的码片速率。

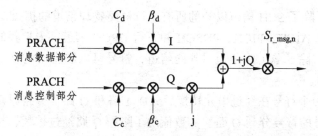

图 11.28　PRACH 消息部分扩频

信道化之后，实数值的扩频信号进行加重处理，对数据部分用增益因子 d 进行加重处理，对控制部分用 c 增益因子进行加重处理。

加重处理后，I 路和 Q 路的码流成为复数值的码流，这个复数值的信号再通过复数值的 Sr-msg，n.码进行扰码；10 ms 的扰码和无线帧 10 ms 消息部分对应，也就是说第一个扰码对应无线帧消息的开始部分。

3. PCPCH

（1）PCPCH 前缀部分。

PCPCH 前缀部分包括复数值的码。

（2）PCPCH 消息部分。

如图 11.29 所示描述了 PCPCH 消息部分扩频的原理，与 PRACH 消息部分的扩频原理相同。

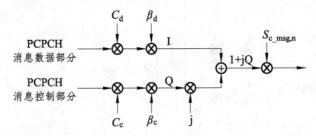

图 11.29　PCPCH 消息部分扩频

11.4.5.2　上行信道的调制

调制码片速率是 3.84 Mcps。

在上行链路，通过扩频产生的复数值码片序列用 QPSK 方式进行调制，如图 11.30 所示。

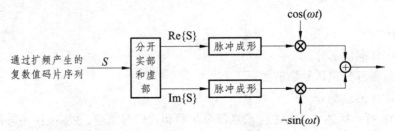

图 11.30　上行链路调制

11.4.5.3　下行信道的扩频

图 11.31 描述了除了 SCH 信道以外的所有下行链路物理信道的扩频，也就是 P-CCPCH、S-CCPCH、CPICH、AICH、PICH、PDSCH 和下行 DPCH 信道。未扩频的物理信道包括一个实数值符号的序列。除了 AICH 信道以外的信道，符号可以取值+1，-1，和 0，这里 0 代表 DTX（非连续发射）。

每一对连续的两个符号在经过串并转换后分成 I 路和 Q 路。分路原则是偶数编号的符号分到 I 路和奇数编号的符号分到 Q 路。实数值的 I 路和 Q 路经过扩频、相位调整、相加合并后，就变为复数值的序列。这个序列经过复数值的扰码 $S_{dl,n}$ 进行加扰处理。

图 11.32 描述了不同的下行链路如何进行组合。经过扩频以后的复数值信号（0 中的箭头 S）用加重因子 G 进行加重。复数制的 P-SCH 和 S-SCH 信道，分别用加重因子 G_p 和 G_s 进行

加重。所有下行链路物理信道进行复数加组合在一起。

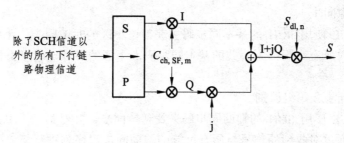

图 11.31　除了 SCH 信道以外的所有下行链路物理信道的扩频

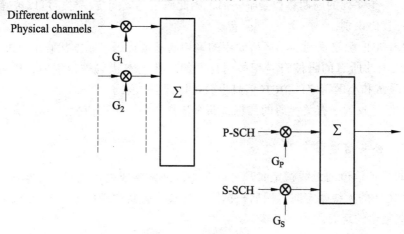

图 11.32　SCH 和 P-CCPCH 信道的扩频和调制

11.4.5.4　下行信道的调制

调制码片速率是 3.84 Mcps。

在下行链路，通过扩频产生的复数值码片用 QPSK 方式进行调制，如图 11.33 所示。

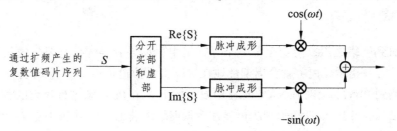

图 11.33　下行信道的调制

11.5　物理层过程

11.5.1　同步过程

11.5.1.1　小区搜索

在小区搜索过程中，UE 搜索到一个小区并确定该小区的下行扰码和其公共信道的帧同步。小区搜索一般分为三步：

步骤一：时隙同步。

在第一步，UE 使用 SCH 的基本同步码去获得该小区的时隙同步。典型的是使用一个匹配滤波器来匹配对所有小区都为公共的基本同步码。小区的时隙定时可由检测匹配滤波器输出的波峰值得到。

步骤二：帧同步和码组识别。

在第二步，UE 使用 SCH 的辅助同步码去找到帧同步，并对第一步中找到的小区的码组进行识别。这是通过对收到的信号与所有可能的辅助同步码序列进行相关得到的，并标识出最大相关值。由于序列的周期移位是唯一的，因此码组与帧同步一样，可以被确定下来。

步骤三：扰码识别。

在第三步，UE 确定找到的小区所使用的确切的基本扰码。基本扰码是通过在 CPICH 上对识别的码组内的所有的码按符号相关而得到的。在基本扰码被识别后，则可检测到基本 CCPCH 了。系统和小区特定的 BCH 信息也就可以读取出来了。

如果 UE 已经收到了有关扰码的信息，那么步骤二和三可以简化。

11.5.1.2　公共信道同步

所有公共物理信道的无线帧定时都可以在小区搜索完成之后确定。在小区搜索过程中可以得到 P-CCPCH 的无线帧定时，然后根据给出的其他公共物理信道与 P-CCPCH 的相对定时关系确定这些信道的定时。

11.5.1.3　专用信道同步

在公共信道同步完成后，在业务建立及其他相关过程中，UE 可以根据相应的协议规则，完成上行和下行的专用信道同步。

11.5.2　寻呼过程

终端注册到网络之后，就会分配一个寻呼组中，如果有寻呼信息要发送任何属于该寻呼组的终端时，寻呼指示（PI）就会周期性地在寻呼指示信道（PICH）中出现。

终端检测到 PI 后，会对在 S-CCPCH 中发送的下一个 PCH 帧进行译码以察看是否有发送给它的寻呼信息。当 PI 接收指示判决可靠性较低时，终端也需要对 PCH 进行译码。寻呼的间隔如图 11.34 所示。

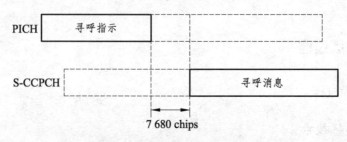

图 11.34　PICH 和 PCH 的关系

PI 出现得越少，将终端从冬眠模式中唤醒的次数就少，电池的寿命就越长，显然，折中方案在于对网络产生的呼叫的响应时间。但是寻呼指示的间隔增长，并不会使电池的寿命无限增长，因为终端在空闲模式时还有其他的任务需要处理。

11.5.3　随机接入过程

CDMA 系统的随机接入过程必须要克服远近效应的问题，因为在初始化传输时并不知道发送所需要的功率值。利用开环功率控制的原理，根据接收功率测量得到的绝对功率来设定发射功率的值会有很大的不确定性。UTRA 的 RACH 具有以下的操作过程：

终端对 BCH 进行解码，找出可用的 RACH 子信道及扰码和特征符号；

终端从可用的接入组随机选择一个 RACH 子信道，终端还要从可用的特征符号中随机地选择一个特征符号；

终端测量下行链路的功率电平，根据开环功率控制算法，设定上行的 RACH 初始功率电平；

在接入前导（Preamble）中发送选择的特征码；

终端对 AICH 进行解码，查看基站给的 1 dB 的倍数步长增加前导的发射功率，前导将在下一个可用的接入时隙中重新发送；

当检测到基站的 AICH 时，终端开始发送 RACH 传输的 10 ms 或 20 ms 的消息部分。

RACH 过程如图 11.35 所示，其中终端一直发送前导直到接收到 AICH 中的确认，接着终端开始发送消息部分。

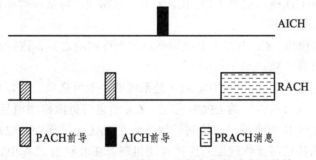

图 11.35　PRACH 的前导的功率变化与消息的传输

在 RACH 传输数据时，扩频因子和数据速率在帧之间是可变的；这由 PRACH 中控制部分上的 TFCI 所指示。可用的扩频因子可以从 256 到 32，因此，RACH 中单帧可以有 1 200 个信道符号，根据信道编码，这些符号可映射为 600 或 400 个比特。对于最大的比特数目，可达到的覆盖范围小于以最小速率传输可达到的覆盖范围，尤其当 RACH 没有在专用信道中使用宏分集时。

11.5.4　CPCH 接入过程

上行链路公共分组信道（CPCH）的操作与 RACH 相似，主要的区别在于 CPCH 还有与 PRACH 的前导符号结构相似的第一层碰撞检测（CD）。

为了减少碰撞的发生和降低干扰，在新版本的协议中，为 CPCH 信道新增了 CPCH 状态指示信道（CSICH）。CSICH 是一个基站发射的独立信道，它具有指示不同 CPCH 信道状态的指示比特。当所有的 CSICH 信道被占用时，它避免了不必要的接入尝试，所以它提高了 CPCH 的吞吐量。只有 CSICH 信道指示有 CPCH 空闲可用时，UE 才能在上行 CPCH 信道上发出随机接入前导。

在终端检测到 AICH 之前，CPCH 操作与 RACH 相同，如图 11.36 所示。

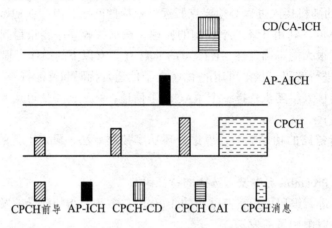

图 11.36　CPCH 信道接入过程

之后终端会以相同的功率电平发送具有另一个特征序列的碰撞检测前导（CD），该特征序列是从给定的特征序列集中随机选取的；

接着，基站会在 CD 指示信道（CD-ICH）中发送相同的特征序列来回应终端，这一方法可以减小第一层的碰撞概率；

终端在 CD 指示信道（CD-ICH）上收到基站的正确回应之后，进行 CPCH 消息部分的传输，传输可能会持续几个帧。

CPCH 信道分配指示信道（CPCH-CAI）是系统的一个可选项，它以信道分配的形式指示终端使用未被其他接入过程占用的 CPCH 信道。CA 消息与碰撞检测消息并行发送。

为什么需要在 CPCH 中使用碰撞检测机制，而在 RACH 信道中可以没有？

首先，长时间的传输需要物理层的碰撞检测机制。在 RACH 过程中，只有一个 RACH 消息可能会因碰撞而丢失，但在 CPCH 过程中，未检测到的碰撞会造成发送的几个帧丢失，并引起额外的干扰。

其次，CPCH 的快速功控有助减小数据传输引起的干扰，同时也强调了 CPCH 中加入碰撞检测机制的重要性。如果某一终端以使用于其他终端的功率控制命令调整功率，并在几个帧的时间内发送数据，就会在小区中造成严重干扰，尤其高数据速率传输时，干扰将更加严重。

在 CPCH 消息部分传输开始之前，有一段长度可选的功率控制前导作为可选部分，为了功率控制的收敛速度更快，8 个时隙的功率控制前导使用 2 dB 的步长。

CPCH 传输需要限制最大持续时间，这是因为 CPCH 不支持软切换和压缩模式进行频率内和系统内的测量，过长的传输可能造成掉话和强干扰。UTRAN 在业务协商时设定最大的 CPCH 传输。

11.5.5　下行发射分集

1. 基于空间时间块编码的发射天线分集（STTD）

下行开环发射分集采用了基于空间时间块编码的发射分集（STTD）。在 UTRAN 中，STTD 编码为可选项。在 UE 处对 STTD 的支持为必选项。

在 4 个连续的信道比特块中使用 STTD 编码，信道比特 b_0，b_1，b_2，b_3 的通用 STTD 编码器的框图如图 11.37 所示。信道编码、速率匹配和交织是在非分集模式下进行的。

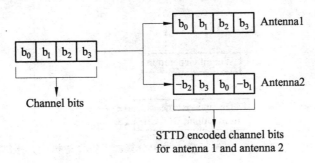

图 11.37　STTD 编码器的通用模块框图

2. 用于 SCH 的时间切换的发射分集（TSTD）

发射分集，以时间切换的发射分集的形式（TSTD），可以用于 SCH。在 UTRAN 中，用于 SCH 的 TSTD 为可选项。在 UE，对 TSTD 的支持为必选项。

图 11.38 表示了使用 TSTD 方案进行发射的 SCH 的结构。在偶数时隙 PSC 和 SSC 都在天线 1 上进行发射，而在奇数时隙 PSC 和 SSC 在天线 2 上进行发射。

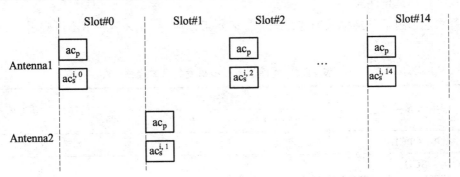

图 11.38　用 TSTD 方案进行发射的 SCH 结构图

3. 闭环模式发射分集

支持 DPCH 闭环模式发射分集的发射机的大概结构如图 11.39 所示。信道编码、交织和扩频与非分集模式相同。扩频后的复信号送到两个发射天线，并被天线的特定复数加权因子 w_1 和 w_2 加权。加权因子由 UE 决定，并利用上行 DPCCH 的 FBI 字段的 D 个比特通知 UTRAN 小区收发信机。

闭环模式发射分集关键是加权因子的计算，按加权因子计算方法不同分为两种模式：

模式 1 采用相位调整量；两个天线发射 DPCCH 的专用导频符号不同（正交）；

模式 2 采用相位/幅度调整量；两个天线发射 DPCCH 的专用导频符号相同。

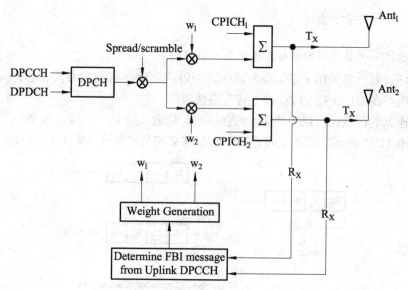

图 11.39　支持 DPCH 闭环模式发射分集的下行发射机的大概结构图

图 11.39 总结了在不同的下行物理信道类型上可能应用的开环和闭环发射分集模式。不允许在同一个物理信道上同时使用 STTD 和闭环模式。并且，如果在任何一个下行物理信道上使用了发射分集，那么在 P-CCPCH 和 SCH 也将使用发射分集。

此外，在 PDSCH 帧上使用的发射分集模式必须和与此 PDSCH 帧随路的 DPCH 上使用的发射分集模式相同。在 PDSCH 帧的持续时间内，和在此 PDSCH 帧前的一个时隙内，在随路的 DPCH 上的发射分集模式（开环或闭环）是不可以改变的。然而从闭环模式 1 转到闭环模式 2 或反之，都是允许的。

下行物理信道上分集模式的应用"√"表示可以应用，"×"表示不可应用，如表 11-2 所示。

表 11-2　物理信道类型与发射分集模式

物理信道类型	开环发射分集模式		闭环发射分集模式
	TSTD	STTD	
P-CCPCH	×	√	×
SCH	√	×	×
S-CCPCH	×	√	×
DPCH	×	√	√
PICH	×	√	×
PDSCH	×	√	√
AICH	×	√	×
CSICH	×	√	×

第 12 章　基本信令流程

12.1　概　述

12.1.1　流程的分类

在 WCDMA 系统中具有的各种各样的信令流程中，从协议栈的层面来说，可以分为接入层的信令流程和非接入层的信令流程；从网络构成的层面来说，可以分为电路域的信令流程和分组域的信令流程。

所谓接入层的流程和非接入层的流程，实际是从协议栈的角度出发的。在协议栈中，RRC 和 RANAP 层及其以下的协议层称为接入层，它们之上的 MM、SM、CC、SMS 等称为非接入层。简单地说，接入层的流程，也就是指无线接入层的设备 RNC、NodeB 需要参与处理的流程。非接入层的流程，就是指只有 UE 和 CN 需要处理的信令流程，无线接入网络 RNC、NodeB 是不需要处理的。举个形象的比喻，接入层的信令是为非接入层的信令交互铺路搭桥的。通过接入层的信令交互，在 UE 和 CN 之间建立起了信令通路，从而便能进行非接入层信令流程了。

接入层的流程主要包括 PLMN 选择、小区选择和无线资源管理流程。无线资源管理流程就是 RRC 层面的流程，包括 RRC 连接建立流程、UE 和 CN 之间的信令建立流程、RAB 建立流程、呼叫释放流程、切换流程和 SRNS 重定位流程。当切换和 SRNS 重定位含有跨 RNC、跨 SGSN/MSC 的情况时，还需要 SGSN/MSC 协助完成。所以从协议栈层面上而言，接入层的流程都是底层的流程，通过它们，为上层信令流程搭建底层的承载。

非接入层的流程主要包括电路域的移动性管理，电路域的呼叫控制，分组域的移动性管理、分组域的会话管理。

12.1.2　基本信令流程总体介绍

接下来我们对基本的信令流程进行简单的总体介绍。

我们首先看一下用户在不移动的情况下，从开机、进行业务到关机的整个业务流程。

1. 主叫业务流程

用户 UE 开机，首先进行接入层的信令交互。此时首先进行 PLMN 选择，选择某个运营商的网络，接着进行小区选择，驻留一个合适的小区，然后进行 RRC 连接建立，Iu 接口的信令连接建立。至此，通过这些接入层的信令流程，在 UE 和 CN 之间搭建起了一条信令通道，为非接入层的信令流程做好了准备。

接着 UE 和 CN 之间便开始进行非接入层的移动性管理流程了。此时用户会进行附着流程，其中包括鉴权、加密等小流程。如果用户在空闲时位置发生了变化，那么还将发生位置更新流程。

当通过鉴权等流程后，UE 便进行非接入层的业务相关流程了。包括电路域的呼叫连接流程，分组域的会话管理流程。通过这些流程为进行业务搭建好了业务承载的链路。随后用户就可以开始打电话，上网了。

当用户结束业务后，同样会进行电路域的呼叫连接流程，分组域的会话管理流程，拆除业务承载链路。

此时如果用户关机，则 UE 和 CN 之间进行非接入层的移动性管理流程，进行电路域、分组域的分离。

当非接入层的信令交互结束后，系统会进行接入层的信令流程，拆除之前建立的 Iu 信令连接，以及 RRC 信令连接。

至此，一个用户在不移动的情况下，从开机，进行业务，到关机的整个流程便结束了。从中可以看到，这个业务过程是需要接入层的信令流程和非接入层的信令流程互相配合完成的。接入层的流程为非接入层的流程搭建信号承载。

接下来我们再看一下用户进行被叫的一个业务流程。

2. 被叫业务流程

用户 UE 处在待机状态。此时从网络侧对其进行寻呼；

如果没有现存的 UE 与 CN 之间的信令连接，则 UE、RNC、CN 之间会进行接入层的信令流程，建立 RRC 连接和 Iu 接口信令连接；

接下来可能会进行移动性管理的鉴权加密流程；

随后通过电路域的呼叫连接流程、分组域的会话管理流程，建立其业务的承载链路，从而进行业务。

结束业务后，再拆除相关的业务承载链路。

接着释放接入层的信令连接，包括 Iu 接口的信令连接和 RRC 连接。

上面的两个流程主要从总体上介绍了用户在不产生位置变化的情况下进行业务的情况。这只是一个总体上的简单描述。详细流程将在后续章节中描述。

由于移动通信具有移动性特点，由此产生了很多处理移动性相关的流程。比如，当用户不进行业务的时候产生位置改变，由此产生位置更新等移动性管理的流程；当用户进行业务时发生位置变化，由此产生切换、SRNS 重定位等流程。

12.2 UE 的状态与寻呼流程

12.2.1 UE 状态

UE 有两种基本的运行模式：空闲模式和连接模式。上电开始，UE 就停留在空闲模式下，通过非接入层标识如 IMSI、TMSI 或 P-TMSI 等标志区分。UTRAN 不保存空闲模式 UE 的信息，仅能够寻呼一个小区中的所有 UE 或同一个寻呼时刻的所有 UE。

当 UE 完成 RRC 连接建立时，UE 才从空闲模式转移到连接模式：CELL_FACH 或 CELL_DCH 状态。UE 的连接模式，也叫 UE 的 RRC 状态，反映了 UE 连接的级别以及 UE

可以使用哪一种传输信道。当 RRC 连接释放时，UE 从连接模式转移到空闲模式，如图 12.1 所示。

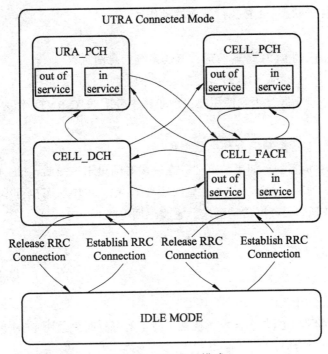

图 12.1　UE 运行模式

UE 在连接模式下，一共有如下 4 种状态：

12.2.1.1　CELL_DCH 状态

CELL_DCH 状态有如下特征：

在上行和下行给 UE 分配了一个专用物理信道；

根据 UE 当前的活动集可以知道 UE 所在的小区；

UE 可以使用专用传输信道、下行/上行共享传输信道或这些传输信道的组合。

UE 进入 CELL_DCH 状态有如下 2 种方法：

（1）UE 在空闲模式下，RRC 连接建立在专用行道上，因此 UE 从空闲模式进入 CELL_DCH 状态；

（2）UE 处于 CELL_FACH 状态下使用公共传输信道，通过信道切换后使用专用传输信道，UE 从 CELL_FACH 状态进入到 CELL_DCH 状态。

12.2.1.2　CELL_FACH 状态

CELL_FACH 状态具有如下特征：

没有给 UE 分配专用传输信道；

UE 连续监听一个下行 FACH 信道；

为 UE 分配了一个默认的上行公共信道或上行共享传输信道（例如，RACH），使之能够在接入过程中的任何时间内使用；

UE 的位置在小区级为 UTRAN 所知，具体为 UE 最近一次发起小区更新时报告的小区。

在 CELL_FACH 子状态，UE 执行下面的动作：

监听一个 FACH；

监听当前服务小区的 BCH 传输信道，解码系统信息消息；

在小区变为另一个 UTRA 小区时，发起一个小区更新过程；

除非选择了一个新小区，否则使用在当前小区中分配的 C-RNTI 作为公共传输信道上的 UE 标识；

在 RACH 上传送上行控制信令和小数据包；

在 CELL_FACH 状态下，如果数据业务在一段时间里未被激活，UE 将进入 CELL_PCH 状态，以减少功率的损耗。并且，当 UE 暂时脱离 CELL_PCH 状态执行小区更新，更新完成后，如果 UE 和网络侧均无数据传输需求，它将返回 CELL_PCH。

12.2.1.3　CELL_PCH 状态

CELL_PCH 状态具有如下特征：

没有为 UE 分配专用信道；

UE 使用非连续接收（DRX）技术，在某个特定的寻呼时刻监听 PCH 传输信道上的信息；

不能有任何上行的活动；

UE 的位置在小区级为 UTRAN 所知，具体为 UE 在 CELL_FACH 状态时最近一次发起小区更新时所报告的小区。

在 CELL_PCH 状态，UE 进行以下活动：

根据 DRX 周期监听寻呼时刻，并接收 PCH 上的寻呼消息；

监听当前服务小区的 BCH 传输信道，以解码系统信息；

当小区改变时发起小区更新过程；

在该状态下不能使用 DCCH 逻辑信道。如果网络试图发起任何活动，它需要在 UE 所在小区的 PCCH 逻辑信道上发送一个寻呼请求。

UE 转换到 CELL_FACH 状态的方式有两个，一是通过 UTRAN 寻呼，二是通过任何上行接入。

12.2.1.4　URA_PCH 状态

URA_PCH 状态具有如下特征：

没有为 UE 分配专用信道；

UE 使用 DRX 技术，在某个特定的寻呼时刻监听 PCH 传输信道上的信息；

不能有任何上行的活动；

UE 的位置在 URA 级为 UTRAN 所知，具体为 UE 在 CELL_FACH 状态时最近一次发起 URA 更新时所报告的 URA。

在 URA_PCH 状态，UE 进行以下活动：

根据 DRX 周期监听寻呼时刻，并接收 PCH 上的寻呼消息；

监听当前服务小区的 BCH 传输信道，以解码系统信息；

当 URA 改变时发起 URA 更新过程；

在该状态下不能使用 DCCH 逻辑信道。如果网络试图发起任何活动，它需要在 UE 所在 URA 的 PCCH 逻辑信道上发送寻呼请求。

在 URA_PCH 状态，没有资源分配给数据传输用。因此，如果 UE 有数据要传送，需要首先转换到 CELL_FACH 状态。

12.2.2　寻呼流程

与固定通信不同，移动通信中通信终端的位置不是固定的。为了建立一次呼叫，核心网（CN）通过 Iu 接口向 UTRAN 发送寻呼消息，UTRAN 则将 CN 寻呼消息通过 Uu 接口上的寻呼过程发送给 UE，使得被寻呼的 UE 发起与 CN 的信令连接建立过程。

当 UTRAN 收到某个 CN 域（CS 域或 PS 域）的寻呼消息时，首先需要判断 UE 是否已经与另一个 CN 域建立了信令连接。如果没有建立信令连接，那么 UTRAN 只能知道 UE 当前所在的服务区，并通过寻呼控制信道将寻呼消息发送给 UE，这就是 PAGING TYPE 1 消息；如果已经建立信令连接，在 CELL_DCH 或 CELL_FACH 状态下，UTRAN 就可以知道 UE 当前活动于哪种信道上，并通过专用控制信道将寻呼消息发送给 UE，这就是 PAGING TYPE 2 消息。因此针对 UE 所处的模式和状态，寻呼可以分为以下两种类型：

1. 寻呼空闲模式或 PCH 状态下的 UE

这一类型的寻呼过程使用 PCCH（寻呼控制信道）寻呼处于空闲模式、CELL_PCH 或 URA_PCH 状态的 UE，用于向被选择的 UE 发送寻呼信息（见图 12.2），其作用有如下三点：

（1）为了建立一次呼叫或一条信令连接，网络侧的高层发起寻呼过程；

（2）为了将 UE 的状态从 CELL_PCH 或 URA_PCH 状态迁移到 CELL_FACH 状态，UTRAN 发起寻呼以触发 UE 状态的迁移；

（3）当系统消息发生改变时，UTRAN 发起空闲模式、CELL_PCH 和 URA_PCH 状态下的寻呼，以触发 UE 读取更新后的系统信息。

图 12.2　寻呼空闲模式和 PCH 状态下的 UE

UTRAN 通过在 PCCH 上一个适当的寻呼时刻发送一条 PAGING TYPE 1 消息来启动寻呼过程，该寻呼时刻和 UE 的 IMSI 有关。UTRAN 可以选择在几个寻呼时机重复寻呼一个 UE，以增加 UE 正确接收寻呼消息的可能。

2. 寻呼 CELL_DCH 或 CELL_FACH 状态下的 UE

这一类型的寻呼过程用于向处于连接模式 CELL_DCH 或 CELL_FACH 状态的某个 UE 发送专用寻呼信息，如图 12.3 所示。

对于处于连接模式 CELL_DCH 或 CELL_FACH 状态的 UE，UTRAN 通过在 DCCH（专用控制信道）上发送一条 PAGING TYPE 2 消息来发起寻呼过程，这种寻呼也叫作专用寻呼过程。

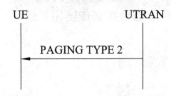

图 12.3　寻呼 CELL_DCH 或 CELL_FACH 状态下的 UE

12.3　空闲模式下的 UE

12.3.1　概　述

当 UE 开机后或在漫游中，它的首要任务就是找到网络并和网络取得联系。只有这样，才能获得网络的服务。因此，空闲模式下 UE 的行为对于 UE 是至关重要的。那么，UE 是如何完成这个功能的呢？本节就来讲解这个过程。

UE 在空闲模式下的行为可以细分为 PLMN 选择和重选，小区的选择和重选和位置登记。这三个过程之间的关系如图 12.4 所示。

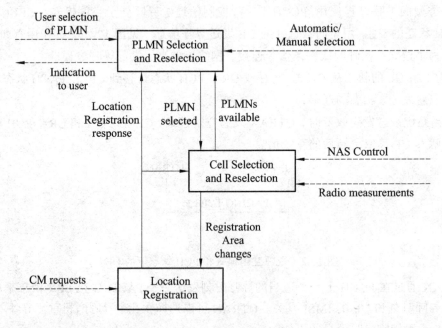

图 12.4　空闲模式下的 UE

当 UE 开机后，首先应该选择一个 PLMN。当选中了一个 PLMN 后，就开始选择属于这个 PLMN 的小区。当找到这样的一个小区后，从系统信息（广播）中就可以知道临近小区（neighboring cell）的信息，这样，UE 就可以在所有这些小区中选择一个信号最好的小区，驻留下来。紧接着，UE 就会发起位置登记过程（attach or location update）。成功后，UE 就驻留在这个小区中了。驻留的作用有 4 个：

（1）使 UE 可以接收 PLMN 广播的系统信息。

（2）可以在小区内发起随机接入过程。

（3）可以接收网络的寻呼。

（4）可以接收小区广播业务。

当 UE 驻留在小区中，并登记成功后，随着 UE 的移动，当前小区和临近小区的信号强度都在不断变化。UE 就要选择一个最合适的小区，这就是小区重选过程。这个最合适的小区不一定是当前信号最好的小区，为什么呢？例如 UE 处在一个小区的边缘，又在这两个小区之间来回走，恰好这两个小区又是属于不同的 LA 或者 RA。这样，UE 就要不停的发起位置更新，即浪费了网络资源，又浪费了 UE 的能量。因此，在所有小区中重选哪个小区是有一定规则的，这个规则会在后面详细描述。

当 UE 重选小区，选择了另外一个小区后，发现这个小区属于另外一个 LA 或者 RA，UE 就要发起位置更新过程，使网络获得最新的 UE 的位置信息。UE 通过系统广播信息中的 SIB1 发现 LA 或者 RA 的变化。

如果位置登记或者更新不成功，比如当网络拒绝 UE 时。或者当前的 PLMN 出了覆盖区，UE 可以进行 PLMN 重选，以选择另外一个可用的 PLMN。

12.3.2　PLMN 选择和重选

PLMN 选择和重选的目的是选择一个可用的（就是能提供正常业务的），最好的 PLMN。UE 通过什么来达到这一目的呢？UE 会维护一个 PLMN 列表，这些列表将 PLMN 按照优先级排列，然后从高优先级向下搜索，找到的自然是最高优先级的 PLMN。另外，PLMN 选择和重选的模式有两种，自动和手动。简而言之，自动选网就是 UE 按照 PLMN 的优先级顺序自动的选择一个 PLMN，手动选网是将当前的所有可用网络呈现给用户，将权利给用户，由用户选择一个 PLMN。

12.3.3　小区选择和重选

当 PLMN 选定之后，就要进行小区选择，目的是选择一个属于这个 PLMN 的信号最好的小区。

如果 UE 存有这个 PLMN 的一些相关信息，比如频率，扰码等，UE 就会首先使用这些信息进行小区搜索（Stored information cell selection）。这样就可以较快找到网络。因为，大多数情况，UE 都是在同一个地点关机和开机，比如晚上关机，早晨开机等。这些信息保存在 SIM 卡中或者在手机的 non-volatile memory 中。

12.3.3.1　小区选择

小区选择的过程大致如下：

1. 小区搜索

小区搜索的目的是找到一个小区，尽管它可能不属于选择的 PLMN 的。小区搜索的步骤如下（当然，首先要锁定一个频率）：

通过 primary SCH，UE 获得时隙同步。时隙同步后，就要进行帧同步。帧同步是使用 secondary SCH 的同步码实现的，这一过程同时也确定了这个小区的扰码组。然后，UE 通过对扰码组中的每一个扰码在 CPICH 上相关，直到找到相关结果最大的一个。这就确定了主扰码。

显然，如果 UE 已经知道这个小区的一些信息，比如使用哪个频率，甚至主扰码，上述步骤就可以大大加速。

2. 读广播信道

UE 从上述步骤中获得了 PCCPCH 的扰码，而 PCCPCH 的信道码是已知的，在整个 UTRAN 中是唯一的，UE 就可以读广播信道的信息了。

读到 MIB 后，UE 就可以判断当前找到的 PLMN 是否就是要找的 PLMN，因为在 MIB 中有 PLMN identity 域，如果是，UE 就根据 MIB 中包含的其他 SIB 的调度信息（scheduling information），找到其他的 SIB 并获得其内容。如果不是，UE 只好再找下一个频率，又要从头开始这个过程（从小区搜索开始）。

如果当前 PLMN 是 UE 要找的 PLMN，UE 读 SIB3，取得 "Cell selection and re-selection info"，通过获取这些信息，UE 计算是否满足小区驻留标准。如果满足，则 UE 认为此小区即为一个 suitable cell。驻留下来，并读其他所需要的系统信息，随后 UE 将发起位置登记过程。

如果不满足上述条件，UE 读 SIB11，获取邻区消息，这样 UE 就可以算出并判断邻区是否满足小区选择驻留标准。

如果 UE 发现了任何一个邻区满足小区驻留标准，UE 就驻留在此小区中，并读其他所需要的系统信息，随后 UE 将发起位置登记过程。

如果 UE 发现没有一个小区满足小区驻留标准。UE 就认为没有覆盖，就会继续 PLMN 选择和重选过程。

12.3.3.2　小区重选

UE 在空闲模式下，要随时监测当前小区和邻区的信号质量，以选择一个最好的小区提供服务。这就是小区重选过程（cell reselection）。如果在 $T_{reselection}$ 时间内，小区重选条件得到满足，UE 就选择这个小区，驻留下来，读它的广播消息。小区重选结束。

12.3.3.3　离开连接模式的小区选择

当 UE 从连接模式回到空闲模式时，要做小区选择，以找一个合适的小区（suitable cell）。这个选择过程和普通的小区选择过程是一样的。不过此时候选小区就是连接模式时用到的小区。如果在这些小区中找不到合适的小区，应该使用 stored information cell selection。

12.3.4　位置登记

这些过程请参见 MM，GMM 的过程。

12.4 无线资源管理流程

12.4.1 RRC 连接建立流程

UE 处于空闲模式下，当 UE 的非接入层请求建立信令连接时，UE 将发起 RRC 连接建立过程。每个 UE 最多只有一个 RRC 连接。

当 SRNC 接收到 UE 的 RRC CONNECTION REQUEST 消息，由其无线资源管理模块（RRM）根据特定的算法确定是接受还是拒绝该 RRC 连接建立请求，如果接受，则再判决是建立在专用信道还是公共信道。对于 RRC 连接建立使用不同的信道，则 RRC 连接建立流程也不一样。

12.4.1.1 RRC 连接建立在专用信道上

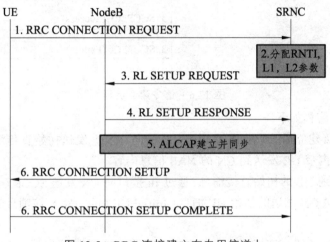

图 12.5 RRC 连接建立在专用信道上

信令流程说明（见图 12.5）：

（1）UE 在上行 CCCH 上发送一个 RRC Connection Request 消息，请求建立一条 RRC 连接；

（2）SRNC 根据 RRC 连接请求的原因以及系统资源状态，决定 UE 建立在专用信道上，并分配 RNTI 和 L1、L2 资源；

（3）SRNC 向 Node B 发送 Radio Link Setup Request 消息，请求 Node B 分配 RRC 连接所需的特定无线链路资源；

（4）Node B 资源准备成功后，向 SRNC 应答 Radio Link Setup Response 消息；

（5）SRNC 使用 ALCAP 协议发起 Iub 接口用户面传输承载的建立，并完成 RNC 于 Node B 之间的同步过程；

（6）SRNC 在下行 CCCH 向 UE 发送 RRC Connection Setup 消息；

（7）UE 在上行 DCCH 向 SRNC 发送 RRC Connection Setup Complete 消息。

至此，RRC 连接建立过程结束。

12.4.1.2 RRC 连接建立在公共信道上

当 RRC 连接建立在公共信道上时，用的是已经建立好的小区公共资源，无需建立无线链路和用户面的数据传输承载，其余过程与 RRC 连接建立在专用信道相似。

12.4.2　信令建立流程

信令建立流程是在 UE 与 UTRAN 之间的 RRC 连接建立成功后，UE 通过 RNC 建立与 CN 的信令连接，也叫"NAS 信令建立流程"，用于 UE 与 CN 的信令交互 NAS 信息，如鉴权、业务请求、连接建立等。

UE 与 CN 的交互的信令，对于 RNC 而言，都是直传消息。RNC 在收到第一条直传消息时，即：初始直传消息（Initial Direct Transfer），将建立与 CN 之间的信令连接，该连接建立 SCCP 之上。流程如图 12.6 所示。

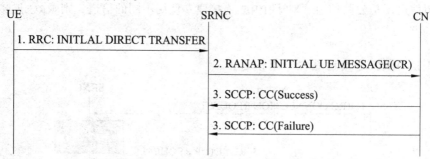

图 12.6　信令建立流程

信令建立具体流程如下：

（1）RRC 连接建立后，UE 通过 RRC 连接向 RNC 发送初始直传消息（Initial Direct Transfer），消息中携带 UE 发送到 CN 的 NAS 信息内容。

（2）RNC 接收到 UE 的初始直传消息，通过 Iu 接口向 CN 发送 SCCP 连接请求消息（CR），消息数据为 RNC 向 CN 发送的初始 UE 消息（Initial UE Message），该消息带有 UE 发送到 CN 的消息内容。

（3）如果 CN 准备接受连接请求，则向 RNC 回 SCCP 连接证实消息（CC），SCCP 连接建立成功。RNC 接收到该消息，确认信令连接建立成功。

（4）如果 CN 不能接受连接请求，则向 RNC 回 SCCP 连接拒绝消息（CJ），SCCP 连接建立失败。RNC 接收到该消息，确认信令连接建立失败，则发起 RRC 释放过程。

信令连接建立成功后，UE 发送到 CN 的消息，通过上行直传消息（Uplink Direct Transfer）发送到 RNC，RNC 将其转换为直传消息（Direct Transfer）发送到 CN；CN 发送到 UE 的消息，通过直传消息（Direct Transfer）发送到 RNC，RNC 将其转换为下行直传消息（Downlink Direct Transfer）发送到 UE。

12.4.3　RAB 建立流程

RAB 是指用户平面的承载，用于 UE 和 CN 之间传送语音、数据及多媒体业务。UE 首先要完成 RRC 连接建立，然后才能建立 RAB。

RAB 建立是由 CN 发起，UTRAN 执行的功能，基本流程为：

（1）由 CN 向 UTRAN 发送 RAB 指配请求消息，请求 UTRAN 建立 RAB；

（2）UTRAN 中的 SRNC 发起建立 Iu 接口与 Iub 接口（Iur 接口）的数据传输承载；

（3）SRNC 向 UE 发起 RB 建立请求；

（4）UE 完成 RB 建立，向 SRNC 回应 RB 建立完成消息；

（5）SRNC 向 CN 应答 RAB 指配响应消息，结束 RAB 建立流程。

（6）当 RAB 建立成功以后，一个基本的呼叫即建立，UE 进入通话过程。

根据无线资源使用情况（RRC 连接建立时的无线资源状态与 RAB 建立时的无线资源状态），可以将 RAB 的建立流程分成以下三种情况：

（1）DCH-DCH：RRC 使用 DCH，RAB 准备使用 DCH；

（2）RACH/FACH-RACH/FACH：RRC 使用 CCH，RAB 准备使用 CCH；

（3）RACH/FACH-DCH：RRC 使用 CCH，而 RAB 准备使用 DCH。

下面给出以上第一种情况下的 RAB 建立流程的具体过程描述。

12.4.3.1　DCH-DCH

UE 当前的 RRC 状态为专用传输信道（DCH）时，指配的 RAB 只能建立在专用传输信道上。根据无线链路（RL）重配置情况，RAB 建立流程可分为同步重配置 RL（DCH-DCH）与异步重配置 RL（DCH-DCH）两种情况，二者的区别在于 Node B 与 UE 接收到 SRNC 下发的配置消息后，能否立即启用新的配置参数：

同步情况下，Node B 与 UE 在接收到 SRNC 下发的配置消息后，不能立即启用新的配置参数，而是从消息中获取 SRNC 规定的同步时间，在同步时刻，同时启用新的配置参数；

异步情况下，Node B 与 UE 在接收到 SRNC 下发的配置消息后，将立即启用新的配置参数。

1. 同步重配置 RL

在 DCH-DCH 同步情况下，需要 SRNC、Node B 与 UE 之间同步重配置 RL：

Node B 在接收到 SRNC 下发的重配置 RL 消息后，不能立即启用新的配置参数，而是准备好相应的无线资源，等待接收到 SRNC 下发的重配置执行消息，从消息中获取 SRNC 规定的同步时间；

UE 在接收到 SRNC 下发的配置消息后，也不能立即启用新的配置参数，而是从消息中获取 SRNC 规定的同步时间；

在 SRNC 规定的同步时刻，Node B 与 UE 同时启用新的配置参数。

下面给出 RAB 建立流程中 DCH-DCH 同步重配置 RL 的过程，如图 12.7 所示。

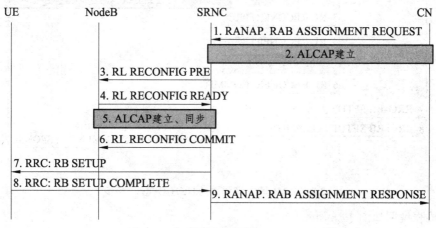

图 12.7　RAB 建立流程图（DCH-DCH，同步）

信令流程说明：

（1）CN 向 UTRAN 发送 RANAP 协议的 RAB 指配消息 Radio Access Bearer Assignment Request，发起 RAB 建立请求；

（2）SRNC 接收到 RAB 建立请求后，将 RAB 的 QoS 参数映射为 AAL2 链路特性参数与无线资源特性参数，Iu 接口的 ALCAP 根据其中的 AAL2 链路特性参数发起 Iu 接口的用户面传输承载建立过程；

（3）SRNC 向属下的 Node B 发送 NBAP 协议的无线链路重配置准备 Radio Link Reconfiguration Prepare 消息，请求属下的 Node B 准备在已有的无线链路上增加一条（或多条）承载 RAB 的专用传输信道（DCH）；

（4）Node B 分配相应的资源，向所属的 SRNC 发送 Radio Link Reconfiguration Ready 消息，通知 SRNC 无线链路重配置准备完成；

（5）SRNC 中 Iub 接口的 ALCAP 发起 Iub 接口的用户面传输承载建立过程，Node B 与 SRNC 通过交换 DCH 帧协议的上下行同步帧建立同步；

（6）SRNC 向属下的 Node B 发送无线链路重配置执行消息 Radio Link Reconfiguration Commit；

（7）SRNC 向 UE 发送 RRC 协议的 RB 建立消息 Radio Bearer Setup；

（8）UE 执行 RB 建立后，向 SRNC 发送无线承载建立完成消息 Radio Bearer Setup Complete；

（9）SRNC 接收到无线承载建立完成的消息后，向 CN 回应 RAB 指配响应消息 Radio Access Bearer Assignment Response，结束 RAB 建立流程。

2. 异步重配置 RL

在 DCH-DCH 异步情况下，不要求 SRNC、Node B 与 UE 之间同步重配置 RL：Node B 与 UE 在接收到 SRNC 下发的配置消息后，将立即起用新的配置参数。

下面给出 RAB 建立流程中 DCH-DCH 异步重配置 RL 的例子，如图 12.8 所示。

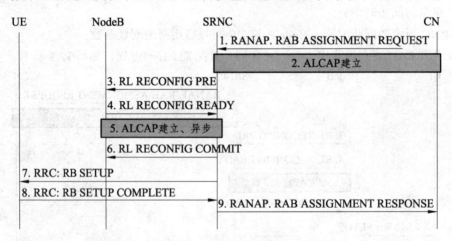

图 12.8 RAB 建立流程图（DCH-DCH，异步）

信令流程说明如图 12.8 所示。

（1）CN 向 UTRAN 发送 RANAP 协议的 RAB 指配消息 Radio Access Bearer Assignment

Request，发起 RAB 建立请求；

（2）SRNC 接收到 RAB 建立请求后，将 RAB 的 QoS 参数映射为 AAL2 链路特性参数与无线资源特性参数，Iu 接口的 ALCAP 根据其中的 AAL2 链路特性参数发起 Iu 接口的用户面传输承载建立过程；

（3）在异步情况下，无线重配置无需同步，SRNC 向属下的 Node B 发送 NBAP 协议的无线链路重配置请求 Radio Link Reconfiguration Request 消息，请求属下的 Node B 在已有的无线链路上建立新的专用传输信道（DCH）；

（4）Node B 接收到无线链路重配置请求消息后，即分配相应的资源，然后向所属的 SRNC 发送 Radio Link Reconfiguration Response 消息，通知 SRNC 无线链路重配置完成；

（5）SRNC 中 Iub 接口的 ALCAP 发起 Iub 接口的用户面传输承载建立过程，Node B 与 SRNC 通过交换 DCH 帧协议的上下行同步帧建立同步；

（6）SRNC 向 UE 发送 RRC 协议的无线承载建立消息 Radio Bearer Setup；

（7）UE 执行 RB 建立后，向 SRNC 发送无线承载建立完成消息 Radio Bearer Setup Complete；

（8）SRNC 接收到无线承载建立完成的消息后，向 CN 回应 RAB 指配响应消息 Radio Access Bearer Assignment Response，结束 RAB 建立流程。

12.4.4　呼叫释放流程

呼叫释放流程也就是 RRC 连接释放流程。RRC 连接释放流程分为两种类型：UE 发起的释放和 CN 发起的释放。两种释放类型的区别主要在于高层的呼叫释放请求消息由谁先发出，但最终的资源释放都是由 CN 发起的。

当 CN 决定释放呼叫后，将向 SRNC 发送 IU RELEASE COMMAND 消息。SRNC 收到该释放命令后，有如下操作步骤：

（1）向 CN 返回 IU RELEASE COMPLETE 消息；

（2）发起 IU 接口用户面传输承载的释放；

（3）释放 RRC 连接。

RRC 释放就是释放 UE 和 UTRAN 之间的信令链路以及全部无线承载。根据 RRC 连接所占用的资源情况，可进一步划分为两类：释放建立在专用信道上的 RRC 连接和释放建立在公共信道上的 RRC 连接。

12.4.4.1　释放建立在专用信道上的 RRC 连接

流程描述（见图 12.9）：

RNC 向 UE 发送 RRC 连接释放消息 RRC Connection Release；

UE 向 RNC 返回释放完成消息 RRC Connection Release Complete；

RNC 向 Node B 发送无线链路删除消息 Radio Link Deletion，删除 Node B 中的无线链路资源；

Node B 资源释放完成后，向 RNC 返回释放完成消息 Radio Link Deletion Response；

RNC 使用 ALCAP 协议发起 IUB 接口用户面传输承载的释放。

最后 RNC 再发起本端 L2 资源的释放。至此，RRC 释放过程结束。

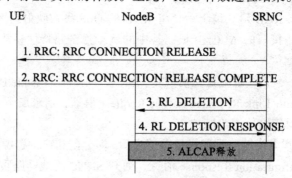

图 12.9　释放建立在专用信道上的 RRC 连接

12.4.4.2　释放建立在公共信道上的 RRC 连接

释放建立在公共信道上的 RRC 连接时，用的是小区公共资源，直接释放 UE 即可，无需释放 Node B 资源，当然也没有数据传输承载的释放过程。

12.4.5　切换流程

切换过程是移动通信区别于固定通信的一个显著特征之一。当 UE 使用的小区或制式（FDD，TDD）发生变化时，我们就说 UE 发生了切换。WCDMA 支持的切换包括软切换、硬切换、前向切换和系统间切换。软切换和硬切换主要是由网络侧发起，前向切换主要是 UE 发起，而系统间切换既有网络侧发起的情况，又有 UE 发起的情况。发生切换的原因包括 UE 的移动、资源的优化配置、人为干预等。

12.4.5.1　软切换

在 WCDMA 中，由于相邻小区存在同频的情况，UE 可以通过多条无线链路与网络进行通信，在多条无线链路进行合并时，通过比较，选取信号较好的一条，达到优化通信质量的目的。只有 FDD 制式才能进行软切换。根据小区之间位置的不同，软切换可以分为几种情况。

第一种情况，Node B 内不同小区之间。这种情况，无线链路可以在 Node B 内，也可以到 SRNC 再进行合并，如果在 Node B 内部就完成了合并，我们称之为更软切换。

第二种情况，同一 RNC 内不同 Node B 之间；还有不同 RNC 之间。

软切换中一个重要问题就是多条无线链路的合并。WCDMA 中使用宏分集（MACRO DIVERSITY）技术对无线链路进行合并，就是根据一定的标准（如误码率），对来自不同无线链路的数据进行比较，选取质量较好的数据发给上层。

在软切换中，关于邻近小区有几个重要的概念：

（1）活动集。指的是 UE 当前正在使用的小区的集合，软切换的执行结果就表现在活动集中小区增加或减少。

（2）观察集。UE 根据 UTRAN 给的邻近小区信息，正在观察但不在活动集中的小区，UE 对观察集中的小区进行测量。当测量结果符合一定的条件时，这些小区可能被加入活动集，所以有时也称为候选集；

（3）已检测集。UE 已检测到，但既不属于活动集也不属于观察集的小区，UTRAN 可以要求 UE 报告已检测集的测量结果；由于它们不属于邻近小区列表，所以有时也称之为未列出集。

软切换的过程可以分为以下几个步骤：

（1）UE 根据 RNC 给的测量控制信息，对同频的邻近小区进行测量，测量结果经过处理后，上报给 RNC；

（2）RNC 对上报的测量结果和设定的阈值进行比较，确定哪些小区应该增加，哪些应该删除；

（3）如果有小区需要增加，先通知 Node B 准备好；

（4）RNC 通过活动集更新消息，通知 UE 增加和/或删除小区；

（5）在 UE 成功进行活动集更新后，如果删除小区，则通知 Node B 释放相应的资源。

在进行软切换的过程中，原来的通信不受影响，所以能够完成从一个小区到另一个小区的平滑切换。

12.4.5.2 硬切换

当邻近小区属于异频小区时，不能进行软切换，这时可以进行硬切换。硬切换过程就是先中断跟原来小区的通信，然后再从新的小区接进来，因此它的性能不如软切换，所以一般在不能进行软切换的时候，才会考虑硬切换。

硬切换的目标小区可以没有经过测量，适合于紧急情况下的硬切换，失败率较高；更常见的硬切换同样也要对目标小区先进行测量，但一般 UE 只配一个解码器，不能同时对两个频点的信号进行解码，所以为了 UE 能进行异频测量，在 WCDMA 中引入了压缩模式技术，如图 12.10 所示。

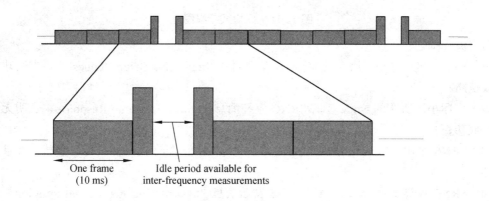

One frame
(10 ms)

Idle period available for
inter-frequency measurements

图 12.10 压缩模式原理图

压缩模式技术的基本原理就是，Node B 在发送某些帧（每 10 ms 发送的数据为一帧）的时候，加大发送速率，用少于 10 ms 的时间发送完原来需要 10 ms 的数据，那么空出来的时间，就让 UE 进行异频测量。具体采用什么方式和什么时间来加大发送速率，由 RNC 进行控制。

跟软切换类似，硬切换根据原小区和目标小区的位置关系，分为以下几种：

（1）同一个小区内，FDD 和 TDD 方式之间的硬切换；

（2）Node B 内的小区之间；

（3）同一 RNC 内不同 Node B 的小区之间；

（4）不同 RNC 的小区之间。

通常不同 RNC 之间发生硬切换时，两个 RNC 之间都存在 IUR 接口，否则就需要通过伴随迁移（RELOCATION）来完成硬切换。

Uu 接口有 5 个信令过程都能够完成硬切换：

（1）物理信道重配置（PHYSICAL CHANNEL RECONFIGURATION）；

（2）传输信道重配置（TRANSPORT CHANNEL RECONFIGURATION）；

（3）RB 建立过程（RADIO BEAR SETUP）；

（4）RB 释放过程（RADIO BEAR RELEASE）；

（5）RB 重配置过程（RADIO BEAR RECONFIGURATION）。

图 12.11 中以物理信道重配置为例给出不同 Node B 之间小区硬切换的信令过程：

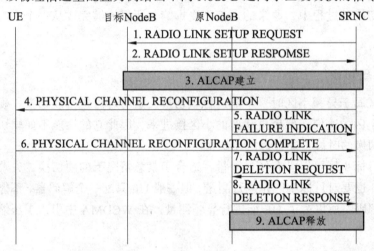

图 12.11　硬切换流程图

信令流程描述：

（1）SRNC 向目标小区所在的 Node B 发送消息 Radio Link Setup Request，要求其建立一条无线链路；

（2）目标小区所在的 Node B 向 SRNC 应答消息 Radio Link Setup Response，表明无线链路建立成功；

（3）SRNC 采用 ALCAP 协议建立 SRNC 和目标 Node B 的 IUB 接口传输承载，并且进行 FP 同步；

（4）SRNC 通过下行 DCCH 信道向 UE 发送消息 Physical Channel Reconfiguration，消息中给出目标小区的信息；

（5）在 UE 从原小区切换到目标小区后，原小区 Node B 会检测到无线链路失去联系，于是向 SRNC 发消息 Radio Link Failure Indication，指示无线链路失败；

（6）UE 在成功切换到目标小区后，通过 DCCH 向 SRNC 发送消息 Physical Channel Reconfiguration Complete，通知 SRNC 物理信道重配置完成；

（7）SRNC 向原小区所在的 Node B 发送消息 Radio Link Deletion Request，删除原小区的无线链路；

（8）原小区所在的 Node B 完成无线链路资源删除后，向 SRNC 应答消息 Radio Link Deletion Response；

（9）SRNC 采用 ALCAP 协议释放 SRNC 和原小区所在 Node B 的 IUB 接口的传输承载。

12.4.5.3　前向切换

RRC 连接移动性管理中，前向切换是其中的一部分。前向切换分为小区更新和 URA 更新，主要用于当 UE 位置发生改变时，及时更新 UTRAN 侧关于 UE 的信息，还可以监视 RRC 的连接、切换 RRC 的连接状态，另外还有错误通报和传递信息的作用。不管是小区更新还是 URA 更新，更新过程均是由 UE 主动发起的。

1. 小区更新

处于 CELL_FACH、CELL_PCH 或 URA_PCH 状态的 UE 都可能发起小区更新过程，对不同的连接状态，会有不同的小区更新原因，小区更新流程也不同。

如果小区更新原因是周期性小区更新，且 UTRAN 侧不给 UE 分配新的 CRNTI 或 URNTI，其流程如图 12.12 所示。

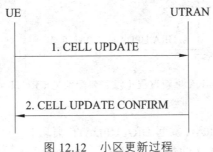

图 12.12　小区更新过程

具体流程如下：

（1）UE 从 CCCH 向 UTRAN 发送 CELL UPDATE 消息。

（2）UTRAN 收到 UE 的 CELL UPDATE 消息处理完成后给 UE 发应答消息 CELL UPDATE CONFIRM。UTRAN 侧结束本次小区更新。UE 收到 CELL UPDATE CONFIRM 消息后结束本次小区更新。

如果小区更新的原因是因为有上行数据传输，或者是对寻呼的响应，UTRAN 侧没有给 UE 分配 CRNTI 或 URNTI，也没有指示相关物理信道信息，并且 UE 中保存的 TFS/TFCS 与系统信息中广播的 PRACH/SCCPCH 的 TFS/TFCS 相同；如果小区更新的原因是因为有上行数据，或者是对寻呼的响应，或者是小区重选，UTRAN 侧给 UE 分配了 CRNTI 或 URNTI，但没有指示相关物理信道信息，并且 UE 中保存的 TFS/TFCS 与系统信息中广播的 PRACH/SCCPCH 的 TFS/TFCS 相同，其流程中伴随有物理信道重配置。

如果小区更新的原因是因为有上行数据传输，或者是对寻呼的响应，UTRAN 侧没有给 UE 分配 CRNTI 或 URNTI，也没有指示相关物理信道信息，并且 UE 中保存的 TFS/TFCS 与系统信息中广播的 PRACH/SCCPCH 的 TFS/TFCS 不同；如果小区更新的原因是因为有上行数据，或者是对寻呼的响应，或者是小区重选，UTRAN 侧给 UE 分配了 CRNTI 或 URNTI，但没有指示相关物理信道信息，并且 UE 中保存的 TFS/TFCS 与系统信息中广播的 PRACH/SCCPCH 的 TFS/TFCS 不同，则其流程中伴随有传输信道重配置。

如果小区更新原因是周期性，UTRAN 侧给 UE 分配了 CRNTI 或 URNTI，但没有指示相关物理信道信息，UE 将更新其标识，即流程中伴随有 RNTI 重分配。

2. URA 更新

URA 更新过程的目的，是使处于 URA_PCH 状态下的 UE 经过 URA 再选择后，用现在的 URA 更新 UTRAN；在没有 URA 再选择发生时该过程也可以用来监视 RRC 连接。一个小区中可以广播几个不同的 URA ID，在一个小区中不同的 UE 可以属于不同的 URA。当 UE 处于 URA_PCH 状态时有且仅有一个有效的 URA。处于 URA_PCH 状态时，如果分配给 UE 的 URA 不在小区中广播的 URA ID 列表中，则 UE 将发起 URA 更新过程。或者 UE 在服务区内，但 T306 超时，则 UE 将发起 URA 更新过程。

如果 URA 更新过程中 UTRAN 没有给 UE 分配新的 CRNTI 或 URNTI 其流程，如图 12.13 所示。

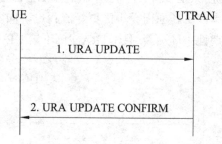

图 12.13　URA 更新过程（没有分配新的 CRNTI 或 URNTI）

具体流程如下：

（1）UE 从 CCCH 向 UTRAN 发起 URA UPDATE 消息。

（2）UTRAN 收到 UE 的 URA UPDATE 消息处理完成后，给 UE 发应答消息 URA UPDATE CONFIRM，并结束 UTRAN 侧本次 URA 更新。UE 收到 URA UPDATE CONFIRM 消息后，结束本次 URA 更新。

如果 URA 更新过程中 UTRAN 给 UE 分配了新的 CRNTI 或 URNTI，则其流程中伴随有 UE 发给 UTRAN 的 RNTI REALLOCATION COMPLETE 消息。

12.4.5.4　系统间切换

WCDMA 支持 UE 在 UTRAN 和现存系统（如 GSM/GPRS）之间进行切换。可以分为网络控制下的切换（如 GSM）和 UE 的小区重选（如 GPRS）两种情况，它们各自又可分为入 UTRAN 和出 UTRAN 两种情况；这里仅以网络控制下的切换入 UTRAN 为例详细介绍流程，这里只介绍 UTRAN 中的信令。

1. 迁入 UTRAN

具体流程如下（见图 12.14）：

（1）CN 用 Relocation Request 消息通知 UTRAN 有 UE 需要迁入；

（2）UTRAN 在准备好资源之后，向 CN 发送 Relocation Request Acknowledge 消息，在这条消息中又带着 Handover To UTRAN Command 消息，由对方系统把 Handover To UTRAN Command 消息发送给 UE；

（3）UE 在成功接入 UTRAN 之后，向 UTRAN 发送 Handover To UTRAN Complete 消息。

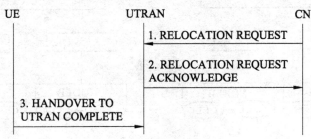

图 12.14 迁入 UTRAN 流程图

12.4.6 SRNS 重定位

RNC 重定位指 UE 的 SRNC 从一个 RNC 变成另一个 RNC 的过程，根据发生迁移时 UE 所处位置的不同可以分为静态迁移和伴随迁移两种情况，或者说 UE 不涉及的（UE Not Involved）和 UE 涉及的（UE Involved）。

12.4.6.1 静态迁移

发生静态迁移的条件是 UE 从一个 DRNC，而且只从一个 DRNC 中接入。由于迁移过程不需要 UE 的参与，所以也称为 UE 不涉及的（UE Not Involved）迁移，下面给出一个存在两条无线链路的例子。发生迁移之后，原来的 DRNC 变成了 SRNC，IUR 接口的连接被释放，IU 接口发生迁移，如图 12.15 所示。

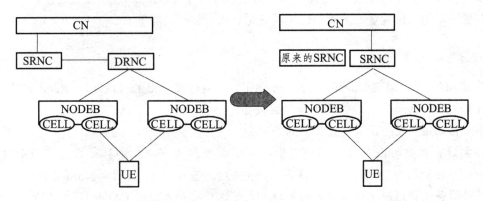

图 12.15 静态迁移过程

在 WCDMA 中由于存在两个 CN 域，如果在发生迁移的时候，UE 和两个域都有连接，那么这两个域必须同时迁移。

12.4.6.2 伴随迁移

伴随迁移指 UE 从 SRNC 硬切换到目标 RNC，同时 IU 接口发生变化的过程。由于迁移过程需要 UE 的参与，所以也称之为 UE 涉及的（UE Involved）迁移。其连接变化情况如图 12.16 所示。

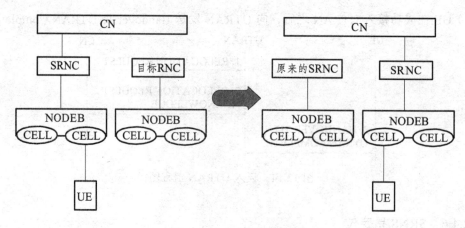

图 12.16　伴随迁移过程

能够完成硬切换的 5 个信令过程都可以用来完成伴随迁移。

12.5　电路域移动性管理

12.5.1　位置更新

位置更新过程是由 HLR、MSC/VLR 等实体之间逻辑配合完成。HLR 记录移动用户当前位置信息和所有用户数据；VLR 记录漫游到由该 VLR 控制位置区的移动用户的相关用户数据；MSC 处理移动用户的位置登记过程，与移动用户对话并与 HLR、VLR 交互信息。

位置更新包括位置登记、周期性位置登记、用户数据删除等。

12.5.1.1　位置登记

执行 MAP 操作里的 Update　Location 操作，可以通过 Update Location Request 消息里的 Update Location Type 来区分不同类型的位置登记。

引起移动用户发生正常位置登记的条件是：

移动设备开机时以及移动用户发生漫游引起位置改变。其中移动设备开机时 Update Location Type 指示为 IMSI Attach，漫游时 Update Location Type 指示为 Normal Updating。

移动设备主要是通过自身记录的 LAI 与收到的广播消息里的 LAI 对比，相同则发起 IMSI Attach 过程，不同则发起 Normal Updating 操作。

12.5.1.2　周期性位置登记

执行 MAP 操作里的 Update Location 操作，此时 Update Location Request 消息里的 Update Location Type 指示为 Periodic Updating。

通过周期性位置登记（位置更新），PLMN 可以保持追踪移动用户当前的状态，特别是保持长时间没有操作的用户与网络的联系。位置更新时间周期和保护时间可以由 PLMN 运营商根据具体话务和用户习惯来设定调整。

12.5.1.3　用户数据删除

执行 MAP 操作里的 Cancel Location 操作。

指将用户记录从 VLR 中删除，包括用户漫游产生的用户数据删除、用户长时间无操作引起的用户数据删除以及系统管理员对无效用户记录所进行的删除。

用途是位置更新时 HLR 删除前 VLR 的用户信息，或用户数据修改引发的独立位置删除，以及操作人员删除用户位置信息。

如图 12.17 所示是一个典型的位置更新流程图，基本包含了上述三个过程。

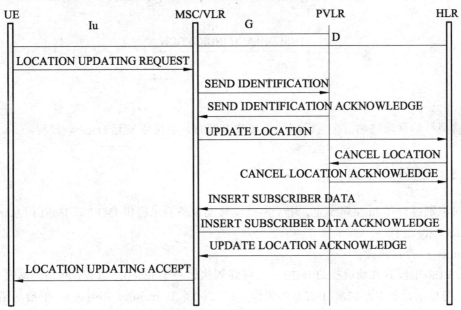

图 12.17　位置更新流程图

MSC/VLR 接收到用户用 TMSI 发起的位置更新请求后，如果 TMSI 不认识：

（1）若携带的前位置信息为临近 VLR 的位置区，则发起向 PVLR 取识别的流程，参见图 12.17 中的 SEND IDENTIFICATION 流程；

（2）若前位置区为非临近 VLR 的位置区或者到 PVLR 取识别失败，则发起要求手机提供 IMSI 的流程，图 12.17 中没有列出该流程，要求手机提供 IMSI 的流程参见下面章节。

如果用户在本 VLR 首次位置登记，则发起到 HLR 的位置更新请求。否则直接进入 LOCATION UPDATING ACCEPT 流程。

HLR 接收到 MSC/VLR 的位置更新请求后，发现如果用户漫游 的 MSC/VLR 号码发生改变，向 PVLR 发起位置删除流程，删除 PVLR 中的用户信息。

如果漫游拒绝，HLR 直接向 MSC/VLR 发出携带拒绝信息的位置更新响应；否则首先向 MSC/VLR 插入用户数据，然后根据插入用户数据的结果，判断是下发位置更新接收还是位置更新拒绝。

12.5.2　分　离

分离过程即移动用户关机，UE 发起 IMSI Detach 的过程，MSC/VLR 置用户状态为 IMSI

分离。值得注意的是该过程不通知 HLR。这和 Purge 过程不同，因为在 HLR 中是没有用户 Detach/Attach 状态指示位的，但是 Purge 有，这可以参见后面对于 Purge 操作的详细描述。

如果该用户做被叫，则 HLR 会通过 Provide Roaming Number 过程到 VLR 取漫游号码，此时因为用户为 Detach 状态，所以取 Roaming Number 失败，返回原因值为 Absent Subscriber，主叫 MSC 根据该原因值给主叫 UE 放用户已关机提示音。

流程图如图 12.18 所示。

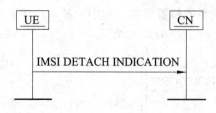

图 12.18　关机流程图

有些型号的移动终端，在通话期间直接关电源时，也可以发起 Detach 过程。

12.5.3　身份识别

身份识别过程在 Iu 接口发生，用于网络向移动设备要求提供 IMEI 或 IMSI 信息，身份识别执行 Identity 过程。

Identity 过程有两种：

（1）VLR 里没有移动设备的 IMEI 时，将强制执行一个 Identity 过程，网络侧通过 Identity Request 向移动设备发起请求 IMEI 的操作，移动设备在 Identity Response 里给网络侧提供 IMEI。

典型的情况有用户的第一次位置更新、VLR 记录的用户 IMEI 无效（注意由于目前没有使用 IMEI 鉴权，所以不会影响用户使用）。

（2）由于位置更新时 TMSI 不识别，将强制执行一个 Identity 过程，网络侧通过 Identity Request 向移动设备发起请求 IMSI 的操作，移动设备在 Identity Response 里给网络侧提供 IMSI，如图 12.19 所示。

典型的情况有用户漫游到不使用 TMSI 的区域等。

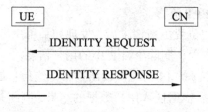

图 12.19　IDENTITY 流程图

12.5.4　用户清除

用户清除就是 VLR 发起移动用户删除过程，即 MAP 的 PurgeUE 过程，用于 VLR 向 HLR

报告 VLR 的用户删除操作。和上一节的 IMSI Detach 过程不同，PurgeUE 过程要通知 HLR，收到 PurgeUE 消息以后，在 HLR 中将把该用户的 UE Purge Flag 标志置位，指示该用户已经在 VLR 中清除了。

如果该用户做被叫，则当主叫 UE 通过 Send Routing Information 过程到 HLR 时，HLR 会查询 UE Purge Flag 标志，由于是置位状态，所以 HLR 将会给 MSC 返回 Absent Subscriber 的失败原因值，主叫 MSC 根据该原因值给主叫 UE 放用户已关机提示音，如图 12.20 所示。该过程没有 HLR 到 VLR 的 Provide Roaming Number 操作。

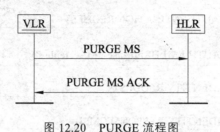

图 12.20　PURGE 流程图

12.5.5　鉴权流程

一个成功的鉴权过程可以用流程图来表示，如图 12.21 所示。

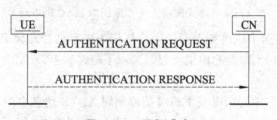

图 12.21　鉴权成功

鉴权流程由网络侧发起，其目的是：由网络来检查是否允许终端接入网络；提供鉴权参数五元组中的随机数数组，供终端计算出加密密钥（CK）；同时，供终端计算出与网络侧进行一致性检查的密钥（IK）；最后一个目的是可以提供终端对网络的鉴权。

与 GSM 的鉴权流程相比，3G 的鉴权流程增加了一致性检查的功能及终端对网络的鉴权功能。这些功能使 3G 的安全特性有了进一步的增强。

网络侧在发起鉴权前，如果 VLR 内还没有鉴权参数五元组，此时将首先发起到 HLR 取鉴权集的过程，并等待鉴权参数五元组的返回。鉴权参数五元组的信息包含 RAND、XRES、AUTN、CK 和 IK。

在检测到鉴权参数五元组的存在后，网络侧下发鉴权请求消息。此消息中将包含某个五元组的 RAND 和 AUTN。用户终端在接收到此消息后，由其 USIM 验证 AUTN，即终端对网络进行鉴权，如果接受，USIM 卡将利用 RAND 来计算出 CK 与 IK 和签名 XRES。如果 USIM 认为鉴权成功，在鉴权响应消息中将返回 XRES。

网络侧在收到鉴权响应消息之后，比较此鉴权响应消息中的 XRES 与存储在 VLR 数据库中的鉴权参数五元组的 XRES，确定鉴权是否成功：成功，则继续后面的正常流程；不成功，则会发起异常处理流程，释放网络侧与此终端间的连接，并释放被占用的网络资源、无线资源。

在成功的鉴权之后，终端将会把 CK（加密密钥）与 IK（一致性检查密钥）存放到 USIM 卡中。

有些情况下，终端会在收到鉴权请求消息后，上报鉴权失败！典型的鉴权失败的原因有下面两种：

（1）手机终端在对网络鉴权时，检查由网络侧下发的鉴权请求消息中的 AUTN 参数，如果其中的 "MAC" 信息错误，终端会上报鉴权失败消息，原因值为 MAC Failure，如图 12.22 所示。

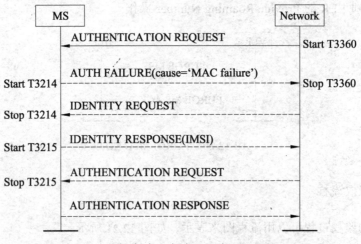

图 12.22　鉴权失败（失败原因为 MAC Failure）

此时，网络侧将根据手机终端上报的用户标识来决定是否发起识别过程。如果当前的标识为 TMSI（或 P-TMSI），则发起识别流程，要求手机终端上报 IMSI 信息。然后再次发起鉴权流程。

（2）另外一种鉴权失败的情况是手机终端检测到 AUTN 消息中的 SQN 的序列号错误，引起鉴权失败，原因值为：Synch failure！（同步失败），如图 12.23 所示。

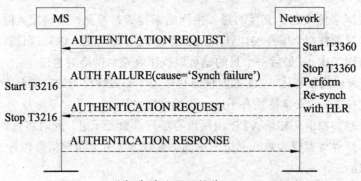

图 12.23　鉴权失败（原因值为 Synch failure）

此时，网络侧的 VLR 将删除所有鉴权参数 5 元组，并发起到 HLR 的同步过程，要求 HLR 重新插入鉴权参数五元组，然后再开始鉴权过程。

12.5.6　安全模式控制

安全模式控制过程是由网络侧用来向无线接入网侧发送加密信息的如图 12.24 所示。在此过程中，核心网的网络侧将与无线接入网协商对用户终端进行加密的算法，使得用户在后续的业务传递过程中使用此加密算法；并且在终端用户发生切换后，尽可能的仍使用此加密算法——即用于加密的有关参数会送到切换的目的 RNC。

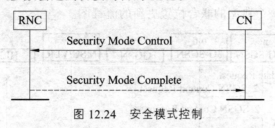

图 12.24　安全模式控制

12.5.7　TMSI 重分配

TMSI，临时移动用户识别码，是由和临时分配给指定用户的一串数字（4 个 BYTE）组成。TMSI 由 MSC/VLR 管理，一般来说是当用户首次在一个位置区注册时分配给它，并在用户离开该位置区时注销。TMSI 被用来唯一识别一个位置区的移动台，取代 IMSI 在无线信道中传输，从而防止第三方通过窃听无线信道上的信号而识别并跟踪移动用户。所以其主要作用就是增加移动台的安全性。

TMSI 与 IMSI（国际移动终端设备标识）的对应关系存放在管理移动台当前访问位置区的 VLR 中，最新分配的 TMSI 也存放于移动台的 SIM 卡中。所以 TMSI 是 VLR 和 SIM 卡里两处保存的。

TMSI 重分配的实现在用户位置更新和呼叫建立及补充业务等业务过程都可以执行。这在 MSC 的 MAP 功能流程里选择是否执行 TMSI 的重新分配流程即可实现。

在位置更新时进行的 TMSI 重分配流程，是与位置更新接受融合在一起的。其流程图如图 12.25 所示。

图 12.25　位置更新时的 TMSI 重分配

说明：

在移动性管理过程中，鉴权、安全模式控制、TMSI 重分配等几项过程属于可选过程。这些过程可以由网络运营商来决定是否激活或提供。

如 MSC9800 里是通过 MAP 功能流程配置参数来实现的。

12.5.8　联合位置更新

当用户终端所处的位置区与路由区都发生改变时，将发起联合位置更新过程：同时在 CS 域、PS 域发起位置更新。网络侧的 CS 域与 PS 域通过 Gs 接口相连（核心网的电路域、分组域分离组网时，下面的描述中将用 MSC 来代表 CS 域，SGSN 来代表 PS 域）。Gs 接口采用

No.7 信令上中的 BSSAP+协议，借助 Gs 接口，CS 域和 PS 域可互相更新数据库里保存的移动台的位置信息，这样可减少空中信令，而且有助于 MSC 通过 Gs 接口寻呼到正在进行 GPRS 业务的 B 类手机。

如图 12.26 所示是一个典型的联合位置更新的流程图。

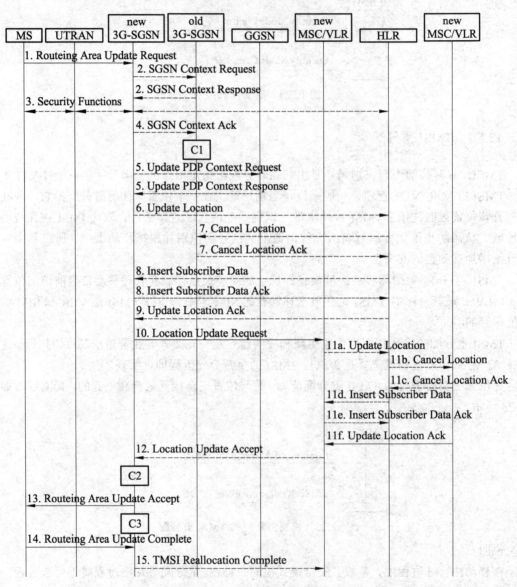

图 12.26　联合位置更新

SGSN 接收到手机的路由区更新请求后，如果需要则发起到 HLR 的位置更新。

如果 SGSN 和 MSC/VLR 之间配置有 Gs 接口，则 SGSN 发起到 MSC/VLR 的联合位置更新，否则直接下发路由区更新接受。

MSC/VLR 接收到 SGSN 的位置更新请求后，执行 MSC/VLR 的位置更新处理和并记录关联数据。

MSC/VLR 接收到 HLR 的位置更新接受后，通过 Gs 接收向 SGSN 发出位置更新接受消息。

SGSN 接收到 MSC/VLR 的位置更新接受消息后，置关联数据，下发路由区更新接受。如果进行了 TMSI 重分配，则 SGSN 把手机上报的 TMSI 重分配完成转发给 MSC/VLR 完成联合位置更新流程。

12.6 分组域移动性管理流程

12.6.1 MM 功能概述

移动性管理（MOBILITY MANAGEMENT）的主要作用就是为了在本 PLMN 或是其他 PLMN 中，对用户的当前位置进行跟踪。比如用户想登录到 GPRS 网络，就必需首先执行附着（ATTACH）过程（它移动性管理的一个基本流程），使之相关信息在核心网络中进行注册。MM 和会话管理 SM(SESSION MANAGEMENT)、短消息 SMS(SHORT MESSAGE SERVICES）共同组成了 3GPP 协议中的连接层，在 UMTS 系统中，MM 处于 RANAP 层之上，为 SM 和 SMS 提供信令传送。它的其他功能还包括用户的分离、安全流程、路由区更新、位置更新等。

1. GMM/PMM

GMM：GPRS Mobility Management，GPRS 移动性管理（主要用来区别于 CMM Circuit Mobility Management）。

PMM：Packet Mobility Management，分组移动性管理。

在这里，我们可以简单认为 GMM 和 PMM 分别指的是 GSM 和 UMTS 系统中的移动性管理，本文主要介绍 UMTS 系统中分组域的移动性管理特性。

2. RANAP

Radio Access Network Application Part，无线接入网络应用部分。RANAP 协议层封装、传输更高层的信令，处理 3G-SGSN 和 UTRAN 之间的信令，管理 IU 接口的 GTP 连接。

3. MM CONTEXT

MM 的用户上下文，包括了用户签约数据、鉴权集。

GMM 在协议栈中的位置如图 12.27 所示。

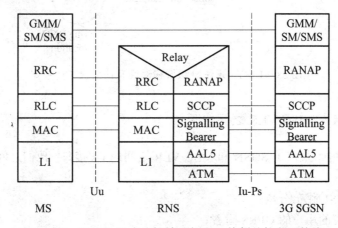

图 12.27 UMTS 系统分组域手机和网络侧的控制面协议

12.6.2 移动性管理状态

UMTS 系统中的分组移动性管理的状态可以分为：PMM-DETACHED、PMM-IDLE、PMM-CONNECTED。

1. PMM DETACHED State

在该状态下，MS 和 3G-SGSN 之间没有通信，没有有效的位置信息和路由信息。MS 不可达，MS 位置不可知。

2. PMM IDLE State

MS 位置可知，但处于空闲状态。

3. PMM CONNECTED State

MS 位置可知，PS 信令连接已经被建立。

具体 PMM 的状态迁移关系描述如图 12.28 所示。从图中，我们还可以看出移动性管理处在连接态，会话管理可以处在激活态或者非激活态；移动性管理处在空闲态，会话管理可以处在激活态或者非激活态。也就是说 MM 状态只与 GPRS 的移动性管理活动有关，和 PDP 上下文的状态、数量没有任何联系。

注：在某种错误影响下，可能出现 MS 和网络侧的状态不同步，通过路由更新过程就可以实现同步。

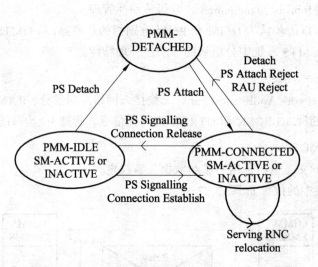

图 12.28　UMTS 系统分组域移动性管理的状态迁移图

12.6.3 SGSN 和 MSC/VLR 之间的联系

在 UMTS 系统中，规定了 SGSN 和 MSC/VLR 之间的 Gs 接口。他们之间的关联关系会通过以下的过程建立：

联合 GPRS/IMSI 附着/分离；

已经 IMSI 附着的用户的 GPRS 附着；

已经 GPRS 附着的用户的 IMSI 附着（发生的是联合路由区更新）。

建立了 Gs 接口的联系后，系统便可以进行以下流程：

1. 电路域寻呼（CS Paging）

对于一个联合附着的用户，MSC/VLR 可以通过 SGSN 发送电路域寻呼。

2. 非 GPRS 业务提醒（Non-GPRS Alert）

MSC/VLR 要求 SGSN 通知 MSC/VLR 手机的活动情况，会将非 GPRS 业务提醒标志（NGAF）置位，SGSN 移动性管理一旦发现该用户活动，立刻通知 MSC/VLR，然后清除 NGAF。

3. MS 信息过程（MS Information Procedure）

MSC/VLR 需要用户的身份信息和位置信息时，可以通过 Gs 接口从 SGSN 本地获得或通过 SGSN 下发信息请求，取得 MSC/VLR 所需信息。

4. MM 信息过程（MM Information Procedure）

MSC/VLR 可以通过 SGSN 将网络信息发送给用户，SGSN 会将信息下传。

12.6.4　联合的 GPRS / IMSI 附着过程

（1）用户通过发送附着请求消息发起附着流程，如图 12.29 所示。用户在附着请求消息中携带有 IMSI or P-TMSI and old RAI，Attach Type，old P-TMSI Signature，Follow On Request 等参数，如果用户没有合法的 P-TMSI，用户会带上 IMSI；如果用户有合法的 P-TMSI，用户应该使用 P-TMSI 和配对的路由区标识，同时如果具有 P-TMSI 签名，也应该带上。附着类型指示用户请求执行何种附着过程，即 GPRS 附着、联合附着以及已经 IMSI 附着的 GPRS 附着。SGSN 可以根据 Follow On Request 指示，决定在附着结束后，是否释放同用户的分组业务信令连接。

（2）如果用户使用 P-TMSI 附着，并且自上次附着改变了 SGSN，新 SGSN 应该发送身份识别请求给老的 SGSN，带上用户的 P-TMSI 和相应的路由区标识，以及老的 P-TMSI 签名，如果有的话。老 SGSN 回应身份识别响应消息，包含用户的 IMSI 和鉴权集。如果用户在老 SGSN 未知，老 SGSN 回应消息带上相应的原因值；如果用户的 P-TMSI 和签名不匹配，老 SGSN 回应消息带上相应的原因值。

（3）如果用户在老 SGSN 为未知，新 SGSN 应该发起身份识别请求给用户，身份类型指示 IMSI，用户应该报告自己的 IMSI 给 SGSN。

（4）如果用户的移动性管理上下文在网络侧不存在，鉴权过程是必须的。如果将要重分配 P-TMSI，并且网络支持加密，加密模式应该被设置。

（5）移动台设备检查功能定义在身份检查流程中，此功能现均不实现。

（6）如果 SGSN 号码自从上次分离后发生改变，或者是用户的第一次附着，SGSN 应该通知 HLR。具体过程如下：

SGSN 发送一条 UpdateLocation 消息（带有 SGSN 号码、SGSN 地址、IMSI）给 HLR；HLR 发送 Cancel Location（带有 IMSI、取消类型）消息给老的 SGSN 同时置取消类型为 Update Procedure；老 SGSN 以 Cancel Location Ack（带有 IMSI）消息确认收到 HLR 的 Cancel Location；HLR 发送插入用户签约数据消息（带有 IMSI、GPRS 签约数据）给新 SGSN；新 SGSN 证实用户存在于新的路由区中，如果用户签约数据限制用户在此路由区附着，SGSN 应该拒绝用户的附着请求，带以恰当的原因值，同时可以回应插入签约数据确认消息给 HLR。如果签约数据检查由于其他原因失败，SGSN 应该拒绝用户附着请求，带上合适的原因值，同时回应 HLR 插入签约数据确认消息（带有 IMSI、原因值）。如果所有签约数据检查通过，SGSN 为用户构造 MM 上下文，同时回应 HLR 插入签约数据确认消息（带有 IMSI）。HLR 在删除旧的 MM 上下文和插入新的 MM 上下文完成后，发送 Update Location Ack 消息给 SGSN 确认 SGSN 的 Update Location 消息。如果 Update Location 被 HLR 拒绝，SGSN 带上合适的原因值拒绝用户的附着请求。

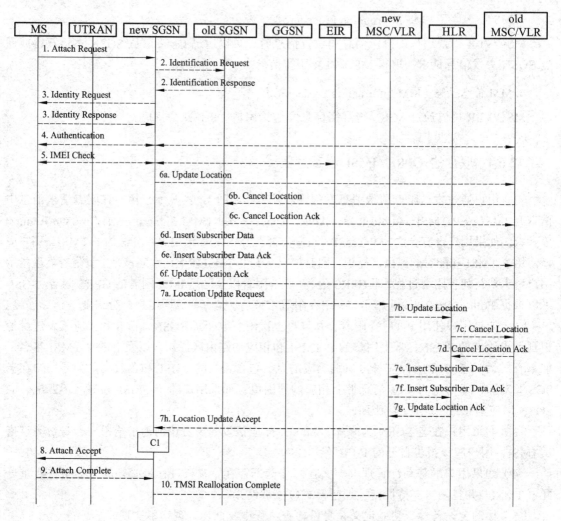

图 12.29　附着流程图

注：图 12.29 中的 C1 为 CAMEL 点，可触发或进行智能业务。本章以下流程图中出现的 C1、
　　C2、C3 等均为 CAMEL 点，不再注释。

（7）如果在步骤（1）中的附着类型指示已经 IMSI 附着的用户进行 GPRS 附着，或者联合附着，而且配置了 Gs 接口，那么 VLR 应该被更新。VLR 号码可以从路由区信息导出，即收到 HLR 的第一次插入用户签约数据消息时，就可以开始 Location Update 流程，这将导致用户在 VLR 中被标记上 GPRS 附着。

（8）SGSN 选择 Radio Priority SMS，发送附着接受消息（带有 P-TMSI、VLR 号码、TMSI、P-TMSI 签名、Radio Priority SMS）给用户。如果重新分配了 P-TMSI，应该在消息中带上。

（9）如果 P-TMSI 或者 TMSI 改变，用户以附着完成消息给 SGSN 确认新分配的 TMSI。

（10）如果 TMSI 发生改变，SGSN 发生 TMSI 重分配完成消息给 VLR 以确认重分配的 TMSI。

如果附着请求不能被接受，SGSN 回送附着拒绝消息（带有 IMSI、Cause）给用户。

12.6.5　分离功能

分离过程包括 MS 发起的、SGSN 发起的和 HLR 发起的分离过程（本文只介绍 MS 发起和 SGSN 发起的分离过程）。

12.6.5.1　MS 发起的分离

MS 发起的分离过程如图 12.30 所示。

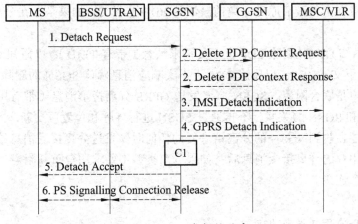

图 12.30　MS 发起的分离

（1）用户发送分离请求消息（带有 Detach Type，P-TMSI，P-TMSI Signature，Switch Off）给 SGSN，从而发起分离流程。Detach Type 指示将要进行何种类型的分离流程，即 GPRS 分离、IMSI 分离、联合分离。Switch Off 指示用户的分离是否是因为关机。分离请求消息带有用户的 P-TMSI 和 P-TMSI 签名，签名是用来检查用户分离消息的合法性的。如果用户的签名不合法或者没有带，SGSN 应该发起鉴权。

（2）如果是 GPRS 分离，存在于 GGSN 中属于该用户的激活的 PDP 上下文的去活，是通过 SGSN 向 GGSN 发送删除 PDP 上下文请求消息（带有 TEID）来实现的。GGSN 以删除 PDP 上下文响应消息予以确认。

（3）如果是 IMSI 分离，SGSN 应该发送 IMSI 分离指示消息给 VLR。

（4）如果用户需要在 GPRS 分离同时保留 IMSI 附着，SGSN 应该发送 GPRS 分离指示消息给 VLR。VLR 删除和 SGSN 的关联，并且不再通过 SGSN 发起寻呼和 Location Update。

（5）如用户不是因为关机发起分离，SGSN 应该回应分离接受消息给用户。

（6）如果用户发起 GPRS 分离，SGSN 释放 PS 域信令连接。

12.6.5.2 SGSN 发起的分离

SGSN 发起的分离过程如图 12.31 所示。

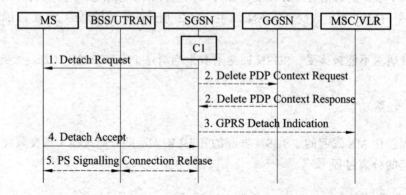

图 12.31 SGSN 发起的分离过程

（1）SGSN 以分离请求消息（带有分离类型）通知用户已经被分离。分离类型指示用户是否被要求重新附着和重新激活原先分离前激活的 PDP 上下文。如果是，在分离完成后，附着流程将会发起。

（2）SGSN 通知 GGSN 删除 PDP 上下文请求消息（带有 TEID），以通知 GGSN 去活该用户激活的 PDP 上下文。GGSN 以删除 PDP 上下文响应消息确认 SGSN 的删除请求。

（3）如果用户是联合附着，SGSN 应该发送 GPRS 分离指示消息（带有用户 IMSI）通知 VLR。VLR 去除和 SGSN 的关联，不再通过 SGSN 进行寻呼和位置区更新。

（4）用户可能在收到 SGSN 的分离请求后的任何时候发送分离接受消息给 SGSN。

（5）在收到用户的分离接受消息后，如果分离类型不要求用户重新附着，那么 SGSN 将释放分组域的信令连接。

12.6.6 安全流程（鉴权加密）

鉴权加密如图 12.32 所示。

图 12.32 鉴权加密

（1）如果 SGSN 没有以前存储的 UMTS 五元鉴权组，向 HLR 发出一条发送鉴权信息（IMSI）消息。收到此消息，HLR/AUC 以鉴权信息确认消息给予回应，包含顺序排放的五元组。每一个五元组包含 RAND、XRES、AUTN、CK 和 IK。五元鉴权组的产生见 3G TS 33.102。

（2）在对 UMTS 用户进行鉴权时，SGSN 选择下一组五元组并且包含属于这个五元组的 RAND 和 AUTN 于鉴权和加密请求消息中给用户。SGSN 还选择一个 CKSN 包含于消息中。

（3）在收到这个消息时，用户手机中的 USIM 验证 AUTN，如果接受，根据协议 33.102 计算出 RAND 的签名 RES。如果 USIM 认为鉴权成功，用户返回鉴权和加密响应消息（RES）给 SGSN。同时，手机中的 USIM 也计算出 CK、IK，这些密钥同 CKSN 一起保存，直到 CKSN 在下一次鉴权后被更新。

如果 USIM 认为鉴权不成功，例如鉴权同步错误，用户返回鉴权和加密失败消息给 SGSN。

12.6.7 位置管理功能（路由区更新）

路由区更新流程如图 12.33 所示。

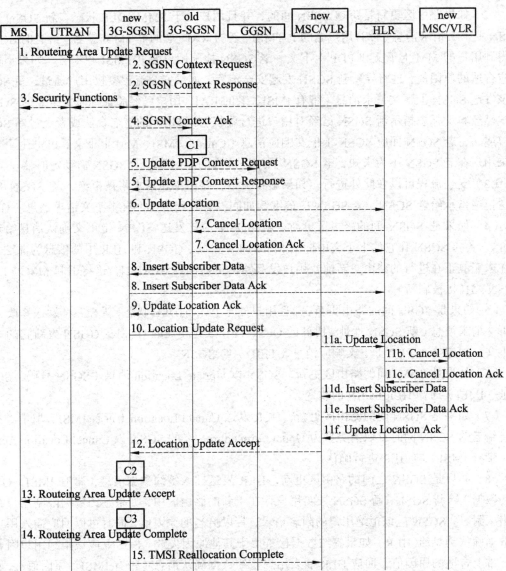

图 12.33 路由区更新

（1）如果没有 RRC 连接，先建立 RRC 连接。用户发送路由区更新请求消息（带有 P-TMSI、老 RAI、老 P-TMSI 签名、路由更新类型、跟随请求等）给新的 SGSN。如果用户有上传的信令或数据，跟随请求应该被置上。作为实现上的选择，SGSN 可以根据跟随请求标志，决定在路由更新流程结束后是否释放 Iu 连接。路由区更新类型应该指示：

路由区更新——如果流程因为路由区改变引起；

周期性路由区更新——如果流程因为周期性路由区更新定时器超时引起；

联合路由区更新——如果用户是 IMSI 附着的，并且位置区更新应该在网络操作模式 I 情况下进行；

联合路由区更新伴随 IMSI 附着——如果用户想要在网络操作模式 I 下进行 IMSI 附着；

服务 RNC 应该在将消息转发给 SGSN 前加上用户所在位置所属的路由区标识（包括路由区编码和位置区编码）。

（2）如果路由区更新是跨越 SGSN 间的，并且用户处于 PMM-IDLE 状态，新 SGSN 发送 SGSN 上下文请求消息（带有用户老的 P-TMSI、老的 RAI、老的 P-TMSI 签名）给老的 SGSN，以得到用户的 MM 上下文和 PDP 上下文。老 SGSN 检验用户的 P-TMSI 和签名，如果不匹配回应合适的原因值，这将导致新 SGSN 发起安全流程。如果安全流程鉴权用户通过，新 SGSN 应该发送 SGSN 上下文请求消息（带有 IMSI、老的 RAI、用户已经验证标志）给老的 SGSN。用户已经验证标志指示新 SGSN 已经对用户进行鉴权。如果用户的签名合法或者经过新 SGSN 鉴权成功，老 SGSN 回应 SGSN 上下文响应消息（Cause、IMSI、MM 上下文、PDP 上下文）。如果用户在老 SGSN 中为未知，老 SGSN 回应以适当的原因值。老 SGSN 启动定时器。

（3）安全流程可以在此处进行。如果鉴权失败，路由更新请求将被拒绝，新 SGSN 应该发送拒绝指示给老 SGSN。老 SGSN 应该继续如同没有收到过 SGSN 上下文请求消息一样。

（4）如果是 SGSN 间的路由区更新，新 SGSN 应该发送 SGSN 上下文确认消息给老的 SGSN。老的 SGSN 在它的上下文中标记 MSC/VLR 关联、GGSN 和 HLR 中的信息为非法。如果在未完成正在进行的路由更新前，用户发起路由更新回到老 SGSN，这将引起 MSC/VLR、GGSN、HLR 被刷新。

（5）如果是 SGSN 间的路由更新，并且用户处于 PMM-IDLE 状态，新 SGSN 发送修改 PDP 上下文请求消息（新 SGSN 地址、协商的 QoS、TEID）给相关的 GGSN。GGSN 更新它的 PDP 上下文，回应修改 PDP 上下文响应消息（TEID）给 SGSN。

（6）如果是 SGSN 间的路由区更新，SGSN 以 Update Location 消息（SGSN 号码、SGSN 地址、IMSI）通知 HLR SGSN 的改变。

（7）如果是 SGSN 间的路由区更新，HLR 发送 Cancel Location（带有 IMSI、取消类型）消息给老的 SGSN 同时置取消类型为 Update Procedure。老的 SGSN 以 Cancel Location Ack 消息（带有 IMSI）向 HLR 进行确认。

（8）如果是 SGSN 之间的路由区更新，HLR 发送插入签约数据消息（带有 IMSI、GPRS 签约数据）给新 SGSN；新 SGSN 证实用户存在于新的路由区中，如果签约数据限制用户在此路由区附着，SGSN 应该拒绝用户的附着请求，带以恰当的原因值，同时可以回应插入用户签约数据确认消息给 HLR。如果签约数据检查由于其他原因失败，SGSN 应该拒绝用户附着请求，带上合适的原因值，回应 HLR 插入用户签约数据确认消息（带有 IMSI、原因值）。如果所有签约数据检查通过，SGSN 为用户构造 MM 上下文，回应 HLR 插入用户签约数据确认消息（带有 IMSI）。

（9）如果是 SGSN 间的路由区更新，HLR 在删除旧的 MM 上下文和插入新的 MM 上下文完成后，发送 Update Location Ack 消息给 SGSN 确认 SGSN 的 Update Location 消息。

（10）如果路由更新类型是联合路由更新伴随 IMSI 附着，或者位置区发生改变，SGSN 和 VLR 之间的关联必须建立。新 SGSN 发送 Location Update Request 消息（带有新的位置区标识、IMSI、SGSN 号码、位置区更新类型）给 VLR。如果路由区更新类型是联合路由区更新伴随 IMSI 附着，位置区更新类型应该指示 IMSI 附着。否则，位置区更新类型应该指示正常位置区更新。VLR 的号码是通过以 RAI 查询 SGSN 中的表得到。SGSN 在上面的步骤 8，即收到 HLR 的第一次插入用户签约数据消息时，就可以开始 Location Update 流程。通过存储 SGSN 号码，VLR 创建或者更新同 SGSN 的关联。

（11）如果在 VLR 中的用户签约数据被标记为未被 HLR 证实，新 VLR 将通知 HLR。HLR 删除老的 VLR 的数据，插入用户签约数据到新的 VLR。

（12）新 VLR 分配新的 TMSI，回应 Location Update Accept（带有 VLR 号码、TMSI）消息给 SGSN，如果 VLR 没有改变，TMSI 分配是可选的。

（13）新 SGSN 证实用户存在于新的路由区中，如果签约数据限制用户在此路由区附着或者签约数据检查失败，SGSN 应该拒绝用户附着请求，带上合适的原因值。如果所有签约数据检查通过，SGSN 为用户构造 MM 上下文。新 SGSN 回应用户路由更新接受消息（带有 P-TMSI、VLRTMSI、P-TMSI 签名）。

（14）用户以附着完成消息给 SGSN 确认新分配的 TMSI。

（15）如果 TMSI 发生改变，SGSN 发生 TMSI 重分配完成消息给 VLR 以确认重分配的 TMSI。

如果附着请求不能被接受，SGSN 回送附着拒绝消息（带有 IMSI、Cause）给用户。

注：步骤（11）、（12）和（15）仅当步骤（10）发生时才发生。

12.6.8　服务请求

手机发起的服务请求，如图 12.34 所示。

（1）如果没有 CS 通路，MS 建立 RRC 连接。

（2）MS 发送 Service Requset（P-TMSI，RAI，CKSN，Service Type）消息给 SGSN。服务类型定义了所需要的服务。服务类型是数据和信令中的一个。此时，SGSN 可能会发起一个鉴权过程。

如果服务类型指明是数据：那么 MS 和 SGSN 之间的信令连接将被建立，同时为激活的 PDP 预留资源。

如果服务类型指明是信令：那么为上层信令传送的 MS 和 SGSN 之间的信令连接将被建立。

（3）如果 MS 在 PMM-IDLE 状态发起服务请求，SGSN 将发起安全流程。

（4）如果网络侧在 PMM-CONNECTED 状态，服务类型是数据；如果 SGSN 接受服务请求，SGSN 将回应 Service Accept 消息给 MS，如果指明是数据类型，SGSN 发送 Radio Access Bearer Assignment Request （NSAPIRAB ID（s），TEID（s），QoS Profile（s），SGSN IP Address（es））消息重建无线接入承载给每一个激活的 PDP 上下文。

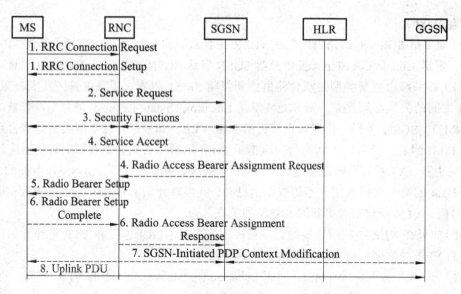

图 12.34　手机发起的服务请求

（5）RNC 指示 MS 已经建立新的无线接入承载标识和相应的 RAB ID。

（6）SRNC 发送消息 Radio Access Bearer Assignment Response（RAB ID（s）、TEID（s）、QoS Profile（s）、RNC IP Address（es））消息响应。GTP 隧道已经在 Iu 接口上建立，如果 RNC 回应 Radio Access Bearer Assignment Response 消息，其中的原因值指明无法提供要求的 QoS，"Requested Maximum Bit Rate not Available"，那么 SGSN 将会再发送一个 Radio Access Bearer Assignment Request 消息带有不同的 QoS。重试的次数和新 QoS 的值与实现相关。

（7）对每一个 RAB 重建修改了的 QoS，SGSN 发起一个 PDP 上下文修改过程通知 MS 和 GGSN 新的协商过的 QoS。

（8）MS 发送上行包。

服务接受消息并不意味着 RAB（s）重建成功。

无论任何服务类型，如果服务请求不能被接受，网络侧将会回应一个服务拒绝消息并带上合适的原因给 MS。

当服务类型为数据时，如果 SGSN 重建 RAB（s）失败，SGSN 将会发起修改过程或者将 PDP 激活，具体情况根据 QoS 协商决定。

网络侧发起的服务请求，如图 12.35 所示。

（1）SGSN 收到处在 PMM-IDLE 的 MS 的下行 PDP PDU。

（2）SGSN 发送寻呼消息给 RNC，RNC 寻呼通过发送寻呼消息寻呼 MS。

（3）如果没有 CS 通路 MS 建立 RRC 连接。

（4）MS 发送 Service Request（P-TMSI，RAI，CKSN，Service Type）消息给 SGSN。服务类型为寻呼响应。此时，SGSN 可能发起一个鉴权。SGSN 知道下行包是否需要 RAB 重建。

（5）SGSN 指定加密模式。

（6）如果 PDP 上下文的资源重建，SGSN 发送 Radio Access Bearer Assignment Request（RAB ID（s）、TEID（s）、QoS Profile（s）、SGSN IP Address（es））消息给 RNC。RNC 发送 Radio Bearer Setup（RAB ID（s））消息给 MS。MS 发送 Radio Bearer Setup Complete 消息

给 RNC。RNC 发送 Radio Access Bearer Assignment Response（RAB ID（s）、TEID（s）、RNC IP Address（es））消息给 SGSN，指明 GTP 隧道已经建立在 Iu 接口，并且无线接入承载已经在 RNC 和 MS 之间建立。如果 RNC 回应的 Radio Access Bearer Assignment Response 消息中的原因值是要求的 QoS 无法提供 "Requested Maximum Bit Rate not Available"，那么 SGSN 将发送新的 Radio Access Bearer Assignment Request 消息携带不同的 QoS。重试的次数与新的 QoS 参数和产品实现相关。

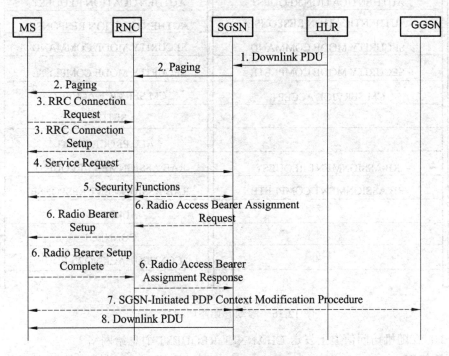

图 12.35　网络侧发起的服务请求

（7）对于每一个 RAB 重建修改 QoS，SGSN 会发起一个 PDP 上下文修改过程通知 MS 和 GGSN 新的 QoS。

（8）SGSN 发送下行包。

如果服务类型为寻呼响应，MS 在收到 RRC 的安全模式控制消息后，认为服务请求已经被 SGSN 成功的收到了。

如果 SGSN 重建 RAB（s）失败，SGSN 将会发起一个修改过程。

12.7　呼叫控制

12.7.1　移动起始呼叫建立

当 UE 想发起一个呼叫时，UE 要使用无线接口信令与网络建立通信，并发送一个包含有被叫用户号码的消息，即 Iu 接口上的 SETUP 消息。CN 将建立一个到该 UE 的通信信道，并使用取到的被叫方 UERN 创建一个 IAM/IAI 消息发送到被叫方（值得注意的是本局内呼叫无

IAM/IAI，该消息只存在于 E 接口），如图 12.36 所示。

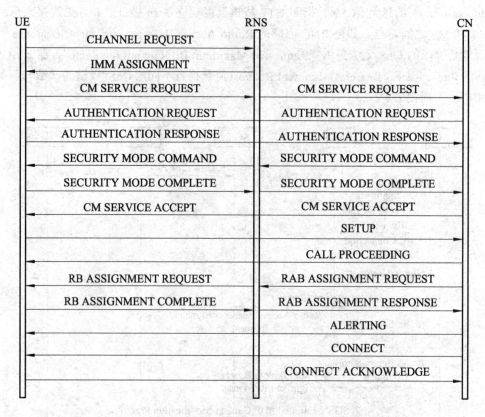

图 12.36　移动起始呼叫建立过程

（1）UE 在随机访问信道上发送 CHANNEL REQUEST 消息给网络。

（2）网络回应 IMMEDIATE ASSIGNMENT 消息，使得 UE 可占用指定的专用信道。

（3）UE 向 CN 发初始服务请求消息 CM SERVICE REQUEST。

（4）网络将发起鉴权和加密过程。

（5）在发送 SECURITY MODE COMPLETE 消息之后，UE 通过发送 SETUP 消息给移动台而发起呼叫的建立过程。

（6）网络将回 CALL PROCEEDING 消息。

（7）对于早指配，在网络发起固定网络的呼叫建立之前要为 UE 分配一个通信信道。

（8）当被叫振铃时，网络收到被叫的振铃消息 ALERTING 以后，则要向主叫 UE 发一个 ALERTING 消息，同时给主叫送回铃音。

（9）当被叫方应答后，将发送一个 CONNECT 消息给网络，网络再将其传给主叫侧。

（10）当从主叫 UE 回 CONNECT ACKNOWLEDGE 消息之后即完成了呼叫建立的过程。

12.7.2　移动终止呼叫的建立

移动终止呼叫用于移动用户做被叫时的情况，此时由网络发起呼叫的建立过程，如图 12.37 所示。

若 CN 收到 IAM/IAI 消息或在本局内取到 MSRN 以后，如果允许该到来的呼叫建立，则 CN 要使用无线接口信令寻呼 UE。当 UE 以 PAGING RESPONSE 消息回应，CN 收到后即建立一个到 UE 的通信信道。

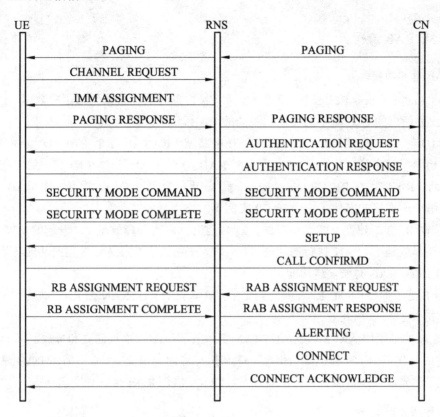

图 12.37 移动终止建立过程

（1）CN 向 RNS 发送一个 PAGING 消息，RNS 在寻呼信道上广播该寻呼消息。可以参考 6.6.4 的寻呼过程。

（2）被叫 UE 监测到该寻呼，将向 RNS 发送一个信道请求，RNS 回应立即指配命令，指示 UE 使用指定的信令信道。

（3）然后 UE 将在该信令信道上发送一个寻呼响应消息，CN 收到 UE 的寻呼响应消息后，将发起鉴权和加密的安全过程（请注意这两个安全过程是可选的，可以由 MAP 功能流程进行配置）。

（4）CN 将发送 SETUP 消息给 RNS，该消息中包含有该呼叫的承载能力及发起此次呼叫的主叫号码。

（5）当 UE 从 RNS 接收到 SETUP 消息，它将回应一个 CALL CONFIRMED 消息。如果协商的承载能力参数有变化，则该消息中要包含有承载能力信息。

（6）当 CN 从 RNS 接收到 CALL CONFIRMED 消息时，CN 将向 RNS 发送 RAB ASSIGNMENT REQ 消息要求进行无线信道的指配，RNS 将通过向 UE 发指配消息命令 UE 调节到一个指定的通信信道上，UE 调到指定的信道上之后，将向 RNS 发送指配完成消息。

（7）RNS 向 CN 发 RAB ASSIGNMENT RESPONSE 消息。

（8）UE 发送 ALERTING 消息指示被叫用户振铃。

（9）当被叫用户应答时，被叫 UE 将发送一个 CONNECT 消息经过 RNS 到 CN。

（10）CN 将给 UE 回应 CONNECT ACKNOWLEDGE 消息，呼叫建立过程结束。

12.7.3 RAB 流程

1. RAB 管理功能

RAB（Radio Access Bearer）定义在 UE 和 CN 之间建立。根据签约用户数据、CN 业务能力和 UE 业务请求的 QoS 的不同而使用不同的 RAB。

RAB ID 与 NAS 绑定信息有关。例如，在电路域，RANAP 层的 RAB ID 与 CC 子层的 SI 在数值上相同。SI 由 UE 来分配，CN 在分配 RAB ID 时把 SI 和 RAB ID 一一对应起来。对一个 UE 来说，RAB ID 在 RB（Radio Bearer）和 Iu 承载上是全局的，而且一个 RAB ID 对应一个唯一的用户面连接的实例（一个 Iu UP 实例）。

CN 控制 RAB 的建立、修改和释放。RAB 建立、修改和释放是 CN 发起的功能。RAB 建立、修改和释放是 UTRAN 执行的功能。RAB 释放请求是 UTRAN 发起的功能（当 UTRAN 不能与 UE 保持 RAB 时触发该功能）。

在 RAB 建立时，CN 把 RAB 映射到 Uu 接口承载上。UTRAN 把 RAB 映射到 Uu 接口传输承载和 Iu 接口传输承载上。

在 CS 域如果使用 AAL2 承载，UTRAN 负责发起 AAL2 连接建立和释放。

RAB 的优先级由 CN 根据签约信息、QoS 信息等内容决定。CN 在请求 RAB 建立、修改消息中指定优先级、预占能力和排队特性。UTRAN 执行 RAB 排队和资源预占。

2. RAB 接入控制

当 CN 接收到请求建立或修改 RAB 时（在 R99 电路域规范中 RAB QoS 用 BC IE 来映射），CN 验证是否该用户允许使用请求参数的 RAB，根据验证 CN 将接受或拒绝该请求。

当 UTRAN 从 CN 接收到建立或修改 RAB 的请求时，准入控制实体根据当时的无线资源分析判断是否接受或拒绝。

RAB 建立、释放、修改控制流程，如图 12.38 所示。

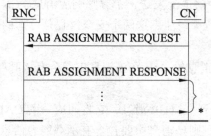

*it can be several responses

图 12.38　Iu 接口 RAB Assignment 过程

RAB Assignment 过程的目的是修改和/或释放已经建立的 RAB，和/或建立新的 RAB。本过程是面向连接的。

CN 首先发送 RAB Assignment Request 消息给 RNC，然后 CN 启动定时器 TRABAssgt。在一条 RAB Assignment Request 消息中，CN 可以要求 UTRAN 建立/修改/释放一个或几个 RABs，本消息包含以下信息，主要是：

（1）带有承载特性的需建立/修改的 RAB 列表；

（2）需释放的 RAB 列表。

RAB ID 在每一个 Iu 连接内是唯一的。如果 RNC 收到的消息中包括已经存在的 RAB ID，那么 RNC 认为是修改该 RAB（释放除外）。

RNC 随时接收释放 RAB 的消息，并总是响应。如果 RNC 正在建立/修改某 RAB，然后又收到释放该 RAB 的消息，那么 RNC 将停止 RAB 配置过程，释放与该 RAB 有关的所有资源并返回响应。

UTRAN 侧收到消息后将执行请求的 RAB 配置，然后 UTRAN 发送 RAB Assignment Response 消息给 CN 报告请求结果。在一条 RAB Assignment Response 消息中可以包含一个或几个 RAB 的信息，主要是：

（1）成功建立/修改/释放的 RABs；

（2）不成功建立/修改/释放的 RABs；

（3）排队的 RABs。

如果没有 RABs 被排队，则 CN 就停止 TRABAssgt，然后 RAB Assignment 过程就结束于 UTRAN 侧。

当请求建立/修改的 RABs 被排队后，UTRAN 就启动定时器 TQUEUING，该定时器指定排队等候建立/修改的最大时间，且监督所有排队的 RABs。排队的 RABs 有如下可能的结果：

（1）建立或修改成功；

（2）建立或修改失败；

（3）由于定时器 TQUEUING 超时而失败。

在第一条 RAB Assignment Response 响应消息中，UTRAN 报告所有在 RAB ASSIGNMENT Request 消息中涉及的 RAB 的状态。UTRAN 接着在随后的 RAB Assignment Response 响应消息中报告排队的 RAB 状态，TQUEUING 超时的 RAB 不报告。当知道所有排队的 RAB 建立/修改已经成功/失败后，UTRAN 停止 TQUEUING，RAB Assignment 过程同时结束于 CN 与 UTRAN。

当 CN 接收到 RAB 被排队的响应，CN 期望在 TRABAssgt 超时前 UTRAN 提供排队 RAB 的结果；否则，CN 认为 RAB Assignment 过程结束，并且认为没有报告的 RAB 配置失败。

在定时器 TQUEUING 超时的情况下，在 UTRAN 所有的排队 RABs 都结束排队，UTRAN 在一条 RAB Assignment Response 消息中报告所有的排队 RAB 状态。同时在 CN 侧停止该过程。

3. RAB 建立流程

如图 12.39 所示简要的描述了在 CN 和 UE 之间经过 UTRAN 而建立 RAB 的流程。

这个例子说明了当 RRC 连接建立好以后，在专用传输信道（DCH）RRC 状态下建立无线接入承载 RAB（DCH）的过程。

在电路域，在 CN 接受 UE 的业务请求（主叫 SETUP，被叫的 CALL CONFIRM，CONNECT 等消息）后指示需要一条新的 AS 的承载通道来承载 NAS 用户数据时发送 RAB Assignment

Request 消息启动这一过程。

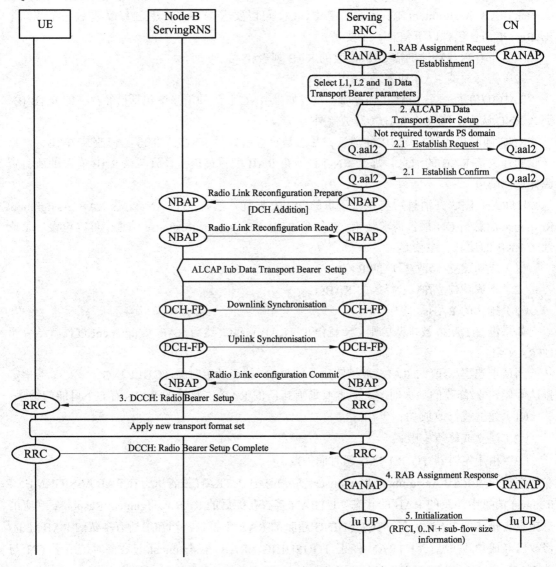

图 12.39　无线接入承载建立-（DCH-DCH 同步建立流程）

过程描述：

（1）CN 根据签约用户数据、CN 业务能力和 UE 业务请求的 QoS 决定采用什么样的 RAB。通过 RANAP 消息 Radio Access Bearer Assignment Request（Setup）请求建立 RAB。其中的 RAB ID 根据 SI 的值来填充，在电路域重要参数有 RAB 参数，用户面模式，本端用户面 ATM 地址，IU 传输标识（BINDING ID）。

（2）服务 RNC 使用 ALCAP 协议初始化 Iu 接口数据传输承载的建立。

在电路域使用 AAL2 承载的情况下（在 PS 域这一过程不需要）。在 AAL2 的连接建立请求中使用 SUGR 参数将 BINDING ID 透传给 CN，用它完成 RAB 和数据传输承载的绑定，这一消息中的重要参数还有：

对端 ATM 地址，通路识别（PATH ID），通道识别（CID），通路特性，通道特性等。

（3）服务 RNC 在和 Node B 等重配置好无线链路，完成上下行链路同步后，通过 RRC 消息 Radio Access Bearer Setup 把 RAB 参数中的子流和子流组合参数与 RAB ID 等传给 UE。

（4）服务 RNC 在收到 UE 的成功证实 RRC 消息 Radio Bearer Setup Complete 和 ALCAP 过程的成功建立后向 CN 证实 RAB 成功建立。发 RANAP 消息 Radio Bearer Assignment Response 到 CN。

（5）如果用户面是支持模式，报告结果后 UTRAN 再通过初始化 Iu 接口用户面。

无线接入承载释放如图 12.40 所示。

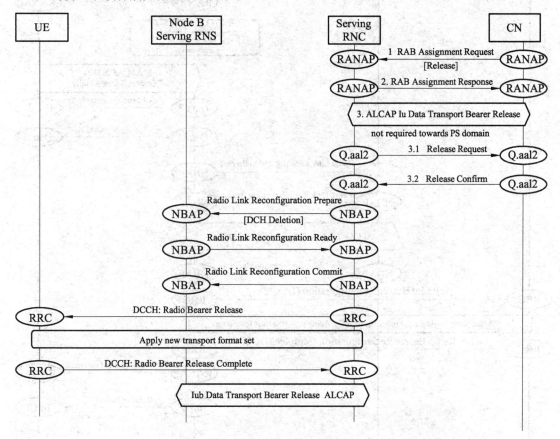

图 12.40 无线接入承载释放-（DCH-DCH-同步释放流程）

启动时机：

在电路域,在 CC 层使用该 RAB 的事物全部结束或 RNC 请求释放该 RAB 时启动此过程。

过程描述：

（1）CN 通过发送 RANAP 消息 Radio Access Bearer Assignment Request。（Release）启动 RAB 释放过程，其中指明是哪一个 RAB ID。

（2）业务 RNC 以 RANAP 消息 Radio Access Bearer Assignment Response 来证实。

（3）业务 RNC 使用 ALCAP 协议，如果是 AAL2 承载，使用 AAL2 释放消息来启动和 CN 之间的 Iu 数据传输承载的释放（在 PS 域这一过程不需要）。

（4）业务 RNC 在释放了和 Node B 等的链路后，发送 RRC 消息 Radio Bearer Release 给 UE 启动承载释放过程。

（5）业务 RNC 在收到 UE 的证实 RRC 消息 Radio Bearer Release Complete 后。整个释放过程结束。

4. RAB 修改流程

无线接入承载修改如图 12.41 所示。

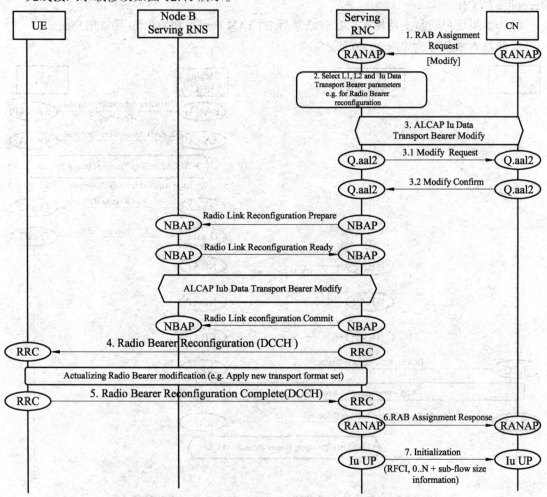

图 12.41　无线接入承载修改（DCH-DCH 同步修改）

启动条件：

UE 业务切换或速率调整时，CN 重配置业务信道以支持业务属性的改变。

过程描述：

（1）CN 通过 RANAP 消息 Radio Access Bearer Assignment Request（Modify）请求修改 RAB。其中的 RAB ID 根据指明 RAB 标识，在电路域重要参数有 RAB 参数。

（2）服务 RNC 选择哪种参数应该被修改，哪种程序应该被启动。

（3）服务 RNC 使用 ALCAP 协议修改 Iu 接口数据传输承载的通道特性。

（4）等到 Iu 接口传输控制面的修改过程成功后，服务 RNC 在和 Node B 等修改好无线链路后，通过 RRC 消息 Radio Bearer Reconfiguration 把 RAB 参数中的子流和子流组合参数和 RAB ID 等传给 UE。

（5）服务 RNC 在收到 UE 的成功证实 RRC 消息 Radio Bearer Setup Complete 后向 CN 证实 RAB 成功建立。发 RANAP 消息 Radio Bearer Assignment Response 到 CN。

（6）如果用户面是支持模式，报告结果后 UTRAN 再通过初始化 Iu 接口用户面。

12.7.4 寻呼流程

寻呼过程是 CN 向被叫发起的寻呼过程，当 CN 需要向和被叫用户建立连接时，首先需要通过寻呼过程找到被叫，寻呼过程的作用就是使 CN 能够寻呼到被叫用户，寻呼过程通过无连接信令方式建立。

CN 通过向被叫发起 PAGING 消息来开始寻呼程，PAGING 消息应该包含足够的信息，使 RNC 能够找到被叫。如果一次寻呼不可及，CN 负责通过 Iu 接口重复发寻呼的过程。一般来说，重复发寻呼的次数已经他们之间的时间间隔可以在 CN 处控制，如图 12.42 所示。

图 12.42　成功寻呼流程图

1. 寻呼过程

来自主叫的呼叫请求信息 CN 经过处理后，如果成功的得到了有关被叫用户的信息，寻呼过程就可以开始。CN 需要知道被叫所在的位置区信息，并且取得足够的寻呼信息参数，这样，CN 就可以向被叫发起寻呼。

如果 CN 没有得到被叫用户的位置区信息，需要通过广播过程向 CN 下的所有 RNC 发起寻呼消息。

CN 下发 PAGING 消息是通过 RANAP 接口进行的，RANAP 接口处理来自 CN 的 PAGING 消息，PAGING 包含的参数包括寻呼是来自 CS 域还是 PS 域的，是何种原因引发的寻呼，以及被叫用户的位置区信息等。由 RANAP 向被叫所属位置区下 RNC 发寻呼消息。

当 PAGING 消息到达 RNC 后，RNC 通过分析寻呼消息的参数取得被叫所在的位置区信，RNC 通过 PCCH 传送寻呼信息给位置区的 UE，如果被叫 UE 检测到 RNC 来的寻呼消息，开始执行 NAS 信令过程。

如果寻呼成功，CN 会得到寻呼响应消息，否则，CN 需要通过 Iu 接口重复发送寻呼消息。

2. UE 在 RRC 空闲状态的寻呼过程

当 RRC 处于空闲状态时候，UE 可能会收到来自 CS 或者 PS 的寻呼，因为此时 UE 处于空闲状态，CN 可以知道该 UE 的位置区（LAI）信息，因此，寻呼会通过该位置区来下发，这里列出了 LA 跨越两个 RNC 的情况，如图 12.43 所示。

（1）CN 通过发起的寻呼消息，跨过两个 RNC 到达被寻呼 UE。注意此时在 IU 接口上看到的就是 CN 连续发两条 PAGING 消息，里面所携带的 LAI 都是一样的，只是 DPC 分别为两个 RNC 而已。

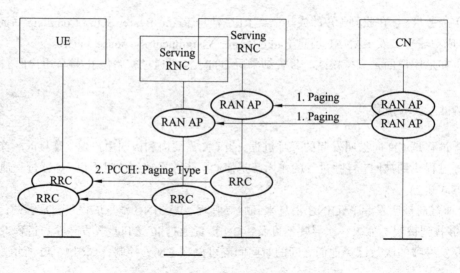

图 12.43　RRC 空闲状态下寻呼过程

（2）小区 1 用 Paging Type 1 发起寻呼。

（3）小区 2 用 Paging Type 1 发起寻呼。

PAGING 消息通过 RANAP 的到达 RNC1、RNC2，RNC 通过 PCCH 传送寻呼信息给位置区的 UE，如果被叫 UE 检测到 RNC1 或者 RNC2 来的寻呼消息，开始执行 NAS 信令过程。

3. UE 在 RRC 连接状态下的寻呼过程

当 RRC 处于连接状态时候。这种情况在 CN 为 CS 域或者 PS 域两种情况，由于移动性管理的独立性，有两种可能的解决方案：

（1）UTRAN 来协调在已存在 RRC 连接上寻呼请求；

（2）UE 来协调已存在 RRC 连接上的寻呼请求。

以下例子说明在 RRC 连接状态（CELL_DCH 和 CELL_FACH 状态）执行寻呼 UE 过程的，由 UTRAN 在 RRC 连接的状态下用 DCCH 协调寻呼请求的情况，如图 12.44 所示。

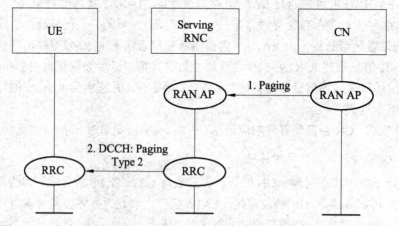

图 12.44　在 RRC 连接状态（CELL_DCH 和 CELL_FACH）下寻呼 UE 过程

（1）CN 通过 RANAP 发送 PAGING 消息来对 UE 寻呼。

（2）SRNC（Serving RNC）对 RRC（UE）发送消息 Paging Type 2。

12.7.5　呼叫释放过程

当移动用户通话完毕，主叫方或被叫方挂机的消息要通知到网络侧，进行呼叫的释放过程。网络侧通过终止 PLMN 之间或 PLMN 与别的网络之间的电路交换连接而释放呼叫，如图 12.45 所示。

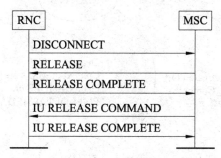

图 12.45　移动发起呼叫释放的成功情况

（1）移动台挂机之后，移动台通过向网络发送 DISCONNECT 消息而发起呼叫清除；此时消息里的释放原因是：Normal Call Clearing。

（2）网络接收到该消息之后发送一个 RELEASE 消息给移动台。

（3）移动台发 RELEASE COMPLETE 消息给网络，如果此时不再需要通信信道，则要执行信道的释放过程。

（4）如果该呼叫是整个 Iu 连接上的唯一的一个呼叫，则要释放 Iu 连接。CN 向 RNS 发送 IU RELEASE COMMAND 消息请求释放 Iu 连接。

12.8　分组域会话管理流程

12.8.1　SM 基本概念

12.8.1.1　SM 功能概述

会话管理（SM）的主要目的就是建立、修改和释放分组域承载。它是 3GPP 协议中连接管理层（Connection Management）的一个主要的组成部分，位于移动性管理（Mobile Management）和用户面之间，使用 GMM 子层提供无应答数据传送服务，向用户面提供连接管理服务。它一方面完成核心网络 SGSN 到 GGSN 之间的隧道建立、修改和释放的控制功能，另一方面完成 SGSN 和 RNC/MS 之间无线接入承载（Radio Access Bearer）建立、修改和释放的控制。

12.8.1.2　术　语

1. PDP CONTEXT/PDP ADDRESS

PDP 上下文保存了用户面进行隧道转发的所有信息，包括 RNC/GGSN 的用户面 IP 地址、隧道标识和 QoS 等。

每个 GPRS 签约数据包含一个或多个 PDP 地址，每个 PDP 地址由 MS、SGSN、GGSN 中的一个或多个 PDP Context 描述，每个 PDP Context 存在两种状态（INACTIVE 状态和

ACTIVE 状态），其状态转换关系如图 12.46 所示。PDP 状态指示该 PDP 地址的数据是否可以传送。非激活的会话不包含路由信息，不能进行数据的转发。用户的所有 PDP Context 都与该用户的 MM Context 相关联如图 12.46 所示。

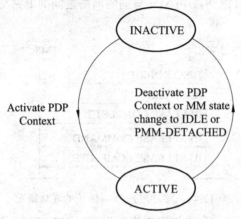

图 12.46　PDP 状态机模型

2. NSAPI

在 MS 中 NSAPI 用于标识一个 PDP 服务访问点，在 SGSN/GGSN 中用于标识一个会话。其取值等于接入层用来标识用户 RAB 的 RAB ID。

3. APN 解析

Access Point Name，采用标准域名格式。APN 包括两部分：网络名（NI）和运营商名（OI）。在 GGSN 中用于标识一个指定的外部网和一种服务的 ISP，在 SGSN 中可根据 APN 通过 DNS 解析得到与此 APN 对应的 GGSN 地址。

4. QoS 协商

会话管理在建立分组传输路由的同时，也必须指定此路由满足的 QoS，会话管理过程在 MS、RNC、SGSN、GGSN 之间进行 QoS 协商，使各节点提供的服务质量保持一致。QoS 协商的算法是在签约的 QoS、SGSN 能提供的最大 QoS 和其他节点满足的 QoS 之间取最小值。

12.8.1.3　SM 在协议栈中的位置（见图 12.47）

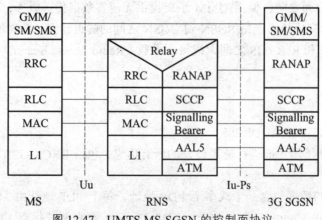

图 12.47　UMTS MS-SGSN 的控制面协议

12.8.1.4　与 SM 相关的功能实体

1. RAB 管理

RABM（RAB Management）完成 RAB 的创建、修改、释放和重建的管理功能。

RAB 由两部分组成：RNC 和 SGSN 之间的 GTP 隧道以及 RNC 与 MS 之间的无线承载（Radio Bearer）。RAB ID 唯一标识用户的一个 RAB。

RAB 的建立、修改、释放和重建都是通过 RAB ASSIGNMENT 过程完成的，如图 12.48 所示。

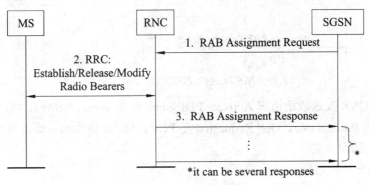

图 12.48　RAB 管理流程图

流程说明：

（1）SGSN 向 RNC 发送 RAB Assignment Request（SGSN ADDR，TEIDs，QoS）消息，请求建立、修改或释放 RAB（s），在指配参数中可指定 RAB 的无线优先级，是否允许抢占和排队；

（2）RNC 建立、修改或释放无线承载；

（3）RNC 向 SGSN 发送 RAB Assignment Response，如果因为 QoS 的原因指配失败，则要降低 QoS 重发指配请求。

如果 RAB 重建时发生 QoS 改变，则执行 SGSN 发起的 PDP CONTEXT 修改流程，将 QoS 通知 MS 和 GGSN。

2. 隧道管理

隧道管理的主要任务是创建 SGSN 到 GGSN 之间的 GTP 隧道。隧道管理包括创建隧道、修改隧道、删除隧道和网络侧发起 PDP CONTEXT 激活的管理。

SM 通过 PDP CONTEXT 的激活、修改、去激活信令流程实现会话管理。PDP CONTEXT 激活流程建立用户面的分组传输路由；PDP CONTEXT 修改流程修改激活的 PDP CONTEXT 的 QoS 和 TFT，在发生 RAU 改变时，也需要修改 SGSN 到 GGSN 之间的隧道路由；PDP CONTEXT 去激活流程用于拆除激活的 PDP CONTEXT。

RNC 发起 RAB 或 IU 释放之后，SGSN 可以保留这些激活的 PDP CONTEXT，而不进行去激活。当用户发起 SERVICE REQUEST 过程进行 RAB 的重建时，可以立刻恢复数据传送。

PDP CONTEXT 激活包括 MS 发起的，网络发起的 PDP CONTEXT 激活和二次激活（本文只介绍 MS 发起的 PDP 激活流程）。

（1）MS 发起的 PDP Context 激活，如图 12.49 所示。

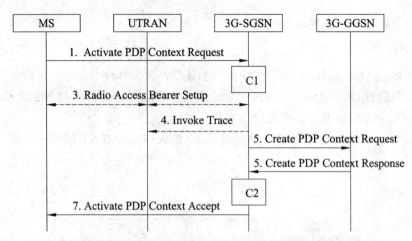

图 12.49 MS 发起的 PDP CONTEXT 激活过程

① MS 向 SGSN 发送激活请求 Activate PDP Context Request（NSAPI，TI，PDP Type，PDP Address，Access Point Name，QoS Requested）。PDP Address 指出是动态地址还是静态地址。如是动态地址，则设为空。

② 执行 RAB 指配过程。

③ SGSN 通过使用 PDP Type（optional），PDP Address（optional），Access Point Name（optional）和 PDP CONTEXT 签约数据来验证 Activate PDP Context Request 的有效性。

SGSN 给 PDP Context 分配 TEID，如果使用动态地址，则要求 GGSN 分配一个动态地址。SGSN 根据一定的算法选择一个 APN，然后向 GGSN 发创建 PDP Context 请求。

GGSN 为 PDP context 分配动态地址，计费 ID，协商 QoS。如果 MS 要求外部网分配 IP 地址，则设为 0.0.0.0，在以后外部网分配地址后，执行 GGSN 发起的 PDP CONTEXT 修改过程。

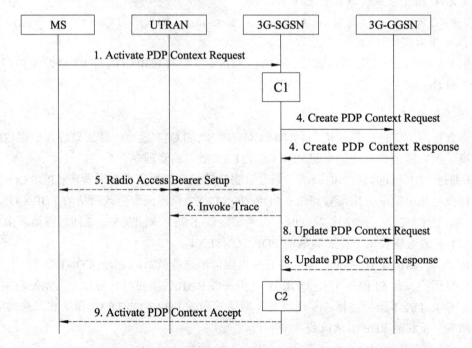

图 12.50 MS 发起的 PDP CONTEXT 激活过程（后期版本）

④ 收到 GGSN 的 CREATE PDP CONTEXT RESPONSE（NSAPI，PDP ADDR，GGSN ADDR，TEID，QoS），SGSN 将地址，QoS 等信息通过 Activate PDP Context Accept 发送给 MS。

（2）后期版本对手机发起 PDP 上下文激活流程的优化。

在早期的 R99 的激活流程中，如果 GGSN 已经降低 Qos，并不通知 RNC，在 SGSN 的两侧资源使用并不一致，空口处的资源可能比网络分配的资源还要高，造成空口资源浪费。到了后期版本，包括 R99/R4/R5/R6 中，对激活流程进行了优化。在激活过程中，SGSN 先与 GGSN 交互，创建 GTP 隧道，然后再建立 RAB，建完 RAB 后，是一个可选的更新 PDP 上下文流程（如果在 RAB 中建立过程中降低 QOS，则发起更新流程，将 SGSN 两侧的资源同步），如图 12.50 所示。

12.8.2　PDP Context 修改功能

PDP CONTEXT 修改过程包括 MS 发起的 PDP Context 修改过程、SGSN 发起的 PDP Context 修改过程、GGSN 发起的 PDP Context 修改过程和由于 RAB/IU 释放 SGSN 发起 PDP CONTEXT 修改流程（本文只介绍 MS 发起的 PDP Context 修改过程和 SGSN 发起的 PDP Context 修改过程）；修改参数包括 QoS Negotiated、Radio Priority、Packet Flow Id、PDP Address（GGSN 发起的修改过程 in case of the GGSN-initiated modification procedure）和 TFT（MS 发起的修改过程）。

SGSN 发起的 PDP Context 修改如图 12.51 所示。

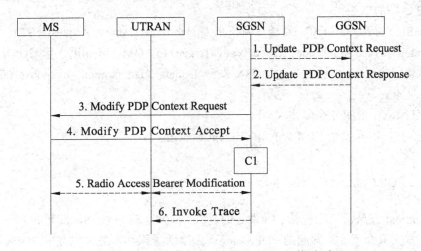

图 12.51　SGSN 发起的 PDP CONTEXT 修改过程

（1）SGSN 发送更新请求 Update PDP Context Request（TEID，NSAPI，QoS Negotiated，Trace Reference，Trace Type，Trigger Id，OMC Identity）与 GGSN 协商 QoS。

（2）GGSN 进行 QoS 协商，向 SGSN 发送 Update PDP Context Response（TEID，QoS Negotiated，Cause）。

（3）SGSN 按 QoS 选择无线优先级和 Packet Flow Id。向 MS 发送修改请求 Modify PDP Context Request（TI，QoS Negotiated，Radio Priority，Packet Flow Id）。

（4）MS 接受 QoS，则向 SGSN 发送 Modify PDP Context Accept，如 MS 不接受 QoS，则

发起去活 PDP context 过程。

（5）执行 RAB 指配过程修改 RAB。

（6）如果启动 BSS 跟踪，则要发引用跟踪消息 Invoke Trace（Trace Reference，Trace Type，Trigger Id，OMC Identity）。

12.8.3　MS 发起的 PDP Context 修改

MS 发起修改流程的目的是为了改变 PDP CONTEXT 的 QoS 或 TFT，如图 12.52 所示。

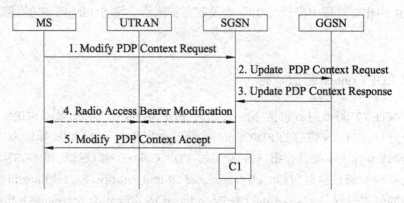

图 12.52　MS 发起的 PDP CONTEXT 修改过程

（1）MS 向 SGSN 发送 Modify PDP Context Request（TI，QoS Requested，TFT）消息，请求修改 PDP CONTEXT。

（2）SGSN 进行 QoS 协商，发送更新请求 Update PDP Context Request（TEID，NSAPI，QoS Negotiated，Trace Reference，Trace Type，Trigger Id，OMC Identity）与 GGSN 协商 QoS。

（3）GGSN 进行 QoS 协商，向 SGSN 发送 Update PDP Context Response（TEID，QoS Negotiated，Cause）。

（4）执行 RAB 指配过程修改 RAB。

（5）SGSN 向 MS 发送 Modify PDP Context Accept。

12.8.4　PDP Context 去激活功能

PDP Context 去激活流程包括 MS 发起的、SGSN 发起的和 GGSN 发起的 PDP Context 去激活过程（本文只介绍 MS 发起的 PDP Context 去激活过程和 SGSN 发起的 PDP Context 去激活过程）。

MS 发起的 PDP Context 去激活，如图 12.53 所示。

（1）MS 向 SGSN 发送去激活请求 Deactivate PDP Context Request（TI，Teardown Ind），Teardown Ind 指示是否去激活和指定 TI 共享地址的激活的 PDP CONTEXT。

（2）SGSN 收到 MS 的去激活请求，向 GGSN 发送 Delete PDP Context Request（TEID，NSAPI，Teardown Ind）删除 GGSN PDP Context。

（3）GGSN 向 SGSN 发送 Delete PDP Context Response（TEID）。

（4）收到 Delete PDP Context Response 后，然后向 MS 发送去激活接受应答。

（5）SGSN 调用 RAB 指配过程释放 RAB。

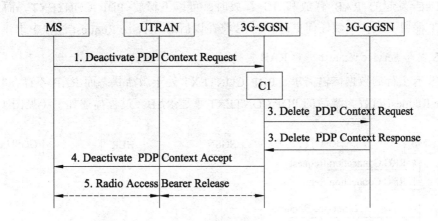

图 12.53　MS 发起的 PDP Context 去激活过程

12.8.5　SGSN 发起的 PDP Context 去激活

SGSN 发起的去激活，通常由 MM 释放或各种异常情况引起。例如 MS、SGSN、GGSN 之间 PDP CONTEXT 不一致，RAB 重建失败，资源不足等，如图 12.54 所示。

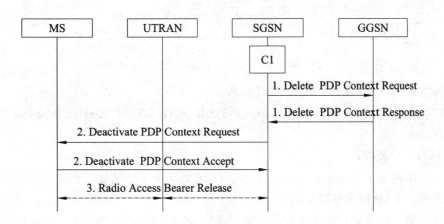

图 12.54　SGSN 发起的 PDP Context 去激活

（1）SGSN 向 GGSN 删除 PDP Context 请求，Delete PDP Context Request（TEID，NSAPI，Teardown Ind），Teardown Ind 指示是否去激活和指定 TI 共享地址的激活的 PDP CONTEXT。

（2）GGSN 向 SGSN 发送 Delete PDP Context Response（TEID）。

（3）得到 GGSN 的删除应答后，向 MS 发送 Deactivate PDP Context Request 删除 MS PDP Context，如果是 DETACH 引起的 PDP CONTEXT 去激活，不发此消息。

（4）收到 MS 发来 Deactivate PDP Context Accept。

（5）SGSN 发起 RAB assignment procedure 释放 RAB。

1. 保留过程和 RAB 重建

在 RNC 发起的 RAB 释放和 IU 释放时，可以不释放 PDP CONTEXT，而是把 PDP CONTEXT 保留下来，不做任何更改，RAB 将在以后的 Service Request 过程中重建。

2. MS 发起 Service request 进行 RAB 重建

当 MS 有上行的数据传输需求，PDP CONTEXT 处于激活状态而 RAB 不存在时，MS 发起 Service Request 过程为激活的 PDP CONTEXT 重建 RAB。过程描述如下（见图 12.55）。

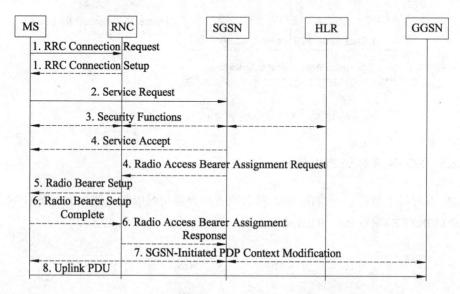

图 12.55　MS 发起 Service request 进行 RAB 重建

（1）如果没有 RRC 连接，建立 RRC 连接；

（2）MS 向 SGSN 发送 Service Request（P-TMSI，RAI，CKSN，Service Type）消息，Service Type=data；

（3）执行安全流程；

（4）SGSN 向 MS 发送 Service Accept，对用户每个处于激活状态但 RAB 已释放的 PDP CONTEXT 进行 RAB 的重新建立；

（5）如果建立的 RAB 的 QoS 发生改变，执行 SGSN 发起的 PDP CONTEXT 修改流程将 QoS 通知 MS 和 GGSN；

（6）MS 进行上行数据传送。

3. SGSN 发起 Service Request 过程进行 RAB 重建

当 SGSN 收到下行的信令或数据包后，发现用户处于 PMM-IDLE 状态，则要发起寻呼。MS 在收到寻呼后，发送 Service Request 请求，service type="paging response"。如果是由于 SGSN 收到数据包引起的 Service Request 过程，则要调用 RAB Assignment 过程进行 RAB 重建，如图 12.56 所示。

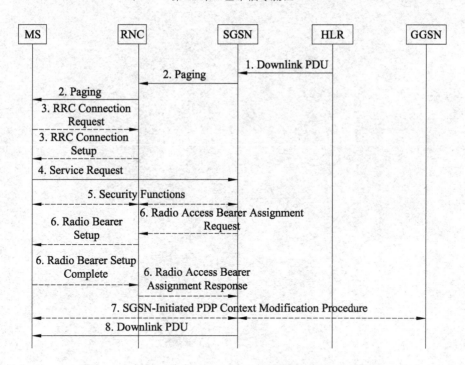

图 12.56　SGSN 发起 Service Request 过程进行 RAB 重建

3G 移动通信技术（TD-SCDMA）

第 13 章　TD-SCDMA 技术概述

13.1　第三代移动通信（3G）标准

移动通信始于 20 世纪 20 年代，主要在军事及某些特殊领域使用。40 年代才逐步向民用扩展，而最近 10 多年是移动通信真正蓬勃发展的时期，其发展过程大致可分为三个阶段。

第一代模拟移动通信系统始于 20 世纪 80 年代，到 90 年代出现了第二代数字移动通信系统（2G）。第二代移动通信系统包括 GSM、IS95 等多个标准，其应用以话音业务为主，主要提供低速率以电路型为主的数据业务。第三代移动通信技术（3G，Third Generation）的理论研究、技术开发和标准制定工作始于 80 年代中期，国际电信联盟（ITU）从 1985 年开始研究未来公众陆地移动通信系统（FPLMTS），后更名为国际移动通信 2000（IMT2000）。欧洲电信标准协会（ETSI）从 1987 年开始对此进行研究，并将该系统称为通用移动通信系统（UMTS）。

第三代移动通信系统将以卫星移动通信网与地面移动通信网相结合，形成一个对全球无缝覆盖的立体通信网络，满足城市和偏远地区不同密度用户的通信需求。支持话音、数据和多媒体业务，实现人类个人通信的理想。ITU 对第三代陆地移动通信系统的基本要求是：

业务数据速率：

室内：2 kb/s；

手持机：384 kb/s；

高速移动：

FDD 方式—144 kb/s，移动速度达到 500 km/h；

TDD 方式—144 kb/s，移动速度达到 120 km/h；

业务质量：数据业务的误码率不超过 10-3 或 10-6（根据具体业务要求），并可提供高速数据、低速图像、电视图像等数据传输业务；

兼容性：具有全球范围设计的高度兼容性，IMT2000 业务应与固定网络业务，无线接口具有高度的兼容性；

全球无缝覆盖：移动终端可以连接地面网和卫星网，使用方便；

移动终端：体积小、质量轻、具有全球漫游功能；

频率范围：1992 年 WRC-92 确定了 IMT2000 的核心频段，上行频段—1 885 ~ 2 025 MHz；下行频段—2 110 ~ 2 200 MHz（共 230 MHz），其中 1 980 ~ 2 010 MHz 和 2 170 ~ 2 200 MHz 用于卫星移动通信业务。2000 年 5 月 WRC 通过了 IMT2000 的扩展频谱规划（806 ~ 969 MHz，1 710 ~ 1 885 MHz，2 500 ~ 2 690 MHz）。

1999 年 11 月召开的国际电联芬兰会议确定了第三代移动通信无线接口技术标准，并于 2000 年 5 月举行的 ITU-R 2000 年全会上最终批准通过。此标准包括码分多址（CDMA）和时分多址（TDMA）两大类五种技术。它们分别是：WCDMA、CDMA2000、CDMA TDD、UWC-136 和 EP-DECT。其中，前三种基于 CDMA 技术的为目前所公认的主流技术，它又分成频分双工（FDD）和时分双工（TDD）两种方式。TD-SCDMA 属 CDMA TDD 技术。

　　WCDMA 最早由欧洲和日本提出，其核心网基于演进的 GSM/GPRS 网络技术，空中接口采用直接序列扩频的宽带 CDMA。目前，这种方式得到欧洲、北美、亚太地区各 GSM 运营商和日本、韩国多数运营商的广泛支持，是第三代移动通信中最具竞争力的技术之一。3GPP WCDMA 技术的标准化工作十分规范，目前全球 3GPP R99 标准的商用化程度最高，全球绝大多数 3G 试验系统和设备研发都基于该技术标准规范。今后 3GPP R99 的发展方向将是基于全 IP 方式的网络架构，并将演进为 R4、R5 两个阶段的序列标准。2001 年 3 月的第一个 R4 版本初步确定了未来发展的框架，部分功能进一步增强，并启动部分全 IP 演进内容。R5 为全 IP 方式的第一个版本，其核心网的传输、控制和业务分离，IP 化将从核心网（CN）逐步延伸到无线接入部分（RAN）和终端（UE）。

　　CDMA2000 由北美最早提出，其核心网采用演进的 IS-95 CDMA 核心网（ANSI-41），能与现有的 IS-95 CDMA 向后兼容。CDMA 技术得到 IS-95 CDMA 运营商的支持，主要分布在北美和亚太地区。其无线单载波 CDMA2000 1x 采用与 IS-95 相同的带宽，容量提高了一倍，第一阶段支持 144 kb/s 业务速率，第二阶段支持 614 kb/s，3GPP2 已完成这部分的标准化工作。目前增强型单载波 CDMA2000 1x EV 在技术发展中较受重视，极具商用潜力。

　　CDMA TDD 包括欧洲的 UTRAN TDD 和我国提出的 TD-SCDMA 技术。在 IMT2000 中，TDD 拥有自己独立的频谱（1 785～1 805 MHz），并部分采用了智能天线或上行同步技术，适合高密度低速接入、小范围覆盖、不对称数据传输。2001 年 3 月，3GPP 通过 R4 版本，由我国大唐电信提出的 TD-SCDMA 被接纳为正式标准。TD-SCDMA 作为 FDD 方式的一种补充，具有一定的发展潜力。

13.2　3G 工作频段规划

　　2002 年 10 月，国家信息产业部下发文件《关于第三代公众移动通信系统频率规划问题的通知》（信部无〔2002〕479 号）中规定：主要工作频段（FDD 方式：1 920～1 980 MHz / 2 110～2 170 MHz；TDD 方式：1 880～1 920 MHz、2 010～2 025 MHz）。补充工作频段（FDD 方式：1 755～1 785 MHz / 1 850～1 880 MHz；TDD 方式：2 300～2 400 MHz，与无线电定位业务共用）。从中可以看到 TDD 得到了 155 MHz 的频段，而 FDD（包括 WCDMA FDD 和 CDMA2000）共得到了 2×90 MHz 的频段，如图 13.1 所示。

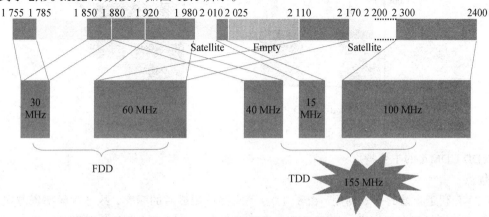

图 13.1　中国 3G 频谱分配图

13.3 TD-SCDMA 多址方式

TD-SCDMA（Time Division Duplex—Synchronous Code Division Multiplex Access）是
FDMA、TDMA 和 CDMA 三种基本传输模式的灵活结合（参见图 13.2，图 13.3）。其基本特
性之一是在 TDD 模式下，采用在周期性重复的时间帧里传输基本的 TDMA 突发脉冲的工作
模式，通过周期性地转换传输方向，在同一个载波上交替地进行上下行链路传输（参见图
13.4）。

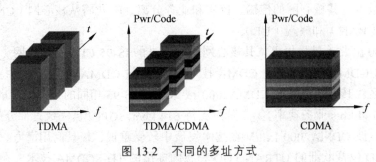

图 13.2 不同的多址方式

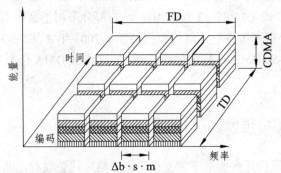

Δb=bandwiath per CH, S=CDMA spreading factor,
m=time multiplex factor
TD-SCDMA 采用 FDMA、TDMA 和 CDAM 技术

图 13.3 TD-SCDMA 的多址方式

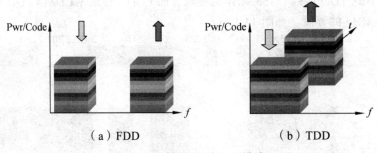

（a）FDD （b）TDD

图 13.4 3G 的两种双工模式

TDD CDMA 的主要特点：

优点：

（1）有利于频谱的有效利用。由于 TDD 不需要使用成对的频率，故各种频率资源在 TDD
模式下均能够得到有效利用，从而可以充分利用不成对的频段，频段分配相对简单。

（2）更适于不对称业务。在 FDD DS-CDMA 系统中，前向业务信道与反向业务信道占用不同频段，在前向信道与反向信道之间采用保护频带以消除干扰。对于 TDD DS-CDMA 系统，前向和反向信道工作于同一频段，前向与反向信道的信息通过时分复用的方式来传送。TDD 特别适用于不对称的上、下行数据传输速率，当进行对称业务传输时，可选用对称的转换点位置；当进行非对称业务传输时，可在非对称的转换点位置范围选择。

（3）上、下行链路中具有对称信道特性。由于 TDD 系统中上、下行工作于同一频率，对称的电波传播特性使之便于使用智能天线等新技术，达到提高性能、降低成本的目的。上行功率控制中也可充分利用上、下行间信道的对称电波传播特性。TDD 发射机根据接收到的信号就能够知道多径信道的快衰落，这是由于所设计的 TDD 帧长通常要比信道相干的时间更短。

（4）设备成本低。由于信道是对称的，所以可能简化接收机。如果基站采用前置 RAKE 技术，则 TDD 终端的复杂性可大大降低。与 FDD 相比，无高收/发隔离的要求，可使用单片 IC 来实现 RF 收发信机，设备费可能比 FDD 方式降低 20%～30%。

缺点：

（1）移动速度与覆盖问题。TDD 采用多时隙的不连续传输，对抗快衰落、多普勒效应能力比连续传输的 FDD 差。目前，ITU-R 对 TDD 系统的要求是达到 120 km/h；而对 FDD 系统则要求达到 500 km/h。另外，TDD 的平均功率和峰值功率的比值随时隙数增加而增加，考虑到耗电和成本因素，用户终端发射功率不可能太大，故小区半径较小。

（2）基站的同步问题。对于 TDD CDMA 系统来说，为减少基站间的干扰，基站间同步是必须的。这可以采用 GPS 接收机或通过用额外的电缆分布公共时钟来实现，但这也同时增加了基础设施的费用。

（3）干扰问题。TDD 系统中的干扰不同于 FDD 系统。因为 TDD 系统的同步困难以及相关的干扰使之成为 TDD 系统使用的主要问题。TDD 系统包括了多种形式的干扰，如：TDD 蜂窝内的干扰、TDD 蜂窝间的干扰、不同运营商间的干扰、TDD/FDD 系统间的干扰、来自功率脉动的干扰等。

13.4　TD-SCDMA 标准进展状况

13.4.1　IMT2000 标准化组织结构

IMT-2000 标准化的研究工作由 ITU 负责和领导。其中，ITU-R 的 SG8-TG8/1 工作组负责制定 RTT 部分的标准，ITU-T 的 SG11 WP3 工作组负责制定网络部分的标准。此外，ITU 还专门成立了中间协调组（ICG），在 ITU-R 与 ITU-T 之间协调它们的研究工作内容。ITU 内部与 IMT-2000 标准化研究有关的组织结构，如图 13.5 所示。

由于 ITU 要求第三代移动通信的实现应易于从第二代系统逐步演进，而第二代系统又存在两大互不兼容的通信体制：GSM 和 CDMA，所以 IMT-2000 的标准化研究实际上出现了两种不同的主流演进趋势。一种是以由欧洲 ETSI、日本 ARIB/TTC、美国 T1、韩国 TTA 和中国 CWTS 为核心发起成立的 3GPP 组织，专门研究如何从 GSM 系统向 IMT-2000 演进；另一种是以美国 TIA、日本 ARIB/TTC、韩国 TTA 和中国 CWTS 为首成立的 3GPP2 组织，专门研究如何从 CDMA 系统向 IMT-2000 演进。自从 3GPP 和 3GPP2 成立之后，IMT-2000 的标准化研究工作就主要由这两个组织承担，而 ITU 则负责标准的正式制定和发布管理工作。

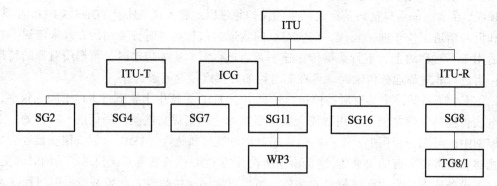

SG2—业务、编号和识别；SG4—频率管理；SG7—安全保密
SG11—信令和协议；SG16—编码、压缩和复用
TG8/1—IMT-2000 的无线系统部分

图 13.5　IMT-2000 标准研究组织结构图

13.4.2　3GPP 的标准化进展

3GPP 主要制定基于 GSM MAP 核心网，WCDMA 和 CDMA TDD 无线接口的标准，称为 UTRA。同时也在无线接口上定义与 ANSI-41 核心网兼容的协议。它的核心网 GSM MAP 将完全在第二代 MSC+GPRS 的网络基础上演进，而无线接入网（RAN）则是全新的。

3GPP 发布的协议主要分成两个大类，一类是技术规范（TS），另外一类是技术报告（TR）。具体是：

3GPP TS ab.cde　　（技术规范）；

3GPP TR ab.cde　　（技术报告）。

技术报告主要作用于规范的前期或对规范中的任务描述进行解释，它们的部分内容经讨论后将进入规范，有的一直以技术报告的形式存在。3GPP 的规范多来自 GSM 系统并包含了 GSM 系统规范，因而它也有与 GSM 相类似的编号规则。为了更加灵活地使用编号和便于扩展，3GPP 的技术规范和技术报告都采用了 2+3 位数字的编号规则（ab.cde，GSM 系统为 2+2）。若 GSM 规范在生成 3GPP 的对应规范时得到了增强或修改，那么 GSM 的编号（ab）就被增加 20，而 'c' 被置为 0，'de' 保持不变。对 3GPP 新创建的规范，'c' 不等于 0。对于技术报告，'c' 通常等于 9 或 8。

无线接入部分协议（UMTS）：25.××；

25.1××：UTRAN 的无线性能；

25.2××：UTRAN 的物理层；

25.3××：UTRA N 的层 2 和层 3；

25.4××：UTRAN 的 Iub、Iur 和 Iu 接口。

13.4.3　TD-SCDMA 标准的进展情况

1998 年 6 月 30 日，TD-SCDMA 提交到 ITU；

1999 年 11 月，TD-SCDMA 写入 ITU-R M.1457；

1999 年 12 月，TD-SCDMA 开始与 UTRA TDD 在 3GPP 融合；

2000 年 5 月，TD-SCDMA 被 WARC 正式采纳；

2001 年 3 月，TD-SCDMA 写入 3GPP R4 系列规范；

2002 年 10 月，中国为 TDD 分配 155 MHz 频率。

13.5　TD-SCDMA 产业化状况

在政府和运营商的全力支持下，TD-SCDMA 产业联盟已经成立。产业链基本建立起来，产品的开发也得到进一步的推动，越来越多的设备制造商纷纷投入到 TD-SCDMA 产品的开发阵营中来。同时许多国家和地区的电信运营商密切关注着 TD-SCDMA 在我国的进展和试验，对 TDD 技术的兴趣越来越浓。其中大唐、中兴、华为、西门子、北电、普天等厂家参与系统设备的研发；凯明、展讯、T3G、重邮信科、TI、ADI、RTX、ST 等厂家参与终端芯片的研发；大唐、波导、联想、海信、厦新、三星、LG、DBTEL 等厂家参与终端的研发；美国泰克、罗德施瓦茨、安捷伦、RACAL 等厂家参与测试仪器的研发。目前，从芯片到终端，到系统的整个产业链已经初具规模，TD-SCDMA 的产业化已经步入一个健康、开放、稳步发展的良性轨道。

2004 年 5 月起，中兴、大唐、华为、普天等厂家将在北京、上海进行 TD-SCDMA MTNET 第二阶段现场试验。随着设备开发、现场试验的大规模开展，TD-SCDMA 标准也得到进一步的验证和加强，TD-SCDMA 设备也必将不断成熟，商用化程度也会逐步提高，TD-SCDMA 产品在 2005 年 6 月份实现全面商用。

TD-SCDMA 产业化进展如下：

2004 年 6 月 22 日，北电和普天签署了 3G 移动通信产品及解决方案合作谅解备忘录。

2004 年 6 月 15 日，GSM 协会和 TD-SCDMA 论坛就共同发展 3G 技术标准签署了合作协议。

2004 年 5 月 20 日，世界首颗 TD-SCDMA 多模核心芯片在展讯诞生。

2004 年 4 月 3 日，TD-SCDMA 产业联盟成员中国普天、中兴通讯、大唐移动同北电网络等有关单位，在上海举行 TD-SCDMA MTnet 现场试验签约仪式。

2004 年 3 月，大唐移动宣布研发研制成功了世界上第一台 TD-SCDMA 手机终端。

2004 年 2 月 12 日，西门子和华为成立 TD-SCDMA 合资公司，生产和销售 TD-SCDMA 无线接入网络设备。

2003 年 11 月 28 日，中国普天、中兴与大唐移动签署技术合作协议，计划在 2004 年推出成熟的商用设备。

2003 年 7 月 25 日，北电、大唐成立 TD-SCDMA 联合试验室。

2003 年 4 月，重邮 3G 手机实现与大唐基站通话。

2003 年 1 月 20 日，大唐移动、飞利浦、三星联手组建天碁科技（T3G）公司。

2002 年 11 月 22 日，UT 斯达康与大唐移动签署合作协议，共同开发 TD-SCDMA 系统设备。

2002 年 10 月 30 日，TD-SCDMA 产业联盟正式成立，大唐、南方高科、华立、华为、联想、中兴、中电、中国普天等 8 家知名通信企业作为首批成员。

13.6　TD-SCDMA 网络架构

UMTS 系统由 CN、UTRAN 和 UE 三部分组成。

UMTS 的核心网 CN 是由 GSM 系统的 CN 演化而成，它具有与 GSM 系统相似的结构。CN 通过 A 接口与 GSM 系统的 BSC 相连，通过 Iu 接口与 UTRAN 的 RNC 相连。其中 Iu 接口又被分为连接到电路交换域的 Iu-CS，分组交换域的 Iu-PS，广播控制域的 Iu-BC。

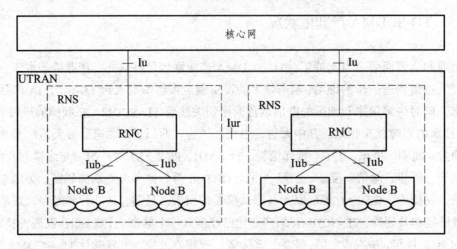

图 13.6　UTRAN 结构图

UTRAN 由若干通过 Iu 接口连接到 CN 的无线网络子系统（RNS：Radio Network Subsystem）组成（见图 13.6）。每一个 RNS 包含一个 RNC 和一个或多个 Node B。Node B 与 RNC 之间的接口叫作 Iub 接口。在 UTRAN 内部，RNCs 通过 Iur 接口进行信息交互。Iur 接口可以是 RNCs 之间物理上的直接连接，也可以靠通过任何合适传输网络的虚拟连接来实现。每个 RNS 管理一组小区的资源。在 UE 和 UTRAN 的每个连接中，其中一个 RNS 充当服务 RNS（SRNS：Serving RNS）。如果需要，一个或多个漂移 RNS（DRNS：Drift RNS）可通过提供无线资源来支持 SRNS。

由于 TD-SCDMA 的内容是写在 3GPP 的 R4 中的，在 R99 中只包含了 3.84 Mcps TDD。TD-SCDMA 是在 R4 之后的版本才被纳入 3GPP 的，此时 TDD 包括了 3.84 Mcps 和 1.28 Mcps 两个 Option，后者即为 TD-SCDMA。所以将 TD-SCDMA RAN 接入 R4 核心网也是很自然的事情。R4 相对于 R99，提供了更加强大的功能，诸如安全、定位等方面的考虑。在 R4 架构下，MSC 分离为 MSC-Server（MSC 服务器）和 CS-MGW（电路域-媒体网关）。标准的兼容性决定了 1.28 Mcps TDD 能够提供 R99 中所需要的全部功能。基于 R4 核心网的 TD-SCDMA 网络结构及接口如图 13.7 所示。

作为 TD-SCDMA 技术，其实只是在 UTRAN 接入网方面同 WCDMA 有所区别，而在上层核心网及业务等方面并没有什么实质性的差别。在 R99 中，UMTS 的核心网 CN 是由 GSM 系统的 CN 演化而成，它具有与 GSM 系统相似的结构。CN 通过 A 接口与 GSM 系统的 BSC 相连，通过 Iu 接口与 UTRAN 的 RNC 相连。因此，TD-SCDMA 系统同样可以接入 R99 核心网。基于 R99 核心网的 TD-SCDMA 网络结构及接口如图 13.8 所示。

13.7　TD-SCDMA 系统的一些问题

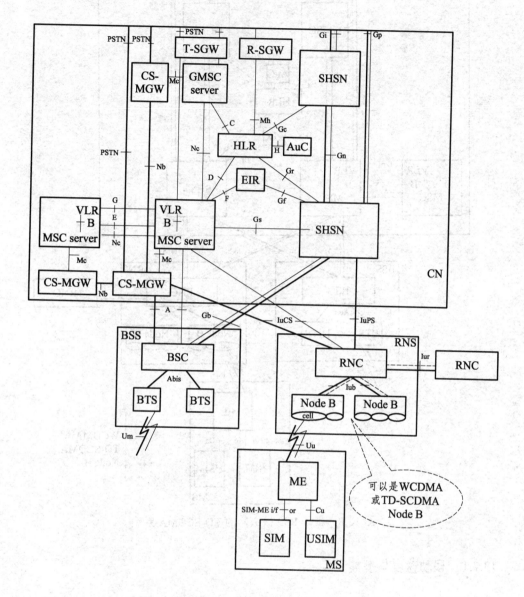

图 13.7　基于 R4 核心网的 TD-SCDMA 系统

　　TDD 系统的主要问题是在终端的移动速度和覆盖距离等方面。由于 TDD 系统采用多时隙的不连续的传输方式，对抗快衰落和多普勒效应的能力比连续传输的 FDD 方式差；另一方面，TDD 系统中的平均功率和峰值功率的比随时隙数的增加而增加，考虑到耗电和成本因素，用户终端的发射功率不可能很大，故通信距离（小区半径）就比较小。如 FDD 系统的小区半径可能达到数十公里，而 TDD 系统一般不超过十公里。TD-SCDMA 系统，由于采用了特殊的物理层技术，上述两个问题已经得到基本解决。

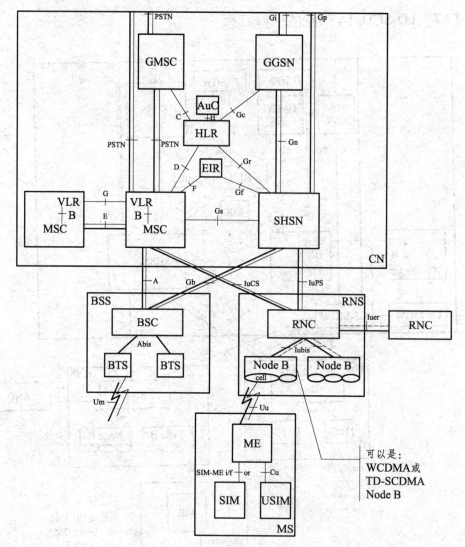

图 13.8　基于 R99 核心网的 TD-SCDMA 系统

13.7.1　移动速度与覆盖

移动速度的主要限制是多普勒效应所产生的频移和快衰落，它们都需要基带数字信号处理技术来克服。在 TD-SCDMA 系统中，基带数字信号处理技术是基于智能天线和联合检测，其限制在设备基带数字信号处理能力和算法复杂性之间的矛盾。在移动速度为 250 km/h 和 UMTS（3GPP）移动环境下，TD-SCDMA 系统全部码道均使用时，链路仿真结果表明系统是能够支持的。此结果和 WCDMA 系统相当，证明 TD-SCDMA 系统同样也可以工作于高速移动环境下。

通信距离是由链路估算来说明的。在同等发射功率，同样衰落环境和同样接收灵敏度条件下，不同 CDMA 系统应当有基本相同的通信距离。对此，TD-SCDMA 和 WCDMA 没有明显差别。

另外，TDD 系统的一个特殊要求是上、下行之间必须要有一个保护时隙，预留给远距离的用户终端，以达到上行同步。TD-SCDMA 系统的保护时隙可以提供的通信距离为 12 km，但是，当要求提供通信半径超过 10 km 的基站时，可以提高网络管理系统设置，少使用一个上行时隙，则小区半径就仅仅取决于发射功率，和 FDD 系统相同。虽然少使用一个上行时隙，系统容量减少了 14%，但仍然比其他系统高 50% 以上。

【定性分析】

为避免 DwPTS（DL）和 UpPTS（UL）间的干扰，在两者之间设置切换点 GP（96 chips）。它所对应的半径为 11.25 km。对于大小区，UpPTS 的提前将干扰临近 UE 的 DwPTS 的接收，这在 TD-SCDMA 系统中也是允许和可接受的，主要是因为（见表 13-1）：

对于大小区，两 UE 靠近的可能性不大；

DwPTS 无需在每一帧中均被 UE 接收，初始小区搜索中几个 DwPTS 未能接收亦无大妨；

UpPTS 并不在每一帧中发射，它仅在随机接入或切换时需要，故干扰的概率很小。

表 13-1　TD-SCDMA 小区半径分析

Potentially Interfering UL Signal	Potentially Interfered DL Signal	Tgap in μs	dmax in km
UpPTS	DwPTS	75	11.25
UpPTS	TS0	150	22.5
TS1	DwPTS	200	30
TS1	TS0	275	41.25

以上情况表明，移动通信一定是以 FDD 为主流的传统观点受到挑战，TDD 系统在第三代移动通信中的位置得以加强。FDD 或 TDD 系统均可用来建设全国和国际移动通信网，而 TDD 系统用来在城市人口集中地区提供高密度和高容量的话音、数据及多媒体业务则有明显优势。

在 CDMA TDD 模式下，有两个不同码片速率的选项：UTRA TDD 和 TD-SCDMA。这两个标准在高层信令和部分物理层技术上是相同的。但是，它们的设计出发点不同，使用的技术也有差别，从而导致其主要特性和用途均不同。UTRA TDD 是 WCDMA（FDD）系统的一个补充，是一个使用于室内环境，提供数据和多媒体的系统；而 TD-SCDMA 是基于 ITU 对 IMT-2000 的全部要求来设计的，它解决了移动速度和小区半径等 TDD 的问题，它本身就可以组成一个完整的蜂窝网络。

13.7.2　干扰问题

TDD 的干扰主要来自功率脉冲干扰、TDD 蜂窝内的干扰、蜂窝间的干扰、不同运营商间的干扰以及 TDD/FDD 之间的干扰。

2G 时代，由于 TDD 方式应用不普遍，有应用的话也只是如 PHS 之类的功率不大的系统。而在 3G 时代，由于功率和 FDD 差不多的 TDD 移动系统的引入，TDD 和 FDD 的干扰问题就非常突出。

来自功率脉冲的干扰是由于短的 TDD 帧的短传输时间，以及为了袖珍的语音终端设计在终端内部的设备之间的脉冲传输。

TDD 系统中的干扰不同于 FDD 系统中的干扰。在 FDD 中，由于上下行是频分双工，下行信道只会对下行信道产生干扰，上行信道只会对上行信道产生干扰，上下行之间不存在干扰。而在 TDD 系统中，由于上下行使用同一个载波，所以 UE 和 Node B 间可能存在各种干扰，干扰的比例取决于帧同步和信道的对称性。

考虑到前向与反向的情形，共有 $2 \times C_4^2 = 12$ 种组合。其中有 4 种情形是必需的通信路径，即：BS1→MS1，MS1→BS1，BS2→MS2，MS2→BS2，它们不是干扰；另外 4 种情形：BS1→MS2，MS2→BS1，BS2→MS1，MS1→BS2 与 FDD CDMA 系统中的干扰是相同的；还有 4 种情形：MS1→MS2，MS2→MS1，BS1→BS2，BS2→BS1 为 TDD CDMA 系统中所特有的干扰，如图 13.9 所示。

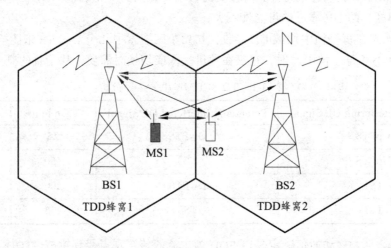

图 13.9　TDD CDMA 系统中的干扰示意图

关于 TDD 蜂窝间的干扰问题。如果两个相邻的蜂窝同步且具有相同的帧结构，则 TDD 系统中蜂窝间的干扰将与 FDD 系统中的相同。在上行，BS 接收到来自本蜂窝内的 MS 信号和干扰，以及来自其他蜂窝中 MS 的干扰；在下行，MS 接收到来自本蜂窝 BS 的信号和干扰，以及来自其他蜂窝中 BS 的干扰。当两个邻近蜂窝不同步或具有不同帧结构时，这两个蜂窝中移动台与移动台和基站与基站间存在严重干扰，如图 13.10 所示。

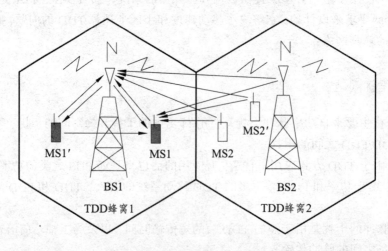

图 13.10　TDD CDMA 中 MS-MS 和 BS-BS 间的干扰

蜂窝内的干扰。从下行时隙转换到上行时隙的交换点处，移动台到移动台的干扰概率很小，但有一些参数在系统设计时必须考虑，以防止移动台在连续的时隙情况下上下行时隙的重叠。

在 TDD 中，不同用户的上行信号在 BS 端的接收时间上有一定的限制。对于半径较大的蜂窝，MS 端必须利用时间提前的方法来使 BS 所接收到的中间同步信号 Midamble 限制在一定的范围内，这样便可进行正确的信道估计；对于小蜂窝则不需要进行时间提前，但中间的同步信号 Midamble 窗口和相邻时隙的保护时间要能适应整个蜂窝的衰落和扩频时延。

如果在 BS 端接收到的信道脉冲响应部分地落在中间同步信号要求的范围之外，则信道估计性能将下降。此时，邻近突发间的保护时间将有利于避免重叠。对于半径很大的蜂窝，所要求的时间超前将超过这个保护时间长度，若在上下行交换点之后紧接着进行发送，则会有一部分数据被干扰，如图 13.11 所示。

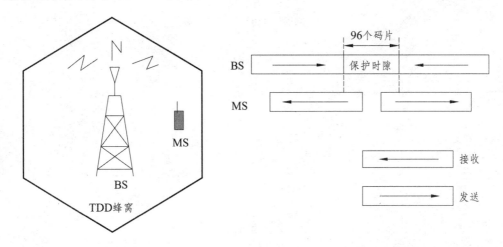

图 13.11　TDD CDMA 系统中可能存在的蜂窝内干扰

不同运营商间的干扰。由于发送机和接收机的不完善性，在一个信道上的发射功率将对邻近信道产生邻近信道干扰。多个 TDD 系统的干扰主要是由于邻近信道的干扰所引起的，影响系统容量的邻近信道的 3 个参数为 ACS，ACLR，ACIR。

（1）相邻信道选择性 ACS（Adjacent Channel Selectivity）是指接收滤波器在指配信道的衰减与在邻近信道上的衰减之比；

（2）相邻信道泄漏比 ACLR（Adjacent Channel Leakage Power Radio）是指发射的功率与在邻近信道经过滤波器接收到的功率之比；

（3）相邻信道干扰比 ACIR（Adjacent Channel Interference Power Ratio）是从源发射的全部功率与对受害的滤波器的影响之比。

以上三参数，它们之间的关系为：

$$ACIR \approx \frac{1}{\dfrac{1}{ACLR} + \dfrac{1}{ACS}}$$

其中，ACLR 和 ACS 分别指示发送和接收的邻近信道干扰功率的大小。ACIR 是一个全局参数，它综合考虑了由于发射和接收的不完善性而引起的干扰。高的 ACIR 值减小了邻近信道干扰，从而提高了系统容量，但也提高了系统设备的复杂性和价格。

上行的 ACIR 取决于 MS 的 ACLR 和 BS 的 ACS；而下行的 ACIR 则取决于 BS 的 ACLR 和 MS 的 ACS。

需要进一步考虑的问题有：不同 ACIR、两个蜂窝出现同步偏差、时隙上下行不对称、两个 Node B 间的距离以及蜂窝的半径等因素对系统的干扰和容量的影响。

第 14 章　TD-SCDMA 物理层

14.1　TD-SCDMA 物理层概述

14.1.1　多址接入方案

TD-SCDMA 的多址接入方案是采用直接序列扩频码分多址（DS-CDMA），扩频带宽约为 1.6 MHz，采用不需配对频率的 TDD（时分双工）工作方式。

在 TD-SCDMA 系统中，一个 10 ms 的无线帧可以分成 2 个 5 ms 的子帧，每个子帧中有 7 个常规时隙和 3 个特殊时隙。因此，一个基本物理信道的特性由频率、码和时隙决定。TD-SCDMA 使用的帧号（0 ~ 4 095）与 UTRA 建议相同。

信道的信息速率与符号速率有关，符号速率可以根据 1.28 Mcps 的码速率和扩频因子得到。上下行的扩频因子都在 1 到 16 之间，因此各自调制符号速率的变化范围为 80.0 K 符号/秒 ~ 1.28 M 符号/秒。

14.1.2　信道编码方案

TD-SCDMA 支持三种信道编码方式：

在物理信道上可以采用前向纠错编码，即卷积编码，编码速率为 1/2 ~ 1/3，用来传输误码率要求不高于 10 ~ 3 的业务和分组数据业务；

Turbo 编码，用于传输速率高于 32 kb/s 并且要求误码率优于 10-3 的业务；

无信道编码。

信道编码的具体方式由高层选择，为了使传输错误随机化，需要进一步进行比特交织。

14.1.3　调制和扩频方案

TD-SCDMA 采用 QPSK 方式进行调制（室内环境下的 2 M 业务采用 8PSK 调制），成形滤波器采用滚降系数为 0.22 的根升余弦滤波器。

TD-SCDMA 采用了多种不同的扩频码：

采用信道码区分相同资源的不同信道（OVSF）；

采用下行导频中的 PN 码、长度为 16 的扰码来区分不同的基站；

采用上行导频中的 PN 码、周期为 16 码片和长度为 144 码片的 Midamble 序列来区分不同的移动终端。

14.1.4 物理层过程

在 TD-SCDMA 系统中，与物理层有关的过程有：

闭环和开环功率控制；

TD-SCDMA 系统内的切换测量；

为向 GSM900/GSM1800 切换作准备的测量过程；

为向 CDMA TDD/FDD 模式切换作准备的测量过程；

随机接入处理；

动态信道分配（DCA）；

开环、闭环上行同步控制；

UE 定位（智能天线）。

14.2 TD-SCDMA 物理信道及传输信道

14.2.1 物理信道

TD-SCDMA 系统的物理信道采用四层结构：系统帧号、无线帧、子帧、时隙/码。系统使用时隙和扩频码来在时域和码域上区分不同的用户信号。如图 14.1 所示给出了物理信道的层次结构。

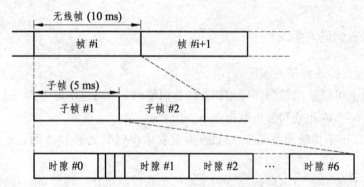

图 14.1 TD-SCDMA 物理信道结构图

TDD 模式下的物理信道是一个突发，在分配到的无线帧中的特定时隙发射。无线帧的分配可以是连续的，即每一帧的相应时隙都可以分配给某物理信道，也可以是不连续的分配，即仅有部分无线帧中的相应时隙分配给该物理信道。除下行导频（DwPTS）和上行接入（UpPTS）突发外，其他所有用于信息传输的突发都具有相同的结构：由两个数据部分、一个训练序列码和一个保护时间片组成。数据部分对称地分布于训练序列的两端。一个突发的持续时间就是一个时隙。一个发射机可以同时发射几个突发，在这种情况下，几个突发的数据部分必须使用不同 OVSF 的信道码，但应使用相同的扰码。Midamble 码部分必须使用同一个基本 Midamble 码，但可使用不同的 Midamble 码。突发数据部分由信道码和扰码共同扩频。信道码是一个 OVSF 码，扩频因子可以取 1，2，4，8 或 16，物理信道的数据速率取决于所用的 OVSF 码所采用的扩频因子。突发的 Midamble 部分是一个长为 144 chips 的 Midamble 码。

在 TD-SCDMA 系统中，每个小区一般使用一个基本的训练序列码。对这个基本的训练序列码进行等长的循环移位（长度取决于同一时隙的用户数）又可以得到一系列的训练序列。同一时隙的不同用户将使用不同的训练序列位移。因此，一个物理信道是由频率、时隙、信道码、训练序列位移和无线帧分配等诸多参数来共同定义的。建立一个物理信道的同时，也就给出了它的初始结构。物理信道的持续时间可以无限长，也可以是分配所定义的持续时间。

14.2.2　帧结构

3GPP 定义的一个 TDMA 帧长度为 10 ms。TD-SCDMA 系统为了实现快速功率控制和定时提前校准以及对一些新技术的支持（如智能天线、上行同步等），将一个 10 ms 的帧分成两个结构完全相同的子帧，每个子帧的时长为 5 ms。每一个子帧又分成长度为 675 μs 的 7 个常规时隙（TS0 ~ TS6）和 3 个特殊时隙：DwPTS（下行导频时隙）、G（保护间隔）和 UpPTS（上行导频时隙）。系统的子帧结构如图 14.2 所示。常规时隙用作传送用户数据或控制信息。在这 7 个常规时隙中，TS0 总是固定地用作下行时隙来发送系统广播信息，而 TS1 总是固定地用作上行时隙，其他的常规时隙可以根据需要灵活地配置成上行或下行以实现不对称业务的传输，如分组数据。用作上行链路的时隙和用作下行链路的时隙之间由一个转换点（Switch Point）分开。每个 5 ms 的子帧有两个转换点（UL 到 DL 和 DL 到 UL），第一个转换点固定在 TS0 结束处，而第二个转换点则取决于小区上下行时隙的配置。

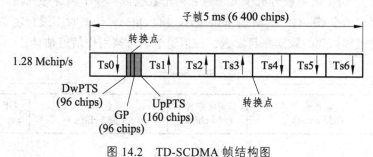

图 14.2　TD-SCDMA 帧结构图

14.2.3　时隙结构

时隙结构也就是突发的结构。TD-SCDMA 系统共定义了 4 种时隙类型，它们是 DwPTS、UpPTS、GP 和 TS0 ~ TS6。其中 DwPTS 和 UpPTS 分别用作上行同步和下行同步，不承载用户数据，GP 用作上行同步建立过程中的传播时延保护，TS0 ~ TS6 用于承载用户数据或控制信息。

GP 是为避免 UpPTS 和 DwPTS 间干扰而设置的，它确保无干扰接收 DwPTS，半径 11.25 km。对于大一些的小区，提前 UpPTS 将干扰临近 UE 的 DwPTS 的接收，这是允许和可接受的。

14.2.3.1　下行导频时隙（DwPTS）

每个子帧中的 DwPTS 由 Node B 以最大功率在全方向或在某一扇区上发射。这个时隙通常是由长为 64 chips 的 SYNC_DL 和 32 chips 的保护码间隔组成，其结构如图 14.3 所示。

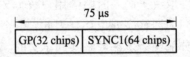

图 14.3　DwPTS 时隙结构图

14.2.3.2　上行导频时隙（UpPTS）

每个子帧中的 UpPTS 是为上行同步而设计的，当 UE 处于空中登记和随机接入状态时，它将首先发射 UpPTS，当得到网络的应答后，发送 RACH。这个时隙通常由长为 128 chips 的 SYNC_UL 和 32 chips 的保护间隔组成，其结构如图 14.4 所示。

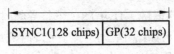

图 14.4　UpPTS 时隙结构图

14.2.3.3　常规时隙

TS0 ~ TS6 共 7 个常规时隙被用作用户数据或控制信息的传输，它们具有完全相同的时隙结构（见图 14.5）。每个时隙被分成了 4 个域：两个数据域、一个训练序列域（Midamble）和一个用作时隙保护的空域（GP）。Midamble 码长 144 chips，传输时不进行基带处理和扩频，直接与经基带处理和扩频的数据一起发送，在信道解码时被用作信道估计。

图 14.5　常规时隙结构图

数据域用于承载来自传输信道的用户数据或高层控制信息，除此之外，在专用信道和部分公共信道上，数据域的部分数据符号还被用来承载物理层信令。在 TD-SCDMA 系统中，存在着 3 种类型的物理层信令：TFCI、TPC 和 SS。TFCI（Transport Format Combination Indicator）用于指示传输的格式，TPC（Transmit Power Control）用于功率控制，SS（Synchronization Shift）是 TD-SCDMA 系统中所特有的，用于实现上行同步，该控制信号每个子帧（5 ms）发射一次。在一个常规时隙的突发中，如果物理层信令存在，则它们的位置被安排在紧靠 Midamble 序列，如图 14.6 所示。

对于每个用户，TFCI 信息将在每 10 ms 无线帧里发送一次。对每一个 CCTrCH，高层信令将指示所使用的 TFCI 格式。对于每一个所分配的时隙是否承载 TFCI 信息也由高层分别告知。如果一个时隙包含 TFCI 信息，它总是按高层分配信息的顺序采用该时隙的第一个信道码进行扩频。TFCI 是在各自相应物理信道的数据部分发送，这就是说 TFCI 和数据比特具有相同的扩频过程。如果没有 TPC 和 SS 信息传送，TFCI 就直接与 Midamble 码域相邻。

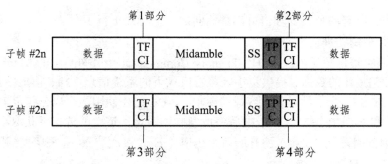

图 14.6 TD-SCDMA 物理层信令结构图

Midamble 用作扩频突发的训练序列，在同一小区同一时隙上的不同用户所采用的 Midamble 码由同一个基本的 Midamble 码经循环移位后产生。整个系统有 128 个长度为 128 chips 的基本 Midamble 码，分成 32 个码组，每组 4 个。一个小区采用哪组基本 Midamble 码由基站决定，当建立起下行同步之后，移动台就知道所使用的 Midamble 码组。Node B 决定本小区将采用这 4 个基本 Midamble 中的哪一个。一个载波上的所有业务时隙必须采用相同的基本 Midamble 码。原则上，Midamble 的发射功率与同一个突发中的数据符号的发射功率相同。

14.2.4 传输信道到物理信道的映射

14.2.4.1 物理信道

物理信道根据其承载的信息不同被分成了不同的类别，有的物理信道用于承载传输信道的数据，而有些物理信道仅用于承载物理层自身的信息。

1. 专用物理信道

专用物理信道 DPCH（Dedicated Physical CHannel）用于承载来自专用传输信道 DCH 的数据。物理层将根据需要把来自一条或多条 DCH 的层 2 数据组合在一条或多条编码组合传输信道 CCTrCH（Coded Composite Transport CHannel）内，然后再根据所配置物理信道的容量将 CCTrCH 数据映射到物理信道的数据域。DPCH 可以位于频带内的任意时隙和任意允许的信道码，信道的存在时间取决于承载业务类别和交织周期。一个 UE 可以在同一时刻被配置多条 DPCH，若 UE 允许多时隙能力，这些物理信道还可以位于不同的时隙。物理层信令主要用于 DPCH。

对物理信道数据部分的扩频包括两步操作：一是信道码扩频，即将每一个数据符号转换成一些码片（扩频因子，SF），因而增加了信号的带宽。第二步是加扰处理，即将扰码加到已被扩频的信号。

下行物理信道采用的扩频因子为 16，多个并行的物理信道可用于支持更高的数据速率，这些并行的物理信道可以采用不同的信道码同时发射。下行物理信道也可以采用 SF=1 的单码道传输。

上行物理信道的扩频因子可以从 1~16 选择。对于多码传输，UE 在每个时隙最多可以同时使用两个物理信道（信道码），这两个物理信道采用不同的信道码发射。

2. 公共物理信道

根据所承载传输信道的类型，公共物理信道可划分为一系列的控制信道和业务信道。在

3GPP 的定义中，所有的公共物理信道都是单向的（上行或下行）。

（1）主公共控制物理信道。

主公共控制物理信道（P-CCPCH，Primary Common Control Physical CHannel）仅用于承载来自传输信道 BCH 的数据，提供全小区覆盖模式下的系统信息广播，信道中没有物理层信令 TFCI、TPC 或 SS。为了满足信息容量的要求，P-CCPCH 使用两个码分信道来承载 BCH 数据（P-CCPCH1 和 P-CCPCH2）。UE 上电后将搜索并解码该信道上的数据以获取小区系统信息。P-CCPCHs 映射到时隙#0（TS0）的开始两个码道（$c_{Q=16}^{(k=1)}$ 和 $c_{Q=16}^{(k=2)}$），并采用扩频因子 SF=16。

（2）辅公共控制物理信道。

辅公共控制物理信道（S-CCPCH，Secondary Common Control Physical CHannel）用于承载来自传输信道 FACH 和 PCH 的数据。S-CCPCH 固定使用 SF=16 的扩频因子，不使用物理层信令 SS 和 TPC，但可以使用 TFCI，S-CCPCH 所使用的码和时隙在小区中广播，信道的编码及交织周期为 20 ms。受容量限制，S-CCPCH 也使用两个码分信道（S-CCPCH1 和 S-CCPCH2）来构成一个 S-CCPCH 信道对。该信道可位于任意一个下行时隙，使用时隙中的任意一对码分信道和 Midamble 移位序列。在 TS0，主、辅公共控制信道也可以进行时分复用。在一个小区中，可以使用一对以上的 S-CCPCHs。

（3）快速物理接入信道。

快速物理接入信道（FPACH，Fast Physical Access CHannel）不承载传输信道信息，因而与传输信道不存在映射关系。NODE B 使用 FPACH 来响应在 UpPTS 时隙收到的 UE 接入请求，调整 UE 的发送功率和同步偏移。FPACH 的扩频因子 SF=16，单子帧交织，信道的持续时间为 5 ms，数据域内不包含 SS 和 TPC 控制符号。因为 FPACH 不承载来自传输信道的数据，也就不需要使用 TFCI。小区中配置的 FPACH 数目以及时隙、信道化码、Midamble 码位移等信息由系统信息广播。

（4）物理随机接入信道。

物理随机接入信道（PRACH，Physiacal Random Access CHannel）用于承载来自传输信道 RACH 的数据。PRACH 为上行信道，它可以使用的扩频因子有 16、8、4。PRACH 可采用的扩频码及相对应的扩频因子在 BCH 上进行广播（在 BCH 中 RACH 配置参数中）。受信道容量限制，对不同的扩频因子，信道的其他结构参数也相应发生变化：

SF=16：PRACH 使用 2 条码分信道，持续时间为 2 个子帧（10 ms）；

SF=8：PRACH 使用 1 条码分信道，持续时间为 2 个子帧（10 ms）；

SF=4：PRACH 使用 1 条码分信道，持续时间为 1 个子帧（5 ms）。

PRACH 信道可位于任一上行时隙，使用任意允许的信道化码和 Midamble 位移序列。小区中配置的 PRACH 信道（或 SF=16 时的信道对）数目与 FPACH 信道的数目有关，两者配对使用。传输信道 RACH 的数据不与来自其他传输信道的数据编码组合，因而 PRACH 信道上没有 TFCI，也不使用 SS 和 TPC 控制符号。

（5）物理上行共享信道。

物理上行共享信道（PUSCH，Physical Uplink Shared CHannel）用于承载来自传输信道 USCH 的数据。所谓共享指的是同一物理信道可由多个用户分时使用，或者说信道具有较短的持续时间。由于一个 UE 可以并行存在多条 USCH，这些并行的 USCH 数据可以在物理层进行编码组合，因而 PUSCH 信道上可以存在 TFCI。但信道的多用户分时共享性使得闭环功率控制过程无法进行，因而信道上不使用 SS 和 TPC（上行方向 SS 本来就无意义，为上下行突发结构保持一致　SS 符号位置保留，以备将来使用）。信道的其他物理层参数与上行方向的 DPCH 基本相同。

（6）物理下行共享信道。

物理下行共享信道（PDSCH：Physical Downlink Shared CHannel）用于承载来自传输信道 DSCH 的数据。在下行方向，传输信道 DSCH 不能独立存在，只能与 FACH 或 DCH 相伴而存在，因此作为传输信道载体的 PDSCH 也不能独立存在。DSCH 数据可以在物理层进行编码组合，因而 PDSCH 上可以存在 TFCI，但一般不使用 SS 和 TPC，对 UE 的功率控制和定时提前量调整等信息都放在与之相伴的 PDCH 信道上。信道的其他物理层参数与下行方向的 DPCH 基本相同。

（7）寻呼指示信道。

寻呼指示信道（PICH：Paging Indicator CHannel）不承载传输信道的数据，但却与传输信道 PCH 配对使用，用以指示特定的 UE 是否需要解读其后跟随的 PCH 信道（映射在 S-CCPCH 上）。PICH 固定使用扩频因子 SF=16。一个完整的 PICH 信道由两条码分信道构成，信道的持续时间为两个子帧（10 ms），如图 14.7 所示。根据需要，也可将多个连续的 PICH 帧构成一个 PICH 块。PICH 信道配置所需的物理层参数、信道数目以及信道结构等信息由系统信息广播。

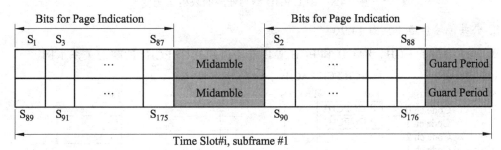

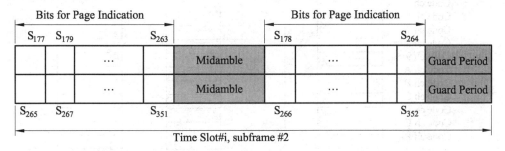

图 14.7　PICH 突发结构图

14.2.4.2　传输信道

传输信道的数据通过物理信道来承载，除 FACH 和 PCH 两者都映射到物理信道 S-CCPCH 外，其他传输信道到物理信道都有一一对应的映射关系。

1. 专用传输信道

一个专用传输信道映射到一个或几个物理信道上，每一次分配都有一个确定的交织周期。

将一帧分成几个可用于上、下行信息传输的时隙，如图 14.8 所示。

通常，分配给非实时分组数据业务的时间相对短一些，而分配给实时业务的时间一般为定值，并且为了保证尽快释放资源单元，对实时业务来说，需要有一个释放程序。为了有效利用资源，分配给无线载体的时隙/码集可随时改变，而分配给可变比特速率业务的资源应随着数据速率的变化而变化。业务信道采用功率控制。

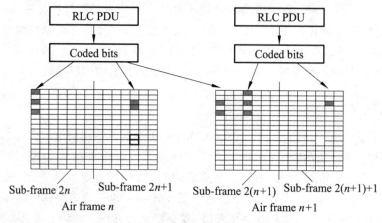

图 14.8 RLC PDU 到物理层的映射示例图

2. 公共传输信道（见图 14.9）

图 14.9 给出了 BCH、FACH 和 PCH 等传输信道到 P-CCPCHs 的映射关系示例。

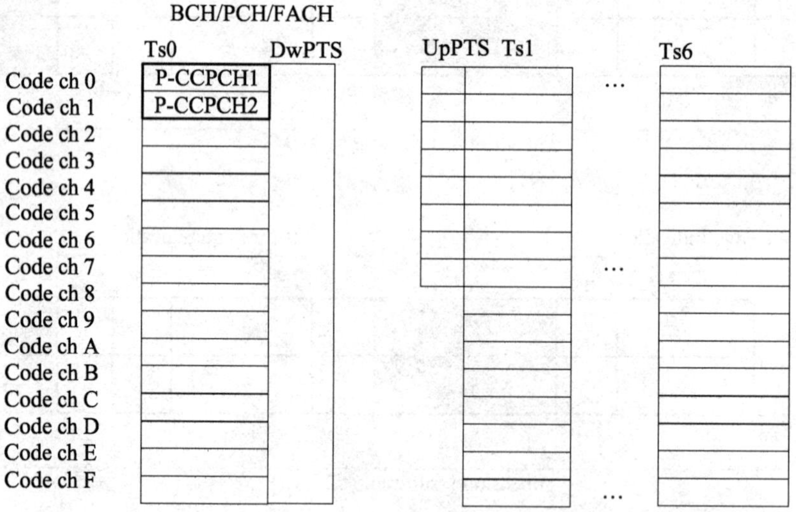

图 14.9 传输信道到物理信道的映射示例图

（1）广播信道 BCH。

在 TD-SCDMA 系统中，有两个 P-CCPCHS 信道，即 P-CCPCH1 和 P-CCPCH2，它们以 16 为扩频因子，使用 CQ=16（k=1）和 CQ=16（k=2）信道码映射到 TS0。BCH 总是映射到 P-CCPCH1+P-CCPCH2 上。

P-CCPCHs 中，BCH 的 MIB（Master Information Block）位置由 SYNC_DL 序列来指示，而它的相对相位表示 P-CCPCHs 的 midmable 码序列。每个 SYNC_DL 都有四种不同的相位，

且可由 Node B 独立分配,表示 P-CCPCHs midmable 码序列的不同的 SYNC_DL 相位组合可以指示超帧中 MIB 的位置和交织块的起始位置。

（2）寻呼信道 PCH。

PCH 是一个用于从 RNC 寻呼 UE 的特殊的广播信道。如上所述,PCH 映射到 S-CCPCHs（它可与 P-CCPCHs 进行时间复用）。PCH 的位置在 BCH 中指示。

（3）前向接入信道 FACH。

FACH 用于当系统知道移动台位置区时,传送控制信息给移动台的下行传输信道。它也可用于传送用户的短分组消息。FACH 映射到一个或几个 S-CCPCHs 信道上,它的位置由 BCH 来指示,且它的大小和位置均可根据需要而改变。FACH 可以使用或不使用功率控制。

（4）随机接入信道 RACH。

RACH 映射到 PRACH 物理信道。分配给 PRACHs 的扩频码和时隙通过 BCH 在小区内广播。RACH 可以映射到任何上行时隙的特点增加了系统的灵活性。对于 PRACH 来说,UE 为了上行同步所使用的上行同步码 SYNC_UL 序列是在 BCH 中广播的。PRACH 同时采用了功率控制和上行同步控制。

（5）上行共享信道 USCH。

上行共享信道映射到一个或几个 PUSCH。

（6）下行共享信道 DSCH。

下行共享信道映射到一个或几个 PDSCH。

如表 14-1 所示给出了 TD-SCDMA 系统中传输信道和物理信道的映射关系。表中部分物理信道与传输信道并没有映射关系。按 3GPP 规定,只有映射到同一物理信道的传输信道才能够进行编码组合。由于 PCH 和 FACH 都映射到 S-CCPCH,因此来自 PCH 和 FACH 的数据可以在物理层进行编码组合生成 CCTrCH。其他的传输信道数据都只能自身组合成,而不能相互组合。另外,BCH 和 RACH 由于自身性质的特殊性,也不可能进行组合。

表 14-1　TD-SCDMA 传输信道和物理信道间的映射关系

传输信道	物理信道
DCH	专用物理信道（DPCH）
BCH	主公共控制物理信道（P-CCPCH）
PCH	辅助公共控制物理信道（S-CCPCH）
FACH	辅助公共控制物理信道（S-CCPCH）
RACH	物理随机接入信道（PRACH）
USCH	物理上行共享信道（PUSCH）
DSCH	物理下行共享信道（PDSCH）
	下行导频信道（DwPCH）
	上行导频信道（UpPCH）
	寻呼指示信道（PICH）
	快速物理接入信道（FPACH）

14.2.5 TD-SCDMA 信道编码及复用

14.2.5.1 概述

为了保证高层的信息数据在无线信道上可靠地传输，需要对来自 MAC 和高层的数据流（传输块/传输块集）进行编码/复用后在无线链路上发送，并且将无线链路上接收到的数据进行解码/解复用再送给 MAC 和高层。

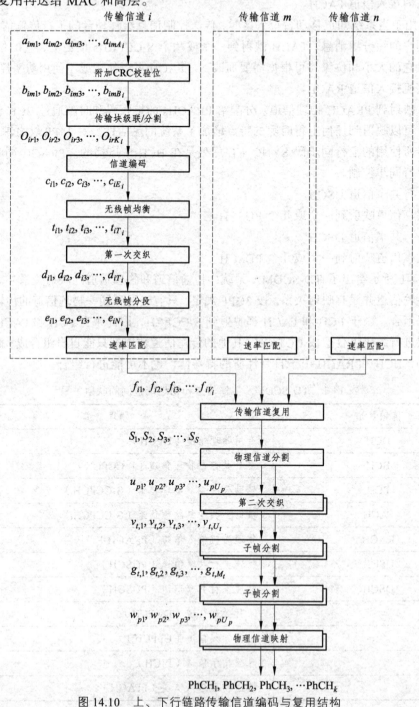

图 14.10　上、下行链路传输信道编码与复用结构

在相应的每个传输时间间隔 TTI（Transmission Time Interval），数据以传输块的形式到达 CRC 单元。这里的 TTI 允许的取值间隔是：10 ms、20 ms、40 ms、80 ms。对于每个传输块，需要进行的基带处理步骤包括：① 给每个传输块添加 CRC 校验比特；② 传输块的级联和码块分割；③ 信道编码；④ 无线帧均衡；⑤ 交织（分两步）；⑥ 无线帧分割；⑦ 速率匹配；⑧ 传输信道的复用；⑨ 物理信道的分割；⑩ 子帧分割；⑪ 到物理信道的映射。

如图 14.10 所示给出了 TD-SCDMA 上、下行链路的传输信道复用结构。图中每个虚线框表示一个 TTI 的传输块的基带处理流程，传输信道 TrCH（Transport Channel）复用模块的单个输出数据流用编码复合传输信道 CCTrCH（Coded Composite Transport Channel）表示，一个 CCTrCH 可以映射到一个或多个物理信道。

一般来说，传输信道可按上述方法进行复用，即一个数据流映射到一个或多个物理信道。但可选的方法是，它可以使用多个 CCTrCHs（编码组合传输信道），它们对应有几个并行的如图 14.10 所示的复用链，因而就有几个数据流，这些数据流都可映射到一个或多个物理信道。

14.2.5.2 CRC 差错检验

差错检测功能是通过传输块上的循环冗余校验 CRC（Cyclic Redundancy Check）来实现的，信息数据通过 CRC 生成器生成 CRC 比特，CRC 的比特数目可以为 24、16、12、8 或 0 比特，每个具体 TrCH 所使用的 CRC 长度由高层信令给出。校验比特位可由以下一些循环生成多项式产生：

$$gCRC24\left(D\right) = D^{24} + D^{23} + D^{6} + D^{5} + D + 1;$$
$$gCRC16\left(D\right) = D^{16} + D^{12} + D^{5} + 1;$$
$$gCRC12\left(D\right) = D^{12} + D^{11} + D^{3} + D^{2} + D + 1;$$
$$gCRC8\left(D\right) = D^{8} + D^{7} + D^{4} + D^{3} + D + 1。$$

设在一个传输块中，传递给层 1 的比特用 $a_{im1}, a_{im2}, a_{im3}, \ldots, a_{imA_i}$ 来表示，校验比特用 $p_{im1}, p_{im2}, p_{im3}, \ldots, p_{imL_i}$ 来表示。A_i 为 TrCH i 中传输块的长度，m 为传输块的编号，L_i 将根据高层信令取值 24、16、12、8 或 0。

则在 Galois 域 GF（2）中，有多项式：

$$a_{im1}D^{A_i+23} + a_{im2}D^{A_i+22} + \ldots + a_{imA_i}D^{24} + p_{im1}D^{23} + p_{im2}D^{22} + \ldots + p_{im23}D^{1} + p_{im24}$$

除以 gCRC24（D）后其余数等于 0；有多项式：

$$a_{im1}D^{A_i+15} + a_{im2}D^{A_i+14} + \ldots + a_{imA_i}D^{16} + p_{im1}D^{15} + p_{im2}D^{14} + \ldots + p_{im15}D^{1} + p_{im16}$$

除以 gCRC16（D）后其余数等于 0；有多项式：

$$a_{im1}D^{A_i+11} + a_{im2}D^{A_i+10} + \ldots + a_{imA_i}D^{12} + p_{im1}D^{11} + p_{im2}D^{10} + \ldots + p_{im11}D^{1} + p_{im12}$$

除以 gCRC12（D）后其余数等于 0；有多项式：

$$a_{im1}D^{A_i+7} + a_{im2}D^{A_i+6} + \ldots + a_{imA_i}D^{8} + p_{im1}D^{7} + p_{im2}D^{6} + \ldots + p_{im7}D^{1} + p_{im8}$$

除以 gCRC8（D）后其余数等于 0。

如果没有输入传输块进行 CRC 计算，即 $M_i = 0$（M_i 为 TrCH i 中一个 TTI 间隔内的传输块的数目），则无须产生 CRC 校验码。如果有 M_i（$M_i \neq 0$）个传输块输入并进行 CRC 计算，而传输块的大小为 0（$A_i = 0$），则必须添加取值为全 0 的 CRC 校验位。

设附加 CRC 后的各比特位表示为 $b_{im1}, b_{im2}, b_{im3}, \cdots, b_{imB_i}$，其中 $B_i = A_i + L_i$，则 a_{imk} 与 b_{imk} 间的关系为：

$$b_{imk} = a_{imk}, \quad k = 1, 2, 3, \cdots, A_i;$$
$$b_{imk} = p_{im(L_i+1-(k-A_i))}, \quad k = A_i + 1, A_i + 2, A_i + 3, \cdots, A_i + L_i。$$

14.2.5.3 传输块的级联与码块分割

在每一个传输块附加上 CRC 比特后，把一个传输时间间隔 TTI 内的传输块顺序级联起来。如果级联后的比特序列长度大于最大编码块长度 Z，则需要进行码块分割，分割后的码块具有相同的大小，码块的最大尺寸将根据 TrCH 使用卷积编码还是 Turbo 编码而定。

1. 传输块的级联

设输入到传送块级联单元的比特用 $b_{im1}, b_{im2}, b_{im3}, \cdots, b_{imB_i}$ 来表示，其中 i 为 TrCH 的编号，m 为传输块的编号，B_i 为每个块（含 CRC）中的比特数。在 TrCH$_i$ 上的传输块数用 M_i 来表示，级联后的比特用 $x_{i1}, x_{i2}, x_{i3}, \cdots, x_{iX_i}$ 来表示，其中 i 为 TrCH 编号且 $X_i = M_i B_i$。它们间的关系如下：

$$x_{ik} = b_{i1k}, \quad k = 1, 2, \cdots, B_i$$
$$x_{ik} = b_{i,2,(k-B_i)}, \quad k = B_i + 1, B_i + 2, \cdots, 2B_i$$
$$x_{ik} = b_{i,3,(k-2B_i)}, \quad k = 2B_i + 1, 2B_i + 2, \cdots, 3B_i$$
$$\cdots$$
$$x_{ik} = b_{i,M_i,(k-(M_i-1)B_i)}, \quad k = (M_i - 1)B_i + 1, (M_i - 1)B_i + 2, \cdots, M_i B_i$$

2. 码块分割

如果级联后的比特序列长度 $X_i > Z$，那么来自传输块级联后的比特序列就要分割为相同尺寸的码块。设在 TrCH$_i$ 上的码块数用 C_i 来表示，如果输入到码块分割模块的比特数 X_i 不是 C_i 的整数倍，那么在最后一个块内将填充一些比特。填充比特也将被传输，且总为 0。最大的码块尺寸为：

卷积编码（Convolutional Coding）：$Z = 504$ bits；

Turbo 编码（Turbo Coding）：$Z = 5\,114$ bits；

无信道编码（No Channel Coding）：$Z =$ 无限制（unlimited）。

令 $C_i \neq 0$，由码块分割输出的比特用 $o_{ir1}, o_{ir2}, o_{ir3}, \cdots, o_{irK_i}$ 来表示，其中 i 为 TrCH 的编号，r 为码块编号，K_i 为每个码块的比特数。

$$\text{码块数 } C_i = \begin{cases} \lceil X_i/Z \rceil & \text{when } Z \neq unlimited \\ 0 & \text{when } Z = unlimited \text{ and } X_i = 0 \\ 1 & \text{when } Z = unlimited \text{ and } X_i \neq 0 \end{cases}, \quad \text{其中 } X_i \text{ 为级联后总比特数；}$$

每个码块中所含的比特数（仅适用于 $C_i \neq 0$）为：

if $X_i < 40$ and Turbo coding is used，then

$K_i = 40$

else

$\qquad K_i = \lceil X_i / C_i \rceil$

end if

填充比特的数目：$Y_i = C_i K_i - X_i$。

编码块分割的算法可描述如下：

for k = 1 to Yi　　　　　　　　　　　-- Insertion of filler bits

$O_{i1k} = 0$

end for

for k = Yi+1 to Ki

$O_{i1k} = X_{i,(k-Y_i)}$

end for

r = 2　　　　　　　　　　　　　　-- Segmentation

while r $\leqslant C_i$

　　for k = 1 to K_i

$O_{irk} = X_{i,(k+(r-1)\cdot K_i - Y_i)}$

　　end for

r = r+1

end while

14.2.5.4　信道编码

无线信道编码是为了接收机能够检测和纠正因传输媒介带来的信号误差，在原数据流中加入适当冗余信息，从而提高数据传输的可靠性。设分割后的码块 $o_{ir1}, o_{ir2}, o_{ir3}, \ldots, o_{irK_i}$ 被传送到信道编码模块，这里 i 为传输信道 TrCH 号，r 为码块号，K_i 为每块中的比特数。TrCHi 中的码块数记作 C_i。编码后的比特记作 $x_{ir1}, x_{ir2}, x_{ir3}, \ldots, x_{irX_i}$，其中 X_i 为编码位数。输出比特表示为 $c_{i1}, c_{i2}, c_{i3}, \ldots, c_{iE_i}$，$i$ 为传输信道号，$E_i = C_i X_i$。输出比特由下面的关系式给出：

$$c_{ik} = x_{i1k}, \quad k = 1, 2, \cdots, X_i$$
$$c_{ik} = x_{i,2,(k-X_i)}, \quad k = X_i + 1, X_i + 2, \cdots, 2X_i$$
$$c_{ik} = x_{i,3,(k-2X_i)}, \quad k = 2X_i + 1, 2X_i + 2, \cdots, 3X_i$$
$$\cdots$$
$$c_{ik} = x_{i,C_i,(k-(C_i-1)X_i)}, \quad k = (C_i - 1)X_i + 1, (C_i - 1)X_i + 2, \cdots, C_i X_i$$

o_{irk} 和 x_{irk} 以及 K_i 和 X_i 之间的关系由信道编码方式决定。

TD-SCDMA 中，传输信道可采用以下信道编码方案：

卷积编码；

Turbo 编码；

无信道编码。

不同类型的传输信道 TrCH 所使用的不同编码方案和码率如表 14-2 所示，设编码前、后码块的比特数分别为 K_i 和 X_i，则 X_i 的值与具体编码方案有关：

采用 1/2 码率的卷积编码：$X_i = 2*K_i + 16$；

采用 1/3 码率的卷积编码：$X_i = 3*K_i + 24$；

采用 1/3 码率的 Turbo 编码：$X_i = 3*K_i + 12$；

不进行编码：$X_i = K_i$。

表 14-2　不同传输信道的编码和码率方案

传输信道类型	编码方式	编码率
BCH	卷积编码	1/3
PCH		1/3，1/2
RACH		1/2
DCH，DSCH，FACH，USCH		1/3，1/2
	Turbo 编码	1/3
	无编码	

1. 卷积编码

TD-SCDMA 系统中采用的卷积编码器定义如下（见图 14.11）：

约束长度为 $K=9$，编码率为 1/2 和 1/3；

1/3 卷积编码器的输出顺序为：output 0，output 1，output 2，output 0，output 1，output 2，output 0，…，output 2；

1/2 卷积编码器的输出顺序为：output 0，output 1，output 0，output 1，output 0，…，output 1；

在编码前，$K-1=8$ 个尾比特（值为 0）将加到码块的尾部；

编码器的移位寄存器的初始值将置为"全 0"。

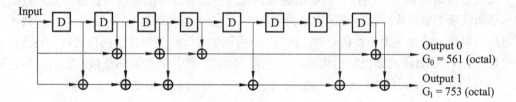

（a）Rate 1/2 convolutional coder

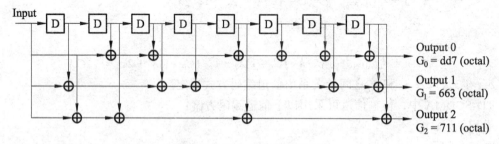

（b）Rate 1/3 convolutional coder

图 14.11　码率=1/2 和 1/3 的卷积编码器

2. Turbo 编码

对于 BER（Bit Error Rate）介于 10-3 和 10-6 业务质量之间且允许时延较长的数据业务，Turbo 编码器方案使用带有两个 8-态编码器的并行级联卷积码 PCCC（Parallel Concatenated

Convolutional Code）和一个 Turbo 码内部交织器来组成。Turbo 编码器的码率为 1/3，其结构如图 14.12 所示。8-态编码器的 PCCC 传输函数为：

$$G(D)=\left[1,\frac{g_1(D)}{g_0(D)}\right]$$

其中，$g_0(D)=1+D^2+D^3$ 且 $g_1(D)=1+D+D^3$。

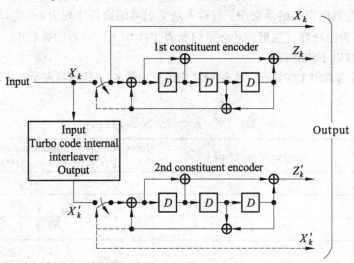

图 14.12　1/3 码率 Turbo 编码器结构图（虚线仅对 trellis 收尾有效）

8-态编码器的移位寄存器的初始值置为 0。在无线帧的尾部，插入尾比特以清除编码器的状态。而尾比特可由寄存器中反馈得到（用虚线表示）。Turbo 编码器输出序列是 x_1，z_1，z_1'，x_2，z_2，z_2'，…，x_K，z_K，z_K' 等，其中 x_1，x_2，…，x_K 为编码器的输入比特（即第一个 PCCC 和 Turbo 码内部交织器），K 为比特数，z_1，z_2，…，z_K 和 z_1'，z_2'，…，z_K' 分别为第一个和第二个 PCCC 的输出，Turbo 码内部交织器的输出记作 x_1'，x_2'，…，x_K'，它同时为第二个 PCCC 的输入。

格形图收尾（Trellis Termination）是在对所有的信息比特编码后，从移位寄存器反馈中得到尾比特而实现的。尾比特在信息比特编码后加入。最开始的三个尾比特将在第二个子编码器不工作时，用于终止第一个子编码器（图 14.12 中上面的开关打到下端时）。最后三个尾比特将在第一个子编码器不工作时，用于终止第二个子编码器（见图 14.12 中下面的开关打到下端时）。

因此，格形图收尾的发送比特为：x_K+1，z_K+1，x_K+2，z_K+2，x_K+3，z_K+3，$x_K'+1$，$z_K'+1$，$x_K'+2$，$z_K'+2$，$x_K'+3$，$z_K'+3$。

14.2.5.5　无线帧尺寸均衡

无线帧尺寸均衡是指对输入比特序列进行填充，以保证输出可以分割成具有相同大小为 Fi 的数据段。设输入用于无线帧尺寸均衡的比特序列为 $c_{i1},c_{i2},c_{i3},\cdots,c_{iE_i}$，其中 i 为 TrCH 号，Ei 为输入比特的数目；输出的比特序列为 $t_{i1},t_{i2},t_{i3},\cdots,t_{iT_i}$，$T_i$ 为输出比特的数目。则输出比特序列可按下述方法得到：

$$t_{ik} = c_{ik}, \quad k = 1 \cdots E_i \text{ 且}$$

$$t_{ik} = \{0, \ 1\}, \quad k = E_i + 1 \cdots T_i, \text{ 若 } E_i < T_i \text{。其中,} T_i = F_i * N_i$$

$$N_i = \lceil E_i / F_i \rceil \text{ 为无线帧均衡后每段的比特数目。}$$

14.2.5.6 第一次交织

第一次交织是列间交换的块交织。设输入块交织器的比特序列为 $x_{i,1}, x_{i,2}, x_{i,3}, \cdots, x_{i,X_i}$,其中 i 为 TrCH 号, X_i 为比特数。这里, X_i 必须确保为 TTI 中无线帧数的整数倍。由块交织器输出的比特序列可通过以下步骤得到:

(1)根据传输信道的 TTI 属性,从表 14-3 中选择列数 $C1$。各列自左至右依编号为 0,1,…, $C1-1$。

表 14-3 第一次交织的列间交换样图

TTI	Number of columns C1	Inter-column permutation patterns<P1C1(0), P1C1(1), …, P1C1(C1-1)>
10 ms	1	<0>
20 ms	2	<0, 1>
40 ms	4	<0, 2, 1, 3>
80 ms	8	<0, 4, 2, 6, 1, 5, 3, 7>

(2)按照公式计算矩阵的行数 $R_1 = X_i / C_1$。矩阵的行自上而下依次编号 0,1,…, R_1-1。

(3)将输入到矩阵 $R_1 \times C_1$ 的比特序列逐行写入,即由第 0 行第 0 列的位 x_i,1 到第 R_1-1 行第 C_1-1 列的位 x_i,($R_1 \times C_1$):

$$\begin{bmatrix} x_{i,1} & x_{i,2} & x_{i,3} & \cdots & x_{i,C_1} \\ x_{i,(C_1+1)} & x_{i,(C_1+2)} & x_{i,(C_1+3)} & \cdots & x_{i,(2\times C_1)} \\ \vdots & \vdots & \vdots & \cdots & \vdots \\ x_{i,((R_1-1)\times C_1+1)} & x_{i,((R_1-1)\times C_1+2)} & x_{i,((R_1-1)\times C_1+3)} & \cdots & x_{i,(R_1\times C_1)} \end{bmatrix}$$

(4)按照表 2-3 中所列出的列间交换样图 $\left\langle P1_{C_1}(j) \right\rangle_{j \in \{0,1,\cdots,C_1-1\}}$ 执行矩阵的列交换,其中 $P1C1$ (j)为第 j 个交换列的初始位置。列交换后的比特用 y_i, k 表示,则有:

$$\begin{bmatrix} y_{i,1} & y_{i,(R_1+1)} & y_{i,(2\times R_1+1)} & \cdots y_{i,((C_1-1)\times R_1+1)} \\ y_{i,2} & y_{i,(R_1+2)} & y_{i,(2\times R_1+2)} & \cdots y_{i,((C_1-1)\times R_1+2)} \\ \vdots & \vdots & \vdots & \cdots \\ y_{i,R_1} & y_{i,(2\times R_1)} & y_{i,(3\times R_1)} & \cdots & y_{i,(C_1\times R_1)} \end{bmatrix}$$

(5)由已交换的矩阵 $R_1 \times C_1$ 逐列读出比特序列 $y_{i,1}, y_{i,2}, y_{i,3}, \cdots, y_{i,(C_1\times R_1)}$,即为第一步交织后的输出数据流比特。这里,位 y_i,1 对应了第 0 列的第 0 行,而位 y_i,($R_1 \times C_1$)则对应了第 C_1-1 列的第 R_1-1 行。

第一次交织的输入与输出间的关系如下:

设输入到第一次交织的比特记为 $t_{i,1}, t_{i,2}, t_{i,3}, \cdots, t_{i,T_i}$，其中 i 为 TrCH 号，T_i 为比特数，则有 $x_i,\ k = t_i,\ k$ 以及 $X_i = T_i$；又设第一次交织输出的比特记作 $d_{i,1}, d_{i,2}, d_{i,3}, \cdots, d_{i,T_i}$，则有 $d_i,\ k = y_i,\ k$。

14.2.5.7　无线帧分段

如果传输时间间隔 TTI 长于 10 ms，则输入比特序列将分段并映射到连续的 F_i 个无线帧上，$F_i = $ TTI/10 ms。由无线帧尺寸均衡可知，输入比特序列的长度应确保为 F_i 的整数倍。设输入比特序列表示为：$x_{i1}, x_{i2}, x_{i3}, \cdots, x_{iX_i}$，其中 i 为 TrCH 号，X_i 为比特数；又设每个 TTI 上 F_i 个输出比特序列表示为：$y_{i,n_i 1}, y_{i,n_i 2}, y_{i,n_i 3}, \cdots, y_{i,n_i Y_i}$，其中 n_i 为当前 TTI 中无线帧号，Y_i 为 TrCH i 中每个无线帧的比特数。于是输出序列可定义如下：

$$y_{i,n_i k} = x_{i,((n_i - 1) \cdot Y_i) + k},\ \ n_i = 1 \cdots F_i,\ \ k = 1 \cdots Y_i,\ \text{其中}\ Y_i = (X_i / F_i)\ \text{为每个分段的比特数。}$$

这里，第 n_i 个分段被映射到传输时间间隔的第 n_i 个无线帧上。设输入到无线帧分段的比特序列为 $d_{i1}, d_{i2}, d_{i3}, \cdots, d_{iT_i}$，其中 i 为 TrCH 号，T_i 为比特数。则 $x_{ik} = d_{ik}$ 且 $X_i = T_i$。

设对应于无线帧 n_i 的输出比特序列为 $e_{i1}, e_{i2}, e_{i3}, \cdots, e_{iN_i}$，其中 i 为 TrCH 号，N_i 为比特数。则 $e_{i,k} = y_{i,n_i k}$ 且 $N_i = Y_i$。

14.2.5.8　速率匹配

速率匹配是指在传输信道上为适应固定分配的信道速率，比特被重发或者打孔。高层给每一个传输信道配置一个速率匹配特性。这个特性是半静态并且只能通过高层信令来改变。当计算重发或打孔的比特数量时，需要使用速率匹配特性。

TrCH 中的比特数在不同的传输时间间隔 TTI 内可能会发生变化。当在不同的 TTI 内所传输的比特数改变时，比特将被重发或打孔，以确保在 TrCH 复用后总的比特率与高层所分配的专用物理信道的总比特率是相匹配的。

14.2.5.9　传输信道复用

每隔 10 ms，来自每个 TrCH 的无线帧被送到 TrCH 复用模块中。这些无线帧被连续地复用到一个编码组合传输信道 CCTrCH（Coded Composite Transport Channel）。

设输入到 TrCH 复用模块的数据比特依次表示为 $f_{i,1}, f_{i,2}, f_{i,3}, \cdots, f_{i,V_i}$，其中 i 是 TrCH 序号，V_i 是 TrCH i 中无线帧的比特数。TrCHs 总数为 I。TrCH 复用模块的输出表示为 $h_1, h_2, h_3, \cdots, h_S$，其中 S 为比特总数，即 $S = \sum\limits_i V_i$。则 TrCH 复用可由以下关系来描述：

$$h_k = f_{1,k},\ \ k = 1,\ 2,\ \cdots,\ V_1$$

$$h_k = f_{2,(k-V_1)},\ \ k = V_1 + 1,\ V_1 + 2,\ \cdots,\ V_1 + V_2$$

$$h_k = f_{3,(k-(V_1+V_2))},\ \ k = (V_1 + V_2) + 1,\ (V_1 + V_2) + 2,\ \cdots,\ (V_1 + V_2) + V_3$$

$$\cdots$$

$$h_k = f_{I,(k-(V_1+V_2+\ldots+V_{I-1}))},\ \ k = (V_1 + V_2 + \cdots + V_I - 1) + 1,\ (V_1 + V_2 + \cdots + V_I - 1) + 2,\ \cdots,$$
$$(V_1 + V_2 + \cdots + V_I - 1) + V_I$$

从 TrCH 复用模块输出的比特将送至比特扰码器进行扰码。设输入扰码器的比特表示为：

$h_1,h_2,h_3,\cdots,h_S$，其中 S 为输入的比特数，即 CCTrCH 的总比特数；又设由扰码器输出的比特表示为：$s_1,s_2,s_3,\cdots,s_S$。则比特扰码可由下式确定：

$$s_k = h_k \oplus p_k，\quad k=1,2,\ldots,S$$

其中，$p_k = \left(\sum_{i=1}^{16} g_i \cdot p_{k-i}\right) \bmod 2$；$p_k=0; k<1$；$p_1=1$；$g=\{0,0,0,0,0,0,0,0,0,0,0,1,0,1,1,0,1\}$。

14.2.5.10 物理信道分割

当一个 CCTrCH 信道需要映射到多个物理信道 PhCH 上时，还需要将 CCTrCH 上的数据平均分配到不同的 PhCHs 上。设输入到物理信道分段模块的位记作：$s_1,s_2,s_3,\cdots,s_S$，其中 S 是输入的比特数，PhCHs 总数为 P。设模块输出的比特表示为：$u_{p,1},u_{p,2},u_{p,3},\cdots,u_{p,U_p}$，其中 p 为 PhCH 号，U_p 为通常情况下每条 PhCH 上各无线帧的可变比特数。s_K 和 u_P，k 间的关系表述如下：

物理信道分段后第一条 PhCH 上的比特：

$$u_{1,k} = s_k，\quad k=1,2,\cdots,U_1$$

物理信道分段后第二条 PhCH 上的比特：

$$u_{2,k} = s_{(k+U_1)}，\quad k=1,2,\cdots,U_2$$

…

物理信道分段后第 p 条 PhCH 上的比特：

$$u_{p,k} = s_{(k+U_1+\cdots+U_{p-1})}，\quad k=1,2,\cdots,U_p$$

14.2.5.11 第二次交织

第二次交织是一个块交织，包括带填充的矩阵输入比特、矩阵列间交换以及带修剪的矩阵输出比特。第二次交织可以在 CCTrCH 所映射的一帧所要发射的所有数据比特中进行，也可以分别在 CCTrCH 所映射的各个时隙进行。第二次交织方案的选择由高层控制。

1. 面向帧的第二次交织

在面向帧的第二次交织中，如果输入到第二交织器的比特表示为：$x_1,x_2,x_3,\cdots,x_U$，其中 U 是传输信道复用后在各个无线帧内发送的总比特数，即 $S=U=\sum_p U_p$。x_k 和各个物理信道的比特 u_p，k 间的关系如下：

$$x_k = u_{1,k}，\quad k=1,2,\cdots,U_1$$

$$x_{(k+U_1)} = u_{2,k}，\quad k=1,2,\cdots,U_2$$

…

$$x_{(k+U_1+\cdots+U_{p-1})} = u_{p,k}，\quad k=1,2,\cdots,U_p$$

对于每个 CCTrCH，依次执行以下步骤：

（1）令 $C_2=30$ 为矩阵的列数，各列从左至右依次编号为 0，1，2，$\cdots$，C_2-1；

（2）确定矩阵的行数 R_2，R_2 为满足式 $U \leqslant R_2 \times C_2$ 的最小整数。将矩阵的行自上而下依次编号为 0，1，2，$\cdots$，R_2-1；

（3）将输入比特序列 x_1，x_2，x_3，…，x_U 依次从矩阵的第 0 行第 0 列的 y_1 位开始逐行写

入 $R_2 \times C_2$ 矩阵：
$$\begin{bmatrix} y_1 & y_2 & y_3 & \cdots & y_{C_2} \\ y_{(C_2+1)} & y_{(C_2+2)} & y_{(C_2+3)} & \cdots & y_{(2\times C_2)} \\ \vdots & \vdots & \vdots & & \vdots \\ y_{((R_2-1)\times C_2+1)} & y_{((R_2-1)\times C_2+2)} & y_{((R_2-1)\times C_2+3)} & \cdots & y_{(R_2\times C_2)} \end{bmatrix}$$。其中，$y_k = x_k$ for $k = 1$，2，$\cdots$，

U。若 $R_2 \times C_2 > U$，则虚拟比特 $y_k = 0$ 或 1 for $k = U + 1$，$U + 2$，$\cdots$，$R_2 \times C_2$。这些虚拟比特在矩阵的行间交换之后的输出中被修剪；

（4）基于表 14-4 所示的矩阵列间交换样图 $\left\langle P_2(j) \right\rangle_{j\in\{0,1,\cdots,C_2-1\}}$ 进行列间交换，其中 $P_2(j)$ 是被交换后的第 j 列的初始位置。列交换后，输出比特表示为 y'_k。

$$\begin{bmatrix} y'_1 & y'_{(R_2+1)} & y'_{(2\times R_2+1)} & \cdots & y'_{((C_2-1)\times R_2+1)} \\ y'_2 & y'_{(R_2+2)} & y'_{(2\times R_2+2)} & \cdots & y'_{((C_2-1)\times R_2+2)} \\ \vdots & \vdots & \vdots & \cdots & \vdots \\ y'_{R_2} & y'_{(2\times R_2)} & y'_{(3\times R_2)} & \cdots & y'_{(C_2\times R_2)} \end{bmatrix}$$

表 14-4　第二次交织的列间交换

Number of Columns C_2	Inter-column permutation pattern < $P_2(0)$, $P_2(1)$, $\cdots$, $P_2(C_2-1)$ >
30	<0, 20, 10, 5, 15, 25, 3, 13, 23, 8, 18, 28, 1, 11, 21, 6, 16, 26, 4, 14, 24, 19, 9, 29, 12, 2, 7, 22, 27, 17>

（5）第二次交织器的输出将从交换后的 $R_2 \times C_2$ 矩阵按列逐位地读取。通过删除在列间交换前填充到矩阵的虚拟比特，输出被修剪，即对应于位 y_k 且 $k > U$ 的 y'_k 位被从输出部分删除。设第二次交织后的输出比特记为 $v_1, v_2, \cdots, v_U$，其中 v_1 对应于修剪后具有最小 k 值的比特 y'_k，v_2 对应于具有第二小 k 值的比特 y'_k，等。

2. 面向时隙的第二次交织

在面向时隙的第二次交织中，如果输入到交织器的位表示为：$x_{t,1}, x_{t,2}, x_{t,3}, \cdots, x_{t,U_t}$，其中 t 指某一特定时隙，U_t 是在各无线帧中该时隙的发送比特数。每一时隙 t 内，x_t，k 和 U_t，p，k 间的关系由下式给定，其中 P_t 为各时隙中所含物理信道数。

$x_{t,k} = u_{t,1,k}$，$k = 1$，2，$\cdots$，U_{t1}

$x_{t,(k+U_{t1})} = u_{t,2,k}$，$k = 1$，$2$，$\cdots$，$U_{t2}$

$\cdots$

$x_{t,(k+U_{t1}+\cdots+U_{t(P_t-1)})} = u_{t,P_t,k}$，$k = 1$，$2$，$\cdots$，$U_{tP_t}$

在 CCTrCH 映射到的每个时隙 t 上，依次执行以下步骤：

（1）令 $C_2 = 30$ 为矩阵的列数，各列从左至右依次编号为 0，1，2，$\cdots$，C_2-1；

（2）确定矩阵的行数 R_2，R_2 为满足式 $U_t \leqslant R_2 \times C_2$ 的最小整数。将矩阵的行自上而下依次编号为 0，1，2，$\cdots$，R_2-1；

（3）将输入比特序列 $x_{t,1}, x_{t,2}, x_{t,3}, \cdots, x_{t,U_t}$ 依次从矩阵的第 0 行第 0 列的 $y_{t,1}$ 位开始逐行写入

$R_2 \times C_2$ 矩阵：
$$\begin{bmatrix} y_{t,1} & y_{t,2} & y_{t,3} & \cdots & y_{t,C_2} \\ y_{t,(C_2+1)} & y_{t,(C_2+2)} & y_{t,(C_2+3)} & \cdots & y_{t,(2\times C_2)} \\ \vdots & \vdots & \vdots & \cdots & \vdots \\ y_{t,((R_2-1)\times C_2+1)} & y_{t,((R_2-1)\times C_2+2)} & y_{t,((R_2-1)\times C_2+3)} & \cdots & y_{t,(R_2\times C_2)} \end{bmatrix}$$。其中，$y_{t,k} = x_{t,k}$ for $k = 1$，

2，…，U_t。若 $R_2 \times C_2 > U_t$，则虚拟比特 $y_{t,k} = 0$ 或 1 for $k = U_t +1$，$U_t +2$，…，$R_2 \times C_2$。这些虚拟比特在矩阵的行间交换之后的输出中被修剪；

（4）基于表 14-3 所示的矩阵列间交换样图 $\langle P_2(j) \rangle_{j \in \{0,1,\cdots,C_2-1\}}$ 进行列间交换，其中 $P_2(j)$ 是被交换后的第 j 列的初始位置。列交换后，输出比特表示为 $y'_{t,k}$。

$$\begin{bmatrix} y'_{t,1} & y'_{t,(R_2+1)} & y'_{t,(2\times R_2+1)} & \cdots & y'_{t,((C_2-1)\times R_2+1)} \\ y'_{t,2} & y'_{t,(R_2+2)} & y'_{t,(2\times R_2+2)} & \cdots & y'_{t,((C_2-1)\times R_2+2)} \\ \vdots & \vdots & \vdots & \cdots & \vdots \\ y'_{t,R_2} & y'_{t,(2\times R_2)} & y'_{t,(3\times R_2)} & \cdots & y'_{t,(C_2\times R_2)} \end{bmatrix}$$

（5）第二次交织器的输出将从列间交换后的 $R_2 \times C_2$ 矩阵中按列逐位地读取。通过删除在列间交换之前填充到矩阵的虚拟比特，输出被修剪，即对应于位 $y_{t,k}$ 且 $k > U_t$ 的 $y'_{t,k}$ 位被从输出部分删除。设面向时隙第二次交织后的输出比特记为 $v_{t,1}, v_{t,2}, \cdots, v_{t,U_t}$，其中 v_t, 1 对应于修剪后具有最小 k 值的比特 $y'_{t,k}$，v_t, 2 对应于具有第二小 k 值的比特 $y'_{t,k}$，等等。

14.2.5.12 子帧分割

对于 TD-SCDMA，在第二次交织和物理信道映射模块之间需要增加一个子帧分割模块。速率匹配操作确保了比特流为一个偶数，且可被分成两个子帧。设输入比特序列表示为：$x_{i1}, x_{i2}, x_{i3}, \cdots, x_{iX_i}$，其中 i 为 TrCH 编号，X_i 为比特数。每个无线帧的两个输出比特序列表示为：$y_{i,n_i1}, y_{i,n_i2}, y_{i,n_i3}, \cdots, y_{i,n_iY_i}$，其中 n_i 为当前无线帧中的子帧号。输出序列定义如下：

$y_{i,n_ik} = x_{i,((n_i-1)\cdot Y_i)+k}$， $n_i = 1 \text{ or } 2$，$k = 1\cdots Y_i$，其中 $Y_i = (X_i / 2)$ 为每个子帧中的比特数；x_{ik} 为输入比特序列中的第 k 个比特；y_{i,n_ik} 为对应于第 n 个子帧的比特序列中的第 k 个比特位。

设输入子帧分割模块的比特序列记作：$v_{(t)1}, v_{(t)2}, \cdots, v_{(t)U_{(t)}}$，$x_{ik} = v(t)k$，$X_i = U_{(t)}$。设对应于子帧 n_i 的输出比特序列为：$g_{p1}, g_{p2}, \cdots, g_{pU_p}$，其中 p 为 PhCH 编号，U_p 为各 PhCH 中每个子帧所含的比特数。则有 $g_{pk} = y_{i,n_ik}$ 及 $U_p = Y_i$。

14.2.5.13 物理信道映射

来自子帧分割单元的比特流将被映射到子帧中各时隙的码道上。设经物理信道映射后的比特表示为 $w_{p1}, w_{p2}, \cdots, w_{pU_p}$，其中 p 为 PhCH 号，U_p 为一个 PhCH 子帧中所含的比特位数。映射到 PhCHs 的位 W_{pk} 在空中是按 k 的升序进行发送的。如同块交织一样，位 $g_{p1}, g_{p2}, \cdots, g_{pU_p}$ 的映射也是逐位写入列的，但奇数号 PhCH 按正序填入，而偶数号 PhCH 则按逆序填入。上述映射在当前子帧中所使用的每个时隙 t 中分别进行。因此，位 $g_{p1}, g_{p2}, \cdots, g_{pU_p}$ 被分配给每个时隙中物理信道的位 $w_{t1,1\cdots U_{t1}}, w_{t2,1\cdots U_{t2}}, \cdots, w_{tP_t,1\cdots U_{tP_t}}$。在上行链路中，至多分配两个码（$P \leqslant 2$）。如果仅有一个码，则采用与下行链路相同的码。假设 SF1 和 SF2 分别为码 1 和码 2 所采用的扩频因子，则对于分配给每个码的连续比特数 bsk，遵循以下规则：

if

SF1 >SF2 > = SF2 then bs1 = 1；bs2 =SF1/SF2；

else

SF1　then bs1 = SF2/SF1；bs2 = 1；

end if

在下行链路中，所有物理信道的 bsp 均取值为 1。

下面介绍物理信道映射方案。设：

P_t：时隙 t 中的物理信道数，对上行链路 P_t = 1⋯2；对下行链路 P_t = 1⋯16；

U_{tp}：时隙 t 中物理信道 p 的比特容量；

U_t：分配给时隙 t 的总比特数；

bsp：分配给每个码的连续比特数；

对下行链路，所有 bsp = 1。

对上行链路，if SF1 >= SF2 then bs1 = 1；bs2 = SF1/SF2；

　　　　　　　　if SF2 > SF1 then bs1 = SF2/SF1；bs2 = 1。

fbp：每个码中已经写入的比特数；

pos：中间计算变量。

```
for   p=1 to Pt                          -- 复位每个物理信道中已经写入的比特数
fbp = 0
end for
p = 1                                    -- 从 PhCH #1 开始
for k=1 to Ut
do while  （fbp == Ut，p）               -- 物理信道已经填满了吗？
p = （p mod Pt）  +1 ;
end do
if （p mod 2） == 0
        pos = Ut，p - fbp               -- 逆序
    else
        pos = fbp + 1                    -- 正序
    end if
wtp，pos = gt，k                         -- 分配
fbp = fbp + 1                            -- 已写入的比特数增 1
if （fbp mod bsp） == 0                  -- 下一物理信道的有条件变化
  p = （p mod Pt）+1 ;
  end if
 end for
```

14.2.5.14 不同传输信道到一个 CCTrCH 的复用以及 CCTrCH 到物理信道的映射

不同传输信道可以经过编码并复用到一个编码组合信道 CCTrCH，它遵循以下规则：

（1）复用到一个 CCTrCH 上的不同传输信道应具有协同时间，以使来自高层的传输块（其属于不同的传输信道也可能属于不同的传输时间间隔）可以按照图 14.13 所示安排发送时刻。

若 CCTrCh 中的传输格式组合集合 TFCS（Transport Format Combination Set），由于一个或多个传输信道被加入、删除或重构到 CCTrCh 中而发生变化，则此变化仅发生在无线帧的起始处。这里，CFN（Connection Frame Number）满足以下关系：CFN mod Fmax = 0。其中，Fmax 表示在传输时间间隔内所有复用到同一 CCTrCH 的传输信道中无线帧的最大数目，它包括了任一被添加、重构或删除的传输信道 i，CFN 表示发生变化的 CCTrCH 中第一个无线帧的连接帧号。在一个 CCTrCH 内添加或重构传输信道 i 之后，传输信道 i 的传输时间间隔 TTI 可仅在满足关系：CFNi mod Fi = 0 的无线帧中开始；

（2）不同 CCTrCHs 不能被映射到相同的物理信道 PhCH；

（3）一个 CCTrCH 可以被映射到一个或者几个物理信道；

（4）专用传输信道和公共传输信道不能被复用到相同的 CCTrCH 上；

（5）对于公共传输信道，仅 FACH 和 PCH 可以处于相同的 CCTrCH 中；

（6）每一承载 BCH 的 CCTrCH 仅可传输一个 BCH，且不可传输任何其他的传输信道；

（7）每一承载 RACH 的 CCTrCH 仅可传输一个 RACH，且不可传输任何其他传输信道。

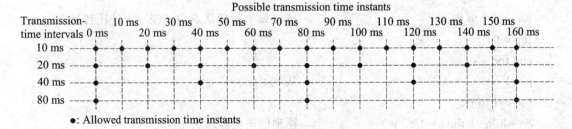

图 14.13　可能的 CCTrCH 传输时间间隔

因此，CCTrCH 有如下两种类型：

（1）专用类型的 CCTrCH，它与一个或几个 DCH 的编码和复用结果相对应；

（2）公共类型的 CCTrCH，它与一个公共的编码和复用结果相对应，即上行链路中的 RACH 和 USCH 以及下行链路中的 DSCH、BCH、FACH 或 PCH。

CCTrCH 可以传送传输格式组合指示 TFCI（Transport Format Combination Indicator），它包括以下传输信道类型：

专用类型；

USCH 类型；

DSCH 类型；

FACH 和/或 PCH 类型。

在 UE 中允许的 CCTrCH 组合方式包括上行链路和下行链路两种情形。

（1）上行链路中每个 UE 允许的 CCTrCH 合并。

在上行链路中，对于一个 UE，（同时）允许下述类型的 CCTrCH 组合：① 若干专用类型的 CCTrCH；② 若干公共类型的 CCTrCH。

（2）下行链路中每个 UE 允许的 CCTrCH 合并。

在下行链路中，对于一个 UE，（同时）允许下述类型的 CCTrCH 组合：① 若干专用类型的 CCTrCH；② 若干公共类型的 CCTrCH。

14.2.5.15 传输格式检测

接收机为了准确解码，必须得到发送方的编码/复用格式参数，因此需要采用传送格式检测来获得这些参数。传输格式检测可以采用也可不采用传输格式组合指示 TFCI。如果显式地传送一个 TFCI，则接收机将解出 TFCI 并依此得到传输格式。如果没有传送 TFCI，那么接收机将采用盲传输格式检测技术，即接收机端使用可能的传输格式组合作为先验信息，或者在建立连接时由高层信令告知接收机所使用的传送格式。

1. 盲传输格式检测

盲传输格式检测在 UE 和 UTRAN 中都是可选的。因此，当仅定义了一个 TFC 时，对所有的 CCTrCH 应当按 TFCI 予以发送，这包括了 TFCI 码字长度为 0 的情形。

2. 基于 TFCI 的显式传输格式检测

TFCI 将 CCTrCH 的传输格式组合告知接收机。一旦检测到 TFCI，就可以知道各个传输信道的传输格式，因而就可以对传输信道进行解码。

14.2.6 层 1 控制信息的编码

14.2.6.1 TFCI 的编码

与它们本身的数量和所采用的调制方式。当使用 QPSK 调制时，如果 TFCI 有 6～10 个比特，则采用（1）小节所述的信道编码方式，而（2）小节则叙述了小于 6 比特时的编码方式。当传送 2 Mb/s 业务时，在 TD-SCDMA 中采用 8PSK 调制。（4）和（5）小节叙述了在 2 Mb/s 业务时的信道编码方式。

1. 采用 QPSK 时的长 TFCI 编码

如果 TFCI 的长度为 6～10 比特，则信道编码采用下述方法进行，如图 14.14 所示。

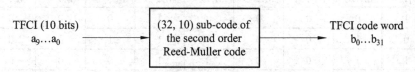

图 14.14 TFCI 信息比特的信道编码

采用二阶 Reed-Muller 码的（32，10）sub-code 码字对 TFCI 比特进行编码，它的码字是由十个基本序列中某些序列以线性组合的方式构成的。这 10 个基本序列分别如表 14-5 所示。

定义 TFCI 信息位为 a_0，a_1，a_2，a_3，a_4，a_5，a_6，a_7，a_8，a_9（其中 a_0 为 LSB，a_9 为 MSB），TFCI 信息比特应与 TFC 指示（用无符号二进制形式表示）相对应。TFC 是由 RRC 层定义的，用来说明在相关 DPCH 无线帧上 CCTrCH 的 TFC。输出码字的比特 b_i 由下式给出：

$$b_i = \sum_{n=0}^{9}(a_n \times M_{i,n})\bmod 2 \text{，其中 } i = 0，\cdots，31，\text{NTFCI} = 32。$$

2. 采用 QPSK 时的短 TFCI 编码

（1）通过重复对超短 TFCIs 的编码。

如果 TFCI 的比特数为 1 或 2，则将采用重复的方式对 TFCI 进行编码。在这种情况下，将每个比特重复 4 次，如果是单比特的 TFCI，得到 4 比特的 TFCI（NTFCI=4），而如果是双比特的 TFCI，则得到 8 比特的 TFCI（NTFCI=8）。

定义 TFCI 信息比特位为 b_0（或 b_0 和 b_1，其中 b_0 为 LSB），TFCI 信息比特应与 TFC 指示（用无符号二进制形式表示）相对应。TFC 是由 RRC 层定义的，用来说明在相关 DPCH 无线帧上 CCTrCH 的 TFC。当用 b_0 和 b_1 表示 TFCI 的两个比特时，TFCI 码字应当为 $\{b_0,\ b_1,\ b_0,\ b_1,\ b_0,\ b_1,\ b_0,\ b_1\}$。

（2）采用双正交码对短 TFCIs 的编码。

若 TFCI 的比特数为 3 ~ 5，则可采用（16，5）双正交码（或一阶 Reed-Muller 码）来进行编码。编码流程如图 14.15 所示。

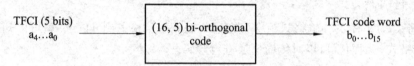

图 14.15　短 TFCI 信息比特的信道编码

（16，5）双正交码的码字采用如表 14-6 所示的 5 个基本序列经线性组合而成。

定义 TFCI 信息位为 a_0，a_1，a_2，a_3，a_4（其中 a_0 为 LSB，a_4 为 MSB），TFCI 信息比特应与 TFC 指示（用无符号二进制形式表示）相对应。TFC 是由 RRC 层定义的，用来说明在相关 DPCH 无线帧上 CCTrCH 的 TFC。输出码字的比特 b_i 由下式给出：

$$b_i = \sum_{n=0}^{4} (a_n \times M_{i,n}) \bmod 2$$

其中 $i = 0$，$\cdots$，15，NTFCI = 16。

表 14-5　（32，10）TFCI 码的基本序列

i	$M_{i,0}$	$M_{i,1}$	$M_{i,2}$	$M_{i,3}$	$M_{i,4}$	$M_{i,5}$	$M_{i,6}$	$M_{i,7}$	$M_{i,8}$	$M_{i,9}$
0	1	0	0	0	0	1	0	0	0	0
1	0	1	0	0	0	1	1	0	0	0
2	1	1	0	0	0	1	0	0	0	1
3	0	0	1	0	0	1	0	0	1	1
4	1	0	1	0	0	0	0	0	0	1
5	0	1	1	0	0	1	0	0	1	0
6	1	1	1	0	0	1	0	1	0	0
7	0	0	0	1	0	1	0	1	0	0
8	1	0	0	1	0	1	1	1	1	0
9	0	1	0	1	0	1	1	0	1	1
10	1	1	0	1	0	1	0	0	1	1
11	0	0	1	1	0	1	0	1	1	0
12	1	0	1	1	0	0	1	0	1	1
13	0	1	1	1	0	1	1	0	0	1

i	$M_i, 0$	$M_i, 1$	$M_i, 2$	$M_i, 3$	$M_i, 4$	$M_i, 5$	$M_i, 6$	$M_i, 7$	$M_i, 8$	$M_i, 9$
14	1	1	1	1	0	1	1	1	1	1
15	1	0	0	0	1	1	1	1	0	0
16	0	1	0	0	1	1	1	1	0	1
17	1	1	0	0	1	1	1	0	1	0
18	0	0	1	0	1	1	0	1	1	1
19	1	0	1	0	1	1	0	1	0	1
20	0	1	1	0	1	1	0	0	1	1
21	1	1	1	0	1	1	0	1	1	1
22	0	0	0	1	1	1	0	1	0	0
23	1	0	0	1	1	1	1	1	0	1
24	0	1	0	1	1	1	1	0	1	0
25	1	1	0	1	1	1	1	0	0	1
26	0	0	1	1	1	1	0	0	1	0
27	1	0	1	1	1	1	1	1	0	0
28	0	1	1	1	1	1	1	1	1	0
29	1	1	1	1	1	1	1	1	1	1
30	0	0	0	0	0	1	0	0	0	0
31	0	0	0	0	1	1	1	0	0	0

表 14-6　（16，5）TFCI 码基本序列

i	$M_i, 0$	$M_i, 1$	$M_i, 2$	$M_i, 3$	$M_i, 4$
0	1	0	0	0	1
1	0	1	0	0	1
2	1	1	0	0	1
3	0	0	1	0	1
4	1	0	1	0	1
5	0	1	1	0	1
6	1	1	1	0	1
7	0	0	0	1	1
8	1	0	0	1	1
9	0	1	0	1	1
10	1	1	0	1	1
11	0	0	1	1	1
12	1	0	1	1	1
13	0	1	1	1	1
14	1	1	1	1	1
15	0	0	0	0	1

（3）采用 QPSK 时 TFCI 码字的映射。

设 TFCI 码字中的比特数为 NTFCI，码字比特表示为 b_k，其中 $k = 0，\cdots，$NTFCI-1。

当 TFCI 码字中的比特数为 8、16、32 时，TFCI 码字和 TFCI 比特位置间的映射关系如图 14.16 所示。当 TFCI 中的比特数为 4 时，TFCI 字被平均分成两部分，作为两个连续的子帧，并且被映射到每个连续子帧的第一个数据域的末端。NTFCI=4 的映射关系如图 14.17 所示。

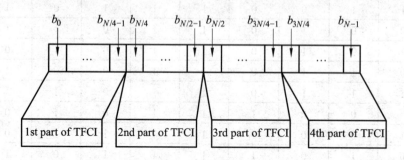

图 14.16　QPSK 时 TFCI 码字和 TFCI 比特位置间的映射（N=NTFCI）

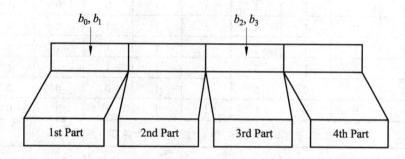

图 14.17　QPSK 时 TFCI 码字和 TFCI 比特位置间的映射（NTFCI= 4）

如果 TrCH 的最短传输时间间隔至少为 20 ms，则在 TTI 内，帧中连续 TFCI 码字必须相同。如果 TFCI 在一个帧的多个时隙上传送，那么每个时隙必须具备相同的 TFCI 码字。

（4）采用 8PSK 时的长 TFCI 编码。

TFCI 的编码取决于比特位数及其所采用的调制方式。若传送 2 Mcps 业务，TD-SCDMA 将采用 8PSK 调制方式。

当 TFCI 比特数为 6~10 时，TFCI 比特将采用二阶 Reed-Muller 码的（64，10）sub-code 来进行编码。64 比特中的 16 比特将被打孔（打孔位置为 0，4，8，13，16，20，27，31，34，38，41，44，50，54，57，61st bits）。编码过程如图 14.18 所示。

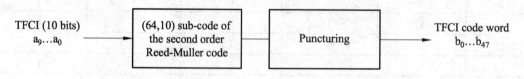

图 14.18　8PSK 情形下长 TFCI 比特的信道编码

打过孔的二阶 Reed-Muller（64，10）sub-code 码字是 10 个基本序列的线性组合。这 10 个基本序列如表 14-7 所示。

表 14-7　（48，10）TFCI 码的基本序列

i	$M_i, 0$	$M_i, 1$	$M_i, 2$	$M_i, 3$	$M_i, 4$	$M_i, 5$	$M_i, 6$	$M_i, 7$	$M_i, 8$	$M_i, 9$
0	1	0	0	0	0	0	1	0	1	0
1	0	1	0	0	0	0	1	1	0	0
2	1	1	0	0	0	0	1	1	0	1
3	1	0	1	0	0	0	1	1	1	0
4	0	1	1	0	0	0	1	0	1	0
5	1	1	1	0	0	0	1	1	1	0
6	1	0	0	1	0	0	1	1	1	1
7	0	1	0	1	0	0	1	1	0	1
8	1	1	0	1	0	0	1	0	1	0
9	0	0	1	1	0	0	1	1	0	0
10	0	1	1	1	0	0	1	1	0	1
11	1	1	1	1	0	0	1	1	1	1
12	1	0	0	0	1	0	1	0	1	1
13	0	1	0	0	1	0	1	1	1	0
14	1	1	0	0	1	0	1	0	0	1
15	1	0	1	0	1	0	1	0	1	1
16	0	1	1	0	1	0	1	1	0	0
17	1	1	1	0	1	0	1	1	1	0
18	0	0	0	1	1	0	1	0	0	1
19	1	0	0	1	1	0	1	0	1	1
20	0	1	0	1	1	0	1	0	1	0
21	0	0	1	1	1	0	1	0	1	0
22	1	0	1	1	1	0	1	1	0	1
23	0	1	1	1	1	0	1	1	1	0
24	0	0	0	0	0	1	1	1	0	1
25	1	0	0	0	0	1	1	1	1	0
26	1	1	0	0	0	1	1	1	1	1
27	0	0	1	0	0	1	1	0	1	1
28	1	0	1	0	0	1	1	1	0	1
29	1	1	1	0	0	1	1	0	1	1
30	0	0	0	1	0	1	1	0	0	1
31	0	1	0	1	0	1	1	0	0	1
32	1	1	0	1	0	1	1	1	1	1
33	1	0	1	1	0	1	1	0	0	1

i	M_i, 0	M_i, 1	M_i, 2	M_i, 3	M_i, 4	M_i, 5	M_i, 6	M_i, 7	M_i, 8	M_i, 9
34	0	1	1	1	0	1	1	1	1	0
35	1	1	1	1	0	1	1	1	0	1
36	0	0	0	0	1	1	1	1	1	0
37	1	0	0	0	1	1	1	0	1	1
38	1	1	0	0	1	1	1	1	1	1
39	0	0	1	0	1	1	1	1	0	0
40	1	0	0	1	1	1	1	1	0	0
41	1	1	1	0	1	1	1	1	1	1
42	0	0	0	1	1	1	1	1	1	1
43	0	1	0	1	1	1	1	0	1	0
44	1	1	0	1	1	1	1	0	1	0
45	0	0	1	1	1	1	1	0	1	1
46	0	1	1	1	1	1	1	0	0	1
47	1	1	1	1	1	1	1	1	0	0

设 TFCI 信息位为 a_0、a_1、a_2、a_3、a_4、a_5、a_6、a_7、a_8、a_9，其中 a_0 为 LSB，a_9 为 MSB。TFCI 信息位应与 TFC 指示（用无符号二进制形式表示）相对应。TFC 是由 RRC 层定义的，用来说明在相关 DPCH 无线帧上 CCTrCH 的 TFC。输出码字的比特 b_i 由下式给定：

$$b_i = \sum_{n=0}^{9} (a_n \times M_{i,n}) \bmod 2，其中 i = 0，\cdots，47，NTFCI = 48。$$

（5）采用 8PSK 时的短 TFCI 编码。

① 通过重复对超短 TFCIs 的编码。

如果 TFCI 的比特数为 1 或 2，则将采用重复的方式对 TFCI 进行编码。对于仅含单个 TFCI 比特的情形，NTFCI=6，即每个比特重复 6 次；而对于含 2 个 TFCI 比特的情形，NTFCI=12，则采用 12 比特进行传送。对于单个 TFCI 比特位 b_0，TFCI 码字为 $\{b_0, b_0, b_0, b_0, b_0, b_0\}$；对于 TFCI 比特为 b_0 和 b_1 时，TFCI 字为 $\{b_0, b_1, b_0, b_1, b_0, b_1, b_0, b_1, b_0, b_1, b_0, b_1\}$。

② 采用双正交码对短 TFCIs 的编码。

若 TFCI 的比特数在 3~5 内时，则可采用（32，5）一阶 Reed-Muller 码进行编码，并且 32 比特中的 8 位将被打孔（打孔位置为 0，1，2，3，4，5，6，7th bits）。具体编码过程如图 14.19 所示。

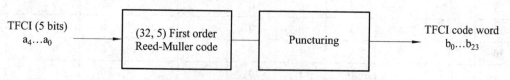

图 14.19　8PSK 情形下短 TFCI 比特的信道编码

经过打孔的一阶（32，5）Reed-Muller 码的码字为如表 14-8 所示的 5 个基本序列的线性组合。

设 TFCI 比特为 a_0、a_1、a_2、a_3、a_4，其中 a_0 为 LSB，a_4 为 MSB。TFCI 信息位应与 TFC 指示（用无符号二进制形式表示）相对应。TFC 是由 RRC 层定义的，用来说明在相关 DPCH 无线帧上 CCTrCH 的 TFC。输出码字的比特 b_i 由下式给定：

$$b_i = \sum_{n=0}^{4}(a_n \times M_{i,n}) \bmod 2$$

其中，$i = 0, \cdots, 23$，NTFCI $= 24$。

表 14-8　（24，5）TFCI 码的基本序列

i	$M_i, 0$	$M_i, 1$	$M_i, 2$	$M_i, 3$	$M_i, 4$
0	0	0	0	1	0
1	1	0	0	1	0
2	0	1	0	1	0
3	1	1	0	1	0
4	0	0	1	1	0
5	1	0	1	1	0
6	0	1	1	1	0
7	1	1	1	1	0
8	0	0	0	0	1
9	1	0	0	0	1
10	0	1	0	0	1
11	1	1	0	0	1
12	0	0	1	0	1
13	1	0	1	0	1
14	0	1	1	0	1
15	1	1	1	0	1
16	0	0	0	1	1
17	1	0	0	1	1
18	0	1	0	1	1
19	1	1	0	1	1
20	0	0	1	1	1
21	1	0	1	1	1
22	0	1	1	1	1
23	1	1	1	1	1

（6）采用 8PSK 时 TFCI 码字的映射。

设 TFCI 码字中的比特数为 NTFCI，TFCI 码字比特表示为 b_k，其中 $k = 0, \cdots$, NTFCI-1。当 TFCI 码字中的比特数为 12，24，48 时，TFCI 码字到时隙内的 TFCI 比特位置间的映

射关系如图 14.20 所示。

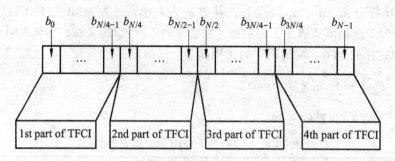

图 14.20　8PSK 时 TFCI 码字到时隙的映射（N=NTFCI）

当 TFCI 码字中的比特数为 6 时，TFCI 码字被平均分成两部分，作为两个连续的子帧，并且被映射到每个连续子帧中的第一个数据域。TFCI 码字到时隙内 TFCI 比特位置间的映射关系如图 14.21 所示。

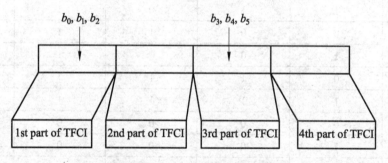

图 14.21　8PSK 时 TFCI 码字到时隙的映射（NTFCI= 6）

14.2.6.2　TPC 的编码

发射功率控制 TPC 命令是由上行链路和下行链路发送的一个标识，用来指示功率调整是增加还是减小。TPC 的长度为一个符号。表 14-9 给出了 TPC 命令的编码方式。

表 14-9　TPC 编码（QPSK 调制方式）

TPC 命令	TPC Bits	含　义
'Up'	11	Increase Tx Power
'Down'	00	Decrease Tx Power

当采用 8PSK 调制方式传送 2 Mb/s 业务时，已编码的 TPC 仍然使用一个符号，因而它的比特数为 3。表 14-10 给出了此种情况下 TPC 的编码方式。

表 14-10　TPC 编码（8PSK 调制方式，2 Mb/s 业务）

TPC 命令	TPC Bits	含　义
'Up'	110	Increase Tx Power
'Down'	000	Decrease Tx Power

14.2.6.3 SS 的编码

作为 L1 的一种控制信号，SS 命令是在下行链路发送的一个标识，用来指示每隔 M 帧（在这些 M 帧中重复发送 SS 命令）上行链路所要进行的定时调整（$k/8Tc$）。SS 命令提供了上行同步控制（Uplink Synchronisation Control，ULSC）的可能，它的长度为一个符号。表 14-11 给出了 SS 命令的编码方式。M（1~8）值和 k（1~8）值可以在呼叫建立时调整，也可以在呼叫中进行再调整。

表 14-11   SS 编码（QPSK 调制方式）

SS Bits	SS command	Meaning
00	'Down'	Decrease synchronisation shift by k/8 Tc
11	'Up'	Increase synchronisation shift by k/8 Tc
01	'Do nothing'	No change

当采用 8PSK 调制方式传送 2 Mb/s 业务时，SS 的比特为 3 位，如表 14-12 所示给出了此种情况下 SS 的编码方式。

表 14-12   SS 编码（8PSK 调制方式，2 Mb/s 业务）

SS Bits	SS command	Meaning
000	'Down'	Decrease synchronisation shift by k/8 Tc
110	'Up'	Increase synchronisation shift by k/8 Tc
011	'Do nothing'	No change

14.2.6.4 PI 的编码及加扰

PICH 用作承载 Page Indicators（PI），一个完整的 PICH 信道由两条码分信道构成，持续两个子帧 10 ms。PI 指示器 P_q，$q = 0$，$\cdots$，NPI-1，$P_q \in \{0, 1\}$ 是一个通知 UE 的标识，它指示一组 UE 是否有一个与 PI 相关的寻呼消息。PI 的长度 LPI 为 LPI=2，LPI=4 或 LPI=8 个符号。每个无线帧中有 NPIB = 2*NPI*LPI 位用作 PI 的发送。PI 到位 ei，i = 1，$\cdots$，NPIB 的映射如表 14-13 所示。

表 14-13   PI 映射

P_q	Bits {e2LPI*q+1, e2LPI*q+2, ..., e2LPI*（q+1）}	含义
0	{0, 0, ..., 0}	无需接收 PCH
1	{1, 1, ..., 1}	需要接收 PCH

如果一个 PICH 的无线帧中的比特数 S 超过传输 PI 的比特数 NPIB，则序列 $e = \{e_1, e_2, \cdots, e_{N_{PIB}}\}$ 被扩充 $S-N_{PIB}$ 位，并将其设为 0，从而得到序列 $h = \{h_1, h_2, \cdots, h_S\}$：

$$h_k = e_k, \quad k = 1, \cdots, N_{PIB}$$

$$h_k = 0, \quad k = N_{PIB}+1, \cdots, S$$

随后，PICH 上的比特 hk 将进行加扰过程，加扰器的输出比特 s_k，k = 1，$\cdots$，S 最终将在空中进行发射。

14.2.6.5 FPACH 信息位的编码

FPACH（Forward Physical Access Channel）突发是由 32 位信息比特组成的（见表 14-14），它们采用分组和卷积编码，并由一个如下的子帧进行发送：

（1）32 位信息比特受 8 位差错检测位保护；

（2）采用约束长度为 9、编码率为½的卷积码。经卷积编码器编码后的数据块大小 c(k) 为 96 比特；

（3）调整数据块大小 c(k) 以适应 FPACH 的突发尺寸，根据速率匹配方法对 8 个比特位进行打孔：

$N_{i;j}$=96 为速率匹配前无线子帧中的比特数；

$\Delta N_{i,j} = -8$ 为一个无线子帧中被打孔的比特数；

$e_{ini} = a \times N_{ij}$；

随后，速率匹配后的 88 比特将被传送到帧间交织模块；

（4）设输入到交织模块的比特表示为 $\{x(0)，\cdots，x(87)\}$。码块的交织规则为：输入为逐行写入；输出为逐列读出。

$$\begin{bmatrix} x(0) & x(1) & x(2) & \cdots & x(7) \\ x(8) & x(9) & x(10) & \cdots x(15) \\ \vdots & \vdots & \vdots & \vdots \\ x(80) & x(81) & x(82) & \cdots x(87) \end{bmatrix}$$

因此，交织后的序列 $y(i)$ 可表示为：

$y(0)，y(1)，\cdots，y(87) = x(0)，x(8)，\cdots，x(80)，x(1)，\cdots，x(87)$。

表 14-14　FPACH 信息位描述

Information field	Length（in bits）
Signature Reference Number	3（MSB）
Relative Sub-Frame Number	2
Received starting position of the UpPCH（UpPCHPOS）	11
Transmit Power Level Command for RACH message	7
Reserved bits（default value：0）	9（LSB）

14.2.7　信道编码和复用举例

本节将给出若干种编码和复用的实例。一个是较为简单的 BCH 传输信道的编码过程（BCH 不与其他传输信道复用），另一个是较为复杂的 PCH 和 FACH 以及两条 DCH 的编码和复用过程。

14.2.7.1　BCH 传输信道

BCH 传输信道用于提供系统信息广播。按传输信道到物理信道的映射规则，BCH 被映射到 P-CCPCH 物理信道，而 P-CCPCH 仅用于承载 BCH 传输信道数据，因而 BCH 不与其他传输信道复用。BCH 的传输时间间隔为 20 ms，数据块长度固定为 246 比特，不足部分由 RRC

层负责补足，信道的其他参数可参见表 14-15。物理层收到来自 BCH 传输信道的数据块后，将按如下步骤进行处理：

为传输块附加上 16 比特 CRC 校验码和用于信道编码的 8 个尾比特，数据块的长度变为 270 比特；

按 1/3 码率的卷积编码进行信道编码，数据块变为 270*3=810 比特；

按要求进行第 1 次交织；

将数据块按基本传输时间间隔（10 ms）进行无线帧分割，20 ms 的数据块被平均分割成两个相同大小的块，每个块的长度为 405 bit；

按每帧的物理信道容量进行速率匹配。BCH 传输信道被映射到物理信道 P-CCPCH，每个无线帧的信道容量为 352 bit。因而 405 bit 的输入数据按给定的算法被打孔打掉 405-352=53 bit；

进行第二次交织。

表 14-15 BCH 传输信道参数

传输块大小	246 bit
CRC 校验	16 bit
编码方案	1/3 卷积编码
传输时间间隔 TTI	20 ms
码道和时隙	扩频因子 SF = 16；TS0 的 2 个码分信道
TFCI	0 bit
TPC	0 bit

14.2.7.2 PCH 和 FACH 传输信道

表 14-16 PCH 和 FACH 传输信道参数

Transport block size	PCH	NPCH=80 or 240 bit
	FACH1	363 bit
	FACH2	171 bit
Transport block set size	PCH	80*BPCH or 240*BPCH bit（BPCH=0，1）
	FACH1	363*BFACH1 bit（BFACH1=0，1）
	FACH2	171*BFACH2 bit（BFACH2=0，1，2）
Coding	PCH，FACH2	CC，coding rate = 1/2
	FACH1	TC
TTI		20 ms
Codes and time slots		SF = 16 × 3 codes × 1 time slot
TFCI		16 bit
TPC		0 bit

14.2.7.3 DCH 传输信道

本例给出了两条专用信道进行复用的实例，一条信道（DCH1）用于承载 64 kb/s 的数据，而另一条信道（DCH2）用来承载 3.4 kb/s 的信令。信道的参数见表 14-17。表中设 DCH1 的 RLC 和 MAC 的块头信息为 16 bit，DCH2 的块头信息为 12 bit，因而数据块大小分别为 656（640+16）和 148（136+12）bit。MAC 层和物理层之间的数据交换参如图 14.22 所示。

表 14-17 DCH1 和 DCH2 的信道参数

信道参数	DCH1（64 kb/s）	DCH2（3.4 kb/s）
传输块大小	656 bit	148 bit
传输块集大小	2*656*B bit（B=0，1）	148*B bit（B=0，1）
CRC	16 bit	16 bit
编码方案	1/3 Turbo 编码	1/3 卷积编码
传输时间间隔	20 ms	40 ms
TFCI	16 bit	
TPC+SS	2 bit + 2 bit	

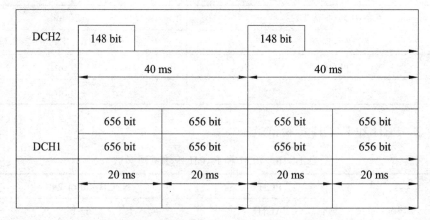

图 14.22 MAC 和 L1 之间的数据交换

信道的编码及复用过程如下（参考图 14.23）：

将每一信道在每一 TTI 到达的每一个数据块分别附加 16 比特的 CRC 校验。例如在 DCH1 的一个传输块集内有两个数据块，应分别附加 16 比特 CRC 校验位；

将一个传输块集内的多个数据块串行级连，级连后乘上因子 B。B 表示在任一 TTI 可到达的数据块数。对 DCH1，B=0，1，2；对 DCH2，B=0，1。

DCH1 使用 1/3 Turbo 编码，故先编码，后附加上 12*⌈B/3⌉个尾比特（B=0 时⌈B/3⌉ = 0，其他 B 时⌈B/3⌉ = 1）。DCH2 使用 1/3 卷积编码，故先附加上 8*B 个尾比特后再编码；

无线帧长度均衡。在本例中两个传输信道的数据块集经信道编码后刚好能够在基本传输时间间隔（10 ms）内平均分配，故略去；

两传输信道分别进行第一次交织；

无线帧号分割。将 DCH1 数据按 TTI 分割成 2 块，DCH2 数据分割成 4 块；

根据高层的配置进行速率匹配，使得数据流与物理信道的容量相一致；

将同一无线帧内要发送的 DCH1 和 DCH2 的数据进行复用，生成一条编码组合传输信道 CCTrCH；

对 CCTrCH 的数据块进行交织；

将交织后的比特流映射到物理信道上去。

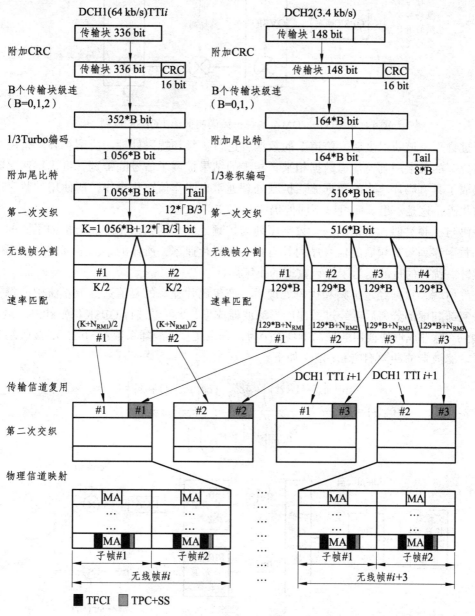

图 14.23　64 kb/s 数据与 3.4 kb/s 信令复用

14.3　TD-SCDMA 扩频与调制

来源于物理信道映射的比特流在进行扩频处理之前，先要经过数据调制。所谓数据调制就是把2个（QPSK调制）或3个（8PSK调制）连续的二进制比特映射成一个复数值的数据符号。具体参见图14.24。

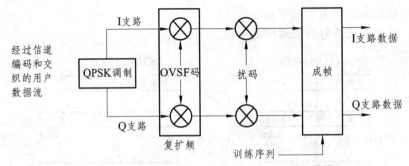

图14.24　TD-SCDMA系统扩频调制框图（QPSK调制）

经过物理信道映射之后，信道上的数据将进行扩频和扰码处理。所谓扩频就是用高于数据比特速率的数字序列与信道数据相乘，相乘的结果扩展了信号的带宽，将比特速率的数据流转换成了具有码片速率的数据流。扩频处理通常也叫作信道化操作，所使用的数字序列称为信道化码，这是一组长度可以不同但仍相互正交的码组。

扰码与扩频类似，也是用一个数字序列与扩频处理后的数据相乘。与扩频不同的是，扰码用的数字序列与扩频后的信号序列具有相同的码片速率，所作的乘法运算是一种逐码片相乘的运算。扰码的目的是为了标识数据的小区属性。

在发射端，数据经过扩频和扰码处理后，产生码片速率的复值数据流。流中的每一复值码片按实部和虚部分离后再经过脉冲成形滤波器成形，就可以进行QPSK（或8PSK）调制（见图14.25）。脉冲成形滤波器的冲激响应 h(t)为根升余弦型（滚降系数 $\alpha = 0.22$ ），接收端和发送端相同。滤波器的冲激响应 h(t)定义如下：

$$RC_0(t) = \frac{\sin\left(\pi\frac{t}{T_C}(1-\alpha)\right) + 4\alpha\frac{t}{T_C}\cos\left(\pi\frac{t}{T_C}(1+\alpha)\right)}{\pi\frac{t}{T_C}\left(1-\left(4\alpha\frac{t}{T_C}\right)^2\right)}$$

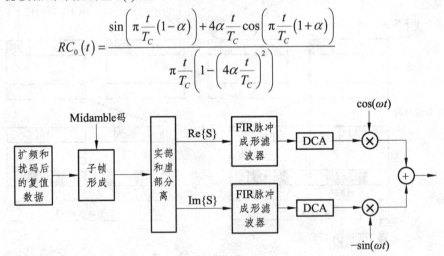

图14.25　复值码片序列的脉冲成形

14.3.1　数据调制

14.3.1.1　符号速率与符号周期

符号速率 $F_s^{(k)}$ 和符号周期 $T_s^{(k)}$ 定义如下：

$T_s^{(k)} = Q_k \times T_C$。其中，$T_C = \dfrac{1}{chiprate} = 0.781\ 25\ \mu s$，*chiprate* 为码片速率，$Q_k$ 为扩频因子。符号速率 $F_s^{(k)} = 1/T_s^{(k)}$。

14.3.1.2　数据比特到信号星座图的映射

K 个 CDMA 码可以分配给一个用户，也可以分配给不同的用户，也就是可以将 K 个扩频码分配给在同一时隙和载频上同时传送数据的单个用户或多个用户。K 小于等于 16，具体取值与各自的扩频因子、实际干扰情况和业务要求有关。

每个突发中有两个称为数据块的部分，用来承载数据，即：

$$\underline{\boldsymbol{d}}^{(k,i)} = \underline{d}_1^{(k,i)}, \underline{d}_2^{(k,i)}, \cdots, \underline{d}_{N_k}^{(k,i)},\ i=1,2, k=1,\cdots,K$$

式中，N_k 是用户 k 每个数据块中的符号个数，这个数字同扩频因子 Q_k 有关。数据块 $\underline{\boldsymbol{d}}^{(k,1)}$ 是在训练序列之前传送的，而数据块 $\underline{\boldsymbol{d}}^{(k,2)}$ 则是在训练序列之后传输的。N_k 个数据符号中的每一个 $\underline{d}_n^{(k,i)}$ 都有相同的符号周期 $T_S^{(k)} = Q_k T_C$，$i=1$，2，$k=1$，$\cdots$，K；$n=1$，$\cdots$，N_k。

1. QPSK 调制

为减小传输信号频带来提高信道频带利用率，可以将二进制数据变换为多进制数据来传输。多进制的基带信号对应于载波相位的多个相位值。

QPSK 数据调制实际上是将连续的两个比特映射为信号空间的一个点。每个数据符号 $\underline{\boldsymbol{d}}_n^{(k,i)}$ 都产生于经过信道编码和交织后的两个数据比特：

$$b_{l,n}^{(k,i)} \in \{0,1\} \qquad l=1,2; k=1,\cdots K; n=1,\cdots,N_k;\ i=1,2。$$

这样，经过数据调制后的数据符号是复数的，数据调制映射关系如表 14-18 所示。

表 14-18　QPSK 数据调制映射关系

consecutive binary bit pattern	complex symbol
$b_{1,n}^{(k,i)}\ b_{2,n}^{(k,i)}$	$\underline{d}_n^{(k,i)}$
00	$+j$
01	$+1$
10	-1
11	$-j$

2. 8PSK 调制

在 TD-SCDMA 系统中，对于 2 Mb/s 业务采用 8PSK 进行数据调制，此时帧结构中将不使用训练序列，全部是数据区，且只有一个时隙，数据区前加一个序列。8PSK 调制方式将相邻的三比特表示为一个以复数形式表达的数据符号，其数据映射关系如表 14-19 所示。

3. 脉冲成形滤波器

在发射端，每一个码片都要经过成形滤波器成形，脉冲成形滤波器的冲激响应 $h(t)$ 为根升余弦函数，滚降系数 $\alpha=0.22$。在接收端，也必须有一个相同的根升余弦滤波器。

表 14-19　8PSK 数据调制映射关系

Consecutive binary bit pattern	complex symbol
$b_{1,n}^{(k,i)}\ b_{2,n}^{(k,i)}\ b_{3,n}^{(k,i)}$	$\underline{d}_n^{(k,i)}$
000	cos（11pi/8）+ jsin（11pi/8）
001	cos（9pi/8）+ jsin（9pi/8）
010	cos（5pi/8）+ jsin（5pi/8）
011	cos（7pi/8）+ jsin（7pi/8）
100	cos（13pi/8）+ jsin（13pi/8）
101	cos（15pi/8）+ jsin（15pi/8）
110	cos（3pi/8）+ jsin（3pi/8）
111	cos（pi/8）+ jsin（pi/8）

14.3.2　扩频调制

14.3.2.1　基本扩频参数

每一个数据符号 $\underline{d}_n^{(k,i)}$ 都要经过长度为 $Q_k\in\{1，2，4，8，16\}$ 的扩频码的扩频码 $\underline{c}^{(k)}$ 扩频，其结果再经过长度为 16 的扰码加扰。

14.3.2.2　扩频码

信道码 $\underline{c}^{(k)}=(\underline{c}_1^{(k)},\underline{c}_2^{(k)},\ldots,\underline{c}_{Q_k}^{(k)})$ 中的元素 $\underline{c}_q^{(k)}$；$k=1，\ldots，K$；$q=1，\ldots，Q_k$，可由 $V_C=\{1，j，-1，-j\}$ 得到。$\underline{c}^{(k)}$ 为 OVSF 码（正交可变长扩频码），它允许在同一个时隙中的信道采用不同的扩频因子并保持正交性。

扩频码 $\underline{c}^{(k)}$ 是由分配给第 k 个用户的长度为 Q_k 的二进制码 $\underline{\boldsymbol{a}}_{Q_k}^{(k)}=(\underline{a}_1^{(k)},\underline{a}_2^{(k)},\ldots,\underline{a}_{Q_k}^{(k)})$ 产生。$\underline{c}_q^{(k)}$ 和 $\underline{a}_q^{(k)}$ 的关系如下：$\underline{c}_q^{(k)}=(j)^q\cdot a_q^{(k)}$　$a_q^{(k)}\in\{1,-1\}，q=1,\ldots,Q_k$

因此，CDMA 中的码集 $\underline{c}^{(k)}$ 中的元素 $\underline{c}_q^{(k)}$ 是实数、虚数交替取值的。

$\boldsymbol{a}_{Q_k}^{(k)}$ 是一种正交可变扩频因子（OVSF）码，保证在同一时隙上的不同扩频因子的扩频码保持正交。OVSF 码可以用码树的方法来定义，它的生成树如图 14.26 所示。

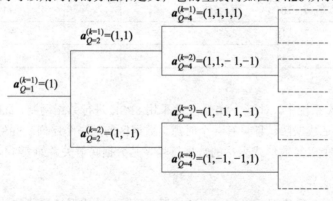

图 14.26　OVSF 码树形结构图

14.3.2.3　扰　码

一个数据符号经过长为 Q_k 的扩频码 $c^{(k)}$ 扩频后,还要经过一个扰码 $\boldsymbol{\nu}=(\nu_1, \nu_2, \cdots \nu_{Q\text{MAX}})$ 进行加扰。加扰前可以通过级联 Q_{MAX}/Q_k 个扩频数据而实现长度匹配。扩频加扰过程如图 14.27 所示。可用的扰码共 128 个扰码,分成 32 组,每组 4 个,扰码码组由基站使用的 SYNC_DL 序列确定。16 位长的扰码 $\boldsymbol{\nu}$ 为实数取值,具体格式可参见 3GPP TS 25.223 中的 Annex A。

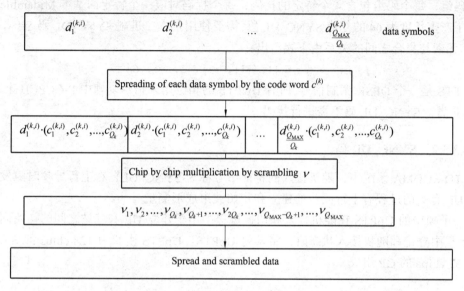

图 14.27　数据符号的扩频和加扰

扩频码和小区特定扰码的组合可以看作是一个用户和小区特有的扩频码: $s^{(k)}=\left(s_p^{(k)}\right)$。其中, $s_p^{(k)}=c_{1+[(p-1)\bmod Q_k]}^{(k)} \cdot \nu_{1+[(p-1)\bmod Q_{\text{MAX}}]}$ $k=1, \cdots, K$; $p=1, \cdots, (N_k * Q_k)$。

经过具有根升余弦特性的码片成形滤波器 $\text{Cr}_0(t)$ 之后,在 Midamble 之前发送的数据块 $\underline{d}^{(k,1)}$ 的信号为:

$$\underline{d}^{(k,1)}(t) = \sum_{n=1}^{N_k} \underline{d}_n^{(k,1)} \sum_{q=1}^{Q_k} s_{(n-1)Q_k+q}^{(k)} \cdot Cr_0(t-(q-1)T_C-(n-1)Q_kT_C)$$

在 Midamble 之后发送的数据块 $\underline{d}^{(k,2)}$ 的信号为:

$$\underline{d}^{(k,2)}(t) = \sum_{n=1}^{N_k} \underline{d}_n^{(k,2)} \sum_{q=1}^{Q_k} s_{(n-1)Q_k+q}^{(k)} \cdot Cr_0(t-(q-1)T_C-(n-1)Q_kT_C-N_kQ_kT_C-L_mT_C)$$

式中, L_m 为 Midamble 码片数。

14.3.3　同步码的产生

同步技术(Synchronisation)是 TD-SCDMA 系统中重要的关键技术之一,它的应用能最大限度地降低干扰,从而提高系统容量。

14.3.3.1　SYNC_DL 码

在 TD-SCDMA 系统中,标识小区的码称为同步码 SYNC_DL,在下行导频时隙(DwPTS)

发射，参见 14.2.3.1 小节。SYNC_DL 用来区分相邻小区以便于进行小区测量。与 SYNC_DL 有关的过程是下行同步、码识别和 P-CCPCH 交织时间的确定。每一子帧中的 DwPTS 的设计目的既是为了下行导频，同时也是为了下行同步，基站将在小区的全方向或在固定波束方向以满功率发送。DwPTS 由长为 64 chips 的 SYNC_DL 和长为 32 chips 的 GP 组成。

整个系统有 32 组长度为 64 的基本 SYNC_DL 码，一个 SYNC_DL 唯一地标识一个基站和一个码组，每个码组包含 4 个特定的扰码，每个扰码对应一个特定的基本 Midamble 码。

为了产生长度为 64 的复值 SYNC_DL 码，需要使用基本二进制 SYNC_DL 码 $S = (s_1, s_2, \cdots, s_{64})$，其元素与集合之间的关系由下式给出：

$$s_i = (j) \cdot i \cdot s_i \qquad s_i \in \{1, -1\}, \; i = 1, \; 2, \; \cdots, \; 64$$

DwPTS 是一个 QPSK 调制信号，所有 DwPTS 的相位用来指示复帧中 P-CCPCH 上的 BCH 的 MIB 位置。SYNC_DL 码不需进行扰码。

14.3.3.2　SYNC_UL 码

在 TD-SCDMA 系统中，随机接入的特征信号称为 SYNC_UL，在上行导频时隙发射。与 SYNC_UL 有关的过程有上行同步的建立和初始波束成形测量。

每一子帧中的 UpPTS 在随机接入和切换过程中用于建立 UE 和基站之间的初始同步，当 UE 处于空中登记和随机接入状态时，将发射 UpPTS。UpPTS 由长为 128 chips 的 SYNC_UL 和长为 32 chips 的 GP 组成。

14.4　TD-SCDMA 物理层过程

在 TD-SCDMA 系统中，采用了较多新技术，如智能天线、上行同步、接力切换等，而其中大部分技术都需要物理层的支持。

14.4.1　基站间的同步技术

TD-SCDMA 系统中的同步技术主要由两部分组成，一是基站间的同步（Synchronization of Node Bs）；另一是移动台间的上行同步技术（Uplink Syncronization）。

在大多数情况下，为了增加系统容量，优化切换过程中小区搜索的性能，需要对基站进行同步。一个典型的例子就是存在小区交叠情况时所需的联合控制。实现基站同步的标准主要有：可靠性和稳定性；低实现成本；尽可能小的影响空中接口的业务容量。

所有的具体规范目前尚处于进一步研究和验证阶段，其中比较典型的有如下 4 种方案（目前主要在 Rel-5 中有讨论）：

（1）基站同步通过空中接口中的特定突发时隙，即网络同步突发（Network Synchronzation Burst）来实现。该时隙按照规定的周期在事先设定的时隙上发送，在接收该时隙的同时，此小区将停止发送任何信息，基站通过接受该时隙来相应地调整其帧同步；

（2）基站通过接收其他小区的下行导频时隙（DwPTS）来实现同步；

（3）RNC 通过 Iub 接口向基站发布同步信息；

（4）借助于卫星同步系统（如 GPS）来实现基站同步。

Node B 之间的同步只能在同一个运营商的系统内部。在基于主从结构的系统中，当在某一本地网中只有一个 RNC 时，可由 RNC 向各个 Node B 发射网络同步突发，或者是在一个较大的网络中，网络同步突发先由 MSC 发给各个 RNC，然后再由 RNC 发给每个 Node B。

在多 MSC 系统中，系统间的同步可以通过运营商提供的公共时钟来实现。

14.4.2 发射功率控制

功率控制的基本目的是要限制系统中的干扰水平，从而减轻小区间干扰，并降低 UE 的功耗。TD-SCDMA 中，功率控制的主要特点可归纳如表 14-20 所示。

表 14-20 发射功率控制特性

	Uplink	Downlink
Power control rate	Variable Closed loop：0～200 cycles/sec. Open loop：（about 200～3 575 μs delay）	Variable Closed loop：0～200 cycles/sec
Step size	1，2，3 dB（closed loop）	1，2，3 dB（closed loop）
Remarks	All figures are without processing and measurement times	Within one timeslot the powers of all active codes may be balanced to within a range of 20 dB

注：分配在相同 CCTrCH 中同一时隙的码字，若它们具有相同的扩频因子，则采用相同的发射功率。

14.4.2.1 上行控制

根据高层信令，上行的 Maximum_Allowed_UL_TX_power 被设置为低于终端功率级的最大发射能力的一个值。整个发射功率不得超过允许的最大值，否则应该将一个时隙中的所有上行物理信道以相同的 dB 量进行下调。

一个 UE 的 UpPTS 发射功率可依据高层设置，采用开环功率控制进行控制。

1. PRACH

在 TD-SCDMA 中，FPACH 为 Node B 对于 UE 的 SYNC_UL 突发的响应。该响应为单突发长的消息，它除了携带有对收到的 SYNC_UL 突发的应答外，还要指示定时以及准备发射 PRACH 的功率等级等信息。PRACH 上的发射功率由下式计算得到：

PPRACH = LP-CCPCH + PRXPRACH，des，其中，PPRACH 为 UE 在 PRACH 上的发射功率（dBm）；LP-CCPCH 为测量得到的路径损耗（dB）（P-CCPCH 参考发射功率在 BCH 上广播）；PRXPRACH，des 为在 PRACH 上期待的接收功率（由高层信令指示，并在 FPACH 上发送）。

2. DPCH 和 PUSCH

闭环功率控制使用 DPCH 中的层 1 符号。功率控制步长取值 1 dB，2 dB，3 dB，整个动态变化范围为 80 dB。上行专用物理信道的初始发射功率由 UTRAN 信令确定（一般，上行

DPCH 的初始发射功率与上一次 PRACH 的发射功率相同）。闭环发射功率控制 TPC（Transmit Power Control）是基于信噪比 SIR（Signal-to-Interference Ratio）的，其处理过程描述如下：

Node B 首先估计接收到的上行 DPCH 的信噪比 SIRest，然后根据以下规则生成 TPC 指令并予以发送：若 SIRest > SIRtarget，则 TPC 发射指令"down"；若 SIRest < SIRtarget，则 TPC 发射指令"up"。

在 UE 侧，根据 TPC 位进行软判决。当命令为"down"时，移动台将发射功率下调一个功率控制步长；当命令为"up"时，移动台将发射功率上调一个功率控制步长。目标 SIR 由高层外环进行调整。上行 DPCH 的闭环功率控制过程不受时间交替发射分集 TSTD（Time Switched Transmit Diversity）的影响。

14.4.2.2 下行控制

1. P-CCPCH

基本公共控制物理信道 P-CCPCH（Primary Common Control Physical Channel）的发射功率由高层信令设置，并可根据网络状态而慢速变化。P-CCPCH 的参考发射功率在 BCH 上进行广播或通过信令单独地通知每个 UE。

2. S-CCPCH，PICH

辅助公共控制物理信道 S-CCPCH（Secondary Common Control Physical Channel）和寻呼指示信道 PICH（Page Indication Channel）相对于 P-CCPCH 的发射功率由高层信令设定。PICH 相对于 P-CCPCH 参考功率的偏移量在 BCH 上进行广播。

3. FPACH

FPACH 的发射功率由高层信令进行设置。

4. DPCH，PDSCH

下行物理专用信道的初始发射功率由高层信令确定，直到第一个 UL DPCH 或 PUSCH 到达。初始发射之后，Node B 转为基于信噪比 SIR 的闭环 TPC。UE 对接收到的下行 DPCH 进行信噪比估计 SIRest，随后 UE 产生并发送 TPC 指令，遵循规则：如果 SIRest > SIRtarget，则 TPC 发射指令"down"；如果果 SIRest < SIRtarget，则 TPC 发射指令"up"。

在 Node B 侧，根据 TPC 位进行软控制。当指令为"down"时，Node B 将发射功率下调一个功率控制步长；当指令为"up"时，Node B 将发射功率上调一个功率控制步长。如果采用交替发射分集 TSTD（Time Switched Transmit Diversity），则 UE 可以通过对两个连续子帧中接收到的 SIR 的测量来生成功率控制指令。

DPCH 或 PDSCH 的发射功率不应超过由高层信令设置的极限值：Maximum_DL_Power（dB）和 Minimum_DL_Power（dB）。发射功率定义为单个 DPCH 或 PDSCH 上，一个时隙内 QPSK（8PSK）符号在扩频之前相对于 P-CCPCH 的平均功率。

在暂停下行发射期间，UE 和 Node B 应当使用高层信令给定的相同 TPC 步长。UTRAN 在暂停发射期间可能累积接收到的 TPC 命令，具有相同取值的 TPC 命令仅被计数一次。UTRAN 在暂停后的第一次数据发射的功率，可以被设置为暂停前的发射功率与根据累积 TPC 命令得到的功率偏移之和。另外，此和可能包括一个设置的常量以及由于接收 TPC 比特的不确定性所带来的修正量。Node B 侧一个时隙内的总下行发射功率不得超过由高层信令设置的最大发射功率。如果一个时隙内所有信道的总下行发射功率超过了该限制值，则所有下行 DPCHs 和 PDSCHs 的发射功率应当按相同 dB 量进行下调，并确保该时隙上的总发射功率等于最大发射功率。

14.4.3　上行同步

对于 TD-SCDMA 系统来说，UE 支持上行同步是必须的。

当 UE 加电后，它首先必须建立起与小区之间的下行同步。只有当 UE 建立了下行同步，它才能开始上行同步过程。上行同步的建立是在随机接入过程中完成的，它涉及到 UpPCH 和 PRACH。

虽然 UE 可以接收到来自 Node B 的下行信号，但是它与 Node B 间的距离却是未知的。这将导致上行发射的非同步。为了使同一小区中的每一个 UE 发送的同一帧信号到达 Node B 的时间基本相同，避免大的小区中的连续时隙间的干扰，Node B 可以采用时间提前量调整 UE 发射定时。因此，上行方向的第一次发送将在一个特殊的时隙 UpPTS 上进行，以减小对业务时隙的干扰。

UpPCH 所采用的定时是根据对接收到的 DwPCH 和/或 P-CCPCH 的功率来估计的。在搜索窗内通过对 SYNC_UL 序列的检测，Node B 可估算出接收功率和定时，然后向 UE 发送反馈信息，调整下次发射的发射功率和发射时间，以便建立上行同步。这是在接下来的四个子帧中由 FPACH 来完成的。UE 在发送 PRACH 后，上行同步便被建立。上行同步同样也将适用于上行失步时的上行同步再建立过程中。

14.4.3.1　UpPCH

TD-SCDMA 中，UpPCH（Uplink Pilot Channel）和 DwPCH（Downlink Pilot Channel）为每 5 ms 子帧中的两个专用物理同步信道。前者用于上行同步，而后者则用于下行同步。

UpPCH 采用开环上行同步控制。基于路径损耗，UE 由接收到的 P-CCPCH 和/或 DwPCH 功率可估算出传播时延Δtp，如图 14.28 所示。

UE 根据接收到的 DwPCH 时间，UpPCH 被提前发送给 Node B。UpPCH 的开始发送时间 TTX-UpPCH 由下式确定：

TTX-UpPCH = TRX-DwPCH -2Δtp +12*16 TC（1/8 chips 的整数倍）

其中，TTX-UpPCH 为 UpPCH 开始发送的时间；TRX-DwPCH 为接收到的 DwPCH 的起始时间；2Δtp 为 UpPCH 的时间提前量 TA（Timing Advance，UpPCHADV）。

14.4.3.2　PRACH

Node B 测量接收到的 SYNC-UL 的时间偏移量 UpPCHPOS，UpPCHPOS 在 FPACH 中进行传送并以 11 bit（0～2 047）数表达，它为离 UpPCH 接收位置最近的 1/8 chips 的整数倍位置。PRACH 的开始时间 TTX-PRACH 确定如下：

TTX-PRACH = TRX-PRACH –（UpPCHADV + UpPCHPOS – 8*16 TC）　　　（1/8 chips 的整数倍）

其中，TTX-PRACH 为 PRACH 的起始发送时间；TRX-PRACH 为假定 PRACH 是下行信道时
PRACH 接收的开始时间。

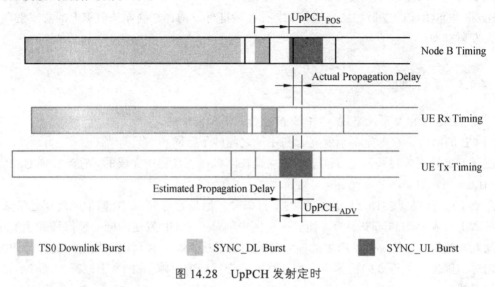

图 14.28　UpPCH 发射定时

14.4.3.3　DPCH 和 PUSCH

对专用物理信道 DPCH 和物理上行共享信道 PUSCH，闭环上行同步控制采用层 1 符号（ SS
命令 ）。在上行同步建立之后，Node B 和 UE 启动闭环上行同步控制过程。此过程在接续过程
中是连续的。Node B 将连续测量 UE 的定时，并在每个子帧中发送必要的 SS 指令。UE 在接
收到 SS 之后将依此每隔 M 子帧调整发射时间±k/8 chips 或不作调整。默认值 M（ 1~8 ）和 k
（ 1~8 ）在 BCH 上进行广播。M 和 k 的值也可以在呼叫建立时作调整或呼叫期间进行重调整。

当进行小区切换时，需加入源小区和目标小区的相对时间差（ Δt ），即 $TA_{new} = TA_{old} + 2\Delta t$，
其中，TA_{new} 为新小区的时间提前量，TA_{old} 为旧小区的时间提前量。

14.4.4　小区搜索过程

在初始小区搜索中，UE 搜索到一个小区，建立 DwPTS 同步，获得扰码和基本 Midamble
码，控制复帧同步，然后读取 BCH 信息。初始小区搜索利用 DwPTS 和 BCH 进行。

初始小区搜索按以下步骤进行：

1. 搜索 DwPTS

UE 利用 DwPTS 中 SYNC_DL 得到与某一小区的 DwPTS 同步，这一步通常是通过一个或
多个匹配滤波器（ 或类似的装置 ）与接收到的从 PN 序列中选出来的 SYNC_DL 进行匹配实现。
为实现这一步，可使用一个或多个匹配滤波器（ 或类似装置 ）。在这一步中，UE 必须要识别
出在该小区可能要使用的 32 个 SYNC_DL 中的哪一个 SYNC_DL 被使用。

2. 扰码和基本训练序列码识别

UE 接收到 P-CCPCH 上的 Midamble 码，DwPTS 紧随在 P-CCPCH 之后。每个 DwPTS 对
应一组 4 个不同的基本 Midamble 码，因此共有 128 个互不相同的基本 Midamble 码。基本

Midamble 码的序号除以 4 就是 SYNC_DL 码的序号。因此，32 个 SYNC_DL 和 P-CCPCH 的 32 个 Midamble 码组一一对应，这时 UE 可以采用试探法和错误排除法确定 P-CCPCH 到底采用了哪个 Midamble 码。在一帧中使用相同的基本 Midamble 码。由于每个基本 Midamble 码与扰码是相对应的，知道了 Midamble 码也就知道了扰码。根据确认的结果，UE 可以进行下一步或返回到第一步。

3. 实现复帧同步

UE 搜索在 P-CCPCH 里的 BCH 的复帧 MIB(Master Indication Block)，它由经过 QPSK 调制的 DwPTS 的相位序列（相对于在 P-CCPCH 上的 Midamble 码）来标识。控制复帧由调制在 DwPTS 上的 QPSK 符号序列来定位。n 个连续的 DwPTS 可以检测出目前 MIB 在控制复帧中的位置。

4. 读广播信道 BCH

UE 利用前几步已经识别出的扰码、基本训练序列码、复帧头读取被搜索到小区的 BCH 上的广播信息，根据读取的结果，UE 可以得到小区的配置等公用信息。

14.4.5　随机接入过程

14.4.5.1　随机接入准备

当 UE 处于空闲模式下，它将维持下行同步并读取小区广播信息。从该小区所用到的 DwPTS，UE 可以得到为随机接入而分配给 UpPTS 物理信道的 8 个 SYNC_UL 码（特征信号）的码集，一共有 256 个不同的 SYNC_UL 码序列，其序号除以 8 就是 DwPTS 中的 SYNC_DL 的序号。从小区广播信息中，UE 可以知道 PRACH 信道的详细情况（采用的码、扩频因子、Midamble 码和时隙）、FPACH 信道的详细信息（采用的码、扩频因子、Midamble 码和时隙）以及其他与随机接入有关的信息。

14.4.5.2　随机接入过程

如图 14.29 所示，在 UpPTS 中紧随保护时隙之后的 SYNC_UL 序列仅用于上行同步，UE 从它要接入的小区所采用的 8 个可能的 SYNC_UL 码中随机选择一个，并在 UpPTS 物理信道上将它发送到基站。然后 UE 确定 UpPTS 的发射时间和功率（开环过程），以便在 UpPTS 物理信道上发射选定的特征码。

一旦 Node B 检测到来自 UE 的 UpPTS 信息，那么它到达的时间和接收功率也就知道了。Node B 确定发射功率更新和定时调整的指令，并在以后的 4 个子帧内通过 FPACH（在一个突发/子帧消息）将它发送给 UE。

一旦当 UE 从选定的 FPACH（与所选特征码对应的 FPACH）中收到上述控制信息时，表明 Node B 已经收到了 UpPTS 序列。然后，UE 将调整发射时间和功率，并确保在接下来的两帧后，在对应于 FPACH 的 PPACH 信道上发送 RACH。在这一步，UE 发送到 Node B 的 RACH 将具有较高的同步精度。

之后，UE 将会在对应于 FACH 的 CCPCH 的信道上接收到来自网络的响应，指示 UE 发出的随机接入是否被接收，如果被接收，将在网络分配的 UL 及 DL 专用信道上通过 FACH 建立起上下行链路。

在利用分配的资源发送信息之前，UE 可以发送第二个 UpPTS 并等待来自 FPACH 的响应，从而可得到下一步的发射功率和 SS 的更新指令。

接下来，基站在 FACH 信道上传送带有信道分配信息的消息，基站和 UE 间进行信令及业务信息的交互。

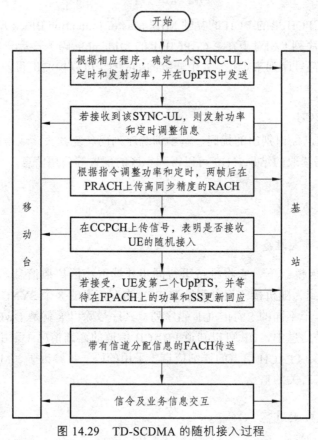

图 14.29　TD-SCDMA 的随机接入过程

14.4.5.3　随机接入冲突处理

在有可能发生碰撞的情况下，或在较差的传播环境中，Node B 不发射 FPACH，也不能接收 SYNC_UL，也就是说，在这种情况下，UE 就得不到 Node B 的任何响应。因此 UE 必须通过新的测量，来调整发射时间和发射功率，并在经过一个随机延时后重新发射 SYNC_UL。注意：每次（重）发射，UE 都将重新随机地选择 SYNC_UL 突发。

这种两步方案使得碰撞最可能在 UpPTS 上发生，即 RACH 资源单元几乎不会发生碰撞。这也保证了在同一个 UL 时隙中可同时对 RACHs 和常规业务进行处理。

14.4.6　下行发射分集

发射分集是指在基站通过两根天线发射信号，每根天线被赋予不同的加权系数（包括幅度、相位等），从而使接收方增强接收效果，改进下行链路的性能。发射分集包括开环发射分集和闭环发射分集。开环发射分集不需要移动台的反馈，基站的发射先经过空间时间块编码，再在移动台中进行分集接收解码，改善接收效果。而闭环发射分集需要移动台的参与，移动台实时监测基站的两个天线发射的信号幅度和相位等，然后在反向信道里通知基站下一次应发射的幅度和相位，从而改善接收效果。

在 UTRAN 中，DPCH、P-CCPCH 和 DwPTS 的下行发射分集是可选的。然而，UE 对于它的支持是必需的。

14.4.6.1　DPCH 的发射分集

闭环发射分集或时间交替发射分集 TSTD（Time Switched Transmit Diversity）可用作下行DPCH 的发射分集方案。

1. 采用 TSTD 的 DPCH

如图 14.30 所示给出了一个采用 TSTD 发射器结构的举例。信道编码、速率匹配、交织、位符号映射、扩频和扰码与无分集的情况一致，数据与 Midamble 序列按时间进行复用。在脉冲成型、调制和放大之后，DPCH 由天线 1 和天线 2 每个子帧交替地发射。子帧中不是所有的 DPCH 必须在同一个天线上进行发送，同时一个子帧中也不是所有的 DPCH 必须采用 TSTD。如图 14.31 所示描述了一个 DPCH 的发射分集例子，例中所有的物理信道均采用 TSTD 进行发射，且同一子帧采用相同的天线。

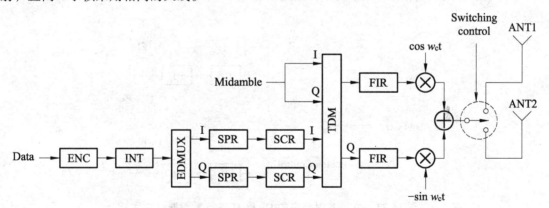

图 14.30　DPCH 和 P-CCPCH 的 TSTD 发射器结构举例

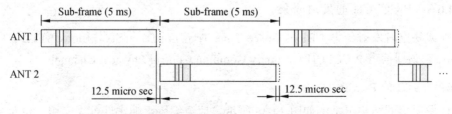

图 14.31　采用 TSTD 发射 DPCH 和 P-CCPCH 举例：
所有物理信道均采用 TSTD 且每一子帧采用同一天线

2. 采用闭环发射分集的 DPCH

如图 14.32 所示给出了支持 DPCH 发射分集的发射器结构。信道编码、交织和扩频与无分集的情况一样。扩频的复值信号同时提供给两个发射天线，并为其指定两个加权系数 w_1 和 w_2。通常，权重为复值信号，即 $w_i = a_i + jb_i$。这些权重每个用户每时隙分别进行一次计算，具体由 UTRAN 确定。

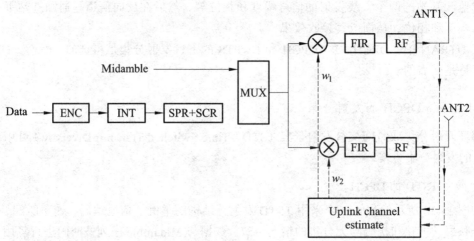

图 14.32　支持发射分集的 DPCH 下行发射器结构图

14.4.6.2　DwPTS 的发射分集

支持发射分集的 DwPCH 发射器结构如图 14.33 所示。DwPCH 由天线 1 和天线 2 交替地进行发射。

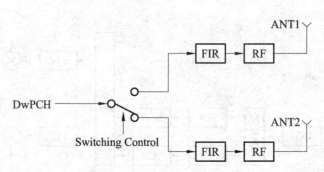

图 14.33　支持发射分集的 DwPCH 下行发射器结构图

14.4.6.3　P-CCPCH 的发射分集

TSTD 或块空时发射分集（Block Space Time Transmit Diversity，Block STTD）可应用于基本公共控制物理信道 P-CCPCH（Primary Common Control Physical Channel）。

1. 采用 TSTD 的 P-CCPCH

TSTD 发射器的结构图举例如图 14.36 所示。信道编码、速率匹配、交织、位符号映射、扩频和扰码与无分集的情况相同。数据和 Midamble 序列按时间进行复用。在脉冲定型、调制和放大之后，P-CCPCH 按每个子帧交替地由天线 1 和天线 2 分别发送。如果有一个 DPCH 使用 TSTD，则 TSTD 也将应用于 P-CCPCH。如图 14.37 所示给出了天线交替方案的举例。

2. 采用块 STTD 的 P-CCPCH

开环下行发射分集采用了块 STTD 方案。图 14.34 示出了块 STTD 发射器的一个结构图。在块 STTD 编码前，信道编码、速率匹配、交织和位符号映射与无分集的操作模式一致。块 STTD 编码对突发中的两个数据域分别进行处理（每个数据域包含 N 个数据符号）。对编码器输入的每个数据域，在输出侧分别产生两个数据域并将其对应于两根分集天线。块 STTD 编码的具体操作如图 14.35 所示，其中上标"*"表示复共轭。如果 N 为奇数，则块中的第一个符号不进行 STTD 编码，它将以相同的功率在两根天线上同时进行发射。在块 STTD 编码后，两个分支分别采用无分集一样的模式独立地进行扩频和扰码操作。对于块 STTD 编码的使用将由高层指示。符号 S_i 采用 QPSK 调制，N 为待编码块的长度。

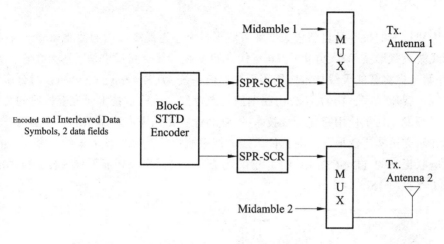

图 14.34　STTD 发射器结构图

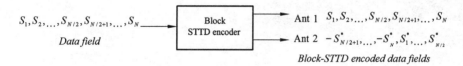

图 14.35　STTD 编码器示意图

第 15 章　TD-SCDMA 系统中的关键技术

15.1　智能天线

15.1.1　概　述

智能天线技术的核心是自适应天线波束赋形技术。为提高雷达的性能和电子对抗的能力。自适应天线波束赋形技术在 20 世纪 60 年代开始发展，其研究对象是雷达天线阵。90 年代中期，各国开始考虑将智能天线技术应用于无线通信系统。美国 Arraycom 公司在时分多址的 PHS 系统中实现了智能天线；1997 年，由我国信息产业部电信科学技术研究院控股的北京信威通信技术公司开发成功了使用智能天线技术的 SCDMA 无线用户环路系统。在国内外也开始有众多大学和研究机构广泛地开展对智能天线的波束赋形算法和实现方案的研究。1998 年，我国向国际电联提交的 TD-SCDMA RTT 建议就是第一次提出以智能天线为核心技术的 CDMA 通信系统（参见图 15.1）。

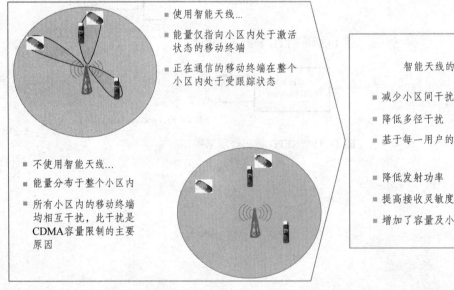

图 15.1　使用智能天线与不使用智能天线之比较

15.1.2　基本原理

智能天线技术的原理，是使一组天线和对应的收发信机按照一定的方式排列和激励，利用波的干涉原理可以产生强方向性的辐射方向图。如果使用数字信号处理方法在基带进行处理，使得辐射方向图的主瓣自适应地指向用户来波方向，就能达到提高信号的载干比，降低发射功率，提高系统覆盖范围的目的。

（1）智能天线的阵元通常是按直线等距、圆周或平面等距排列。每个阵元为全向天线。

（2）当移动台距天线足够远，实际信号入射角的均值和方差满足一定条件时，可以近似地认为信号来自一个方向，参见图 15.2。

智能天线子系统主要包括以下组成部分：① 智能天线阵；② 射频前端模块（包括线性功率放大器、低噪放和监测控制电路）；③ 射频带通滤波器；④ 电缆系统（射频电缆、控制电缆以及射频防雷模块、低频防雷电路）。

参见图 15.3，设以 M 元直线等距天线阵列为例：（第 m 个阵元）。

则空域上入射波距离相差为：$\Delta d = m \cdot \Delta x \cdot \cos\theta$。

时域上入射波相位相差为：$(2\pi/\lambda)\cdot\Delta d$。

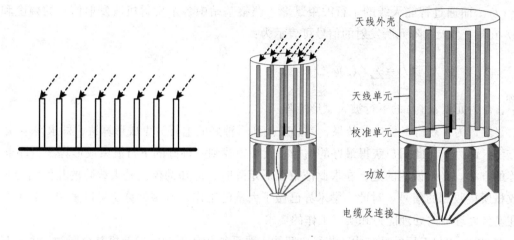

图 15.2　智能天线结构示意图

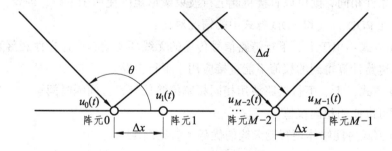

图 15.3　智能天线阵元波束接收

可见，空间上距离的差别导致了各个阵元上接收信号相位的不同。经过加权后阵列输出端的信号为：

$$z(t) = \sum_{m=0}^{M-1} w_m u_m(t) = A \cdot s(t) \cdot \sum_{m=0}^{M-1} w_m \mathrm{e}^{-j\frac{2\pi}{\lambda}m\Delta x \cos\theta}$$

其中，A 为增益常数；$s(t)$ 是复包络信号；w_m 是阵列的权因子。

根据正弦波的叠加效果，假设第 m 个阵元的加权因子：$w_m = \mathrm{e}^{j\frac{2\pi}{\lambda}m\Delta x \cos\varphi_0}$，则

$$z(t) = A \cdot s(t) \cdot \sum_{m=0}^{M-1} e^{-j\frac{2\pi}{\lambda}m\Delta x(\cos\theta - \cos\varphi_0)}$$

选择不同的 φ_0，将改变波束所对的角度，所以可以通过改变权值来选择合适的方向。

下面我们来研究来自多个用户终端的信号。此上行信号是有多址干扰、衰落、多径传播和多普勒频移等效应，并存在其他干扰和白噪声的。通过解扩和相应数字信号处理，可以获得对每个码道的接收数据。如果以 $x_{ji}(\int)$ 表示第 i 个接收机第 j 码道的第 $\int$ 个符号的数据，则在基带进行上行波束赋形（合成）后，将获得智能天线的总接收数据为：

$$X_j(\int) = \sum_{i=1}^{N} x_{ji}(\int) w_{ji}(\int)$$

式中，W 为上行波束赋形矩阵，其矩阵元素为 $w_{ji}(\int)$。

智能天线的下一步是实现其下行波束赋形。将向此用户在第 j 码道发射的第 $\int$ 个符号表示为 $Y_j(\int)$。而通过智能天线的下行波束赋形（调整基站中各个发射机所发射信号的幅度和相位），在第 i 个天线阵元所发射的信号可表示为：

$$y_{ij}(\int) = \sum_{i=1}^{N} Y_j(\int) u_{ji}(\int)$$

其中，U 为元素 $u_{ji}(\int)$ 的下行波束赋形矩阵。

显然，为了获得最佳接收效果，就必须找到一种好的上行波束成形算法，即求得 W 矩阵的方法；而为了让此用户获得最好的信号，就必须找到一种好的下行波束成形算法，即求 U 矩阵的方法。必须说明的是，在求此波束赋形矩阵时，已知的仅仅是天线阵的几何结构和各接收机所接收到的信号。对此，学术界已做了大量的工作，有多种算法可以采用，其主要限制在基带处理器的处理能力和实时工作的要求。

在 TDD 方式工用的系统中，若组成智能天线系统的各射频收发信机是全同的，由于其上下行电波传播条件相同，则可以直接将此上行波束赋形矩阵使用于下行，即令：$U=W$。

智能天线在 FDD 方式和 TDD 方式中的情况对比：

（1）FDD 方式：由于上、下行链路信号传播的无线环境受频率选择性衰落影响不相同，所以根据上行链路计算得到的权值不能直接应用于下行链路。

（2）TDD 方式：上、下行链路使用相同频率传输信号，且间隔时间短，链路无线传播环境差异不大，可以使用相同权值。

（3）TDD 方式更能够体现智能天线的优势（参见图 15.4）。

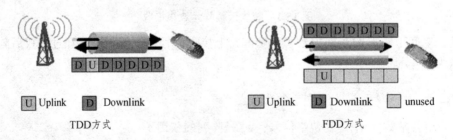

图 15.4　TDD 方式更能体现智能天线的优势

15.1.3　智能天线的主要功能及所应考虑的问题

15.1.3.1　智能天线的主要功能

1. 提高了基站接收机的灵敏度

基站所接收到的信号为来自各天线单元和收信机所接收到的信号之和。如采用最大功率合成算法，在不计多径传播条件下，则总的接收信号将增加 $10\lg N$（dB），其中，N 为天线单元的数量。存在多径时，此接收灵敏度的改善将随多径传播条件及上行波束赋形算法而变，其结果也在 $10\lg N$（dB）上下。

2. 提高了基站发射机的等效发射功率

同样，发射天线阵在进行波束赋形后，该用户终端所接收到的等效发射功率可能增加 $20\lg N$（dB）。其中，$10\lg N$（dB）是 N 个发射机的效果，与波束成形算法无关，另外部分将和接收灵敏度的改善类似，随传播条件和下行波束赋形算法而变。

3. 降低了系统的干扰

基站的接收方向图形是有方向性的，在接收方向以外的干扰有强的抑制。如果使用最大功率合成算法，则可能将干扰降低 $10\lg N$（dB）。

4. 增加了 CDMA 系统的容量

CDMA 系统是一个自干扰系统，其容量的限制主要来自本系统的干扰。降低干扰对 CDMA 系统极为重要，它可大大增加系统的容量。在 CDMA 系统中使用智能天线后，就提供了将所有扩频码所提供的资源全部利用的可能性。

5. 改进了小区的覆盖

对使用普通天线的无线基站，其小区的覆盖完全由天线的辐射方向图形确定。当然，天线的辐射方向图形是可能根据需要而设计的。但在现场安装后除非更换天线，其辐射方向图形是不可能改变和很难调整的。但智能天线的辐射图形则完全可以用软件控制，在网络覆盖需要调整或由于新的建筑物等原因使原覆盖改变等情况下，均可能非常简单地通过软件来优化。

6. 降低了无线基站的成本

在所有无线基站设备的成本中，最昂贵的部分是高功率放大器（HPA）。特别是在 CDMA 系统中要求使用高线性的 HPA，更是其主要部分的成本。智能天线使等效发射功率增加，在同等覆盖要求下，每只功率放大器的输出可能降低 $20\lg N$（dB）。这样，在智能天线系统中，使用 N 只低功率的放大器来代替单只高功率 HPA，可大大降低成本。此外，还带来降低设备对电源的要求和增加设备可靠性等好处。

15.1.3.2　智能天线所带来的新问题

1. 全向波束和赋形波束

智能天线的功能主要是由自适应的发射和接收波束赋形来实现的。而且，接收和发射波束赋形是依据基站天线几何结构、系统的要求和所接收到的用户信号。在移动通信系统中，智能天线对每个用户的上行信号均采用赋形波束，提高系统性能是非常直接的。但在用户没有发射，仅处于接收状态下，又是在基站的覆盖区域内移动时（空闲状态），基站不可能知道该用户所处的方位，只能使用全向波束进行发射。一个全向覆盖的基站，其不同码道的发射波束是不同的，如图 15.5 所示。基站必须能提供全向和定向的赋形波束。

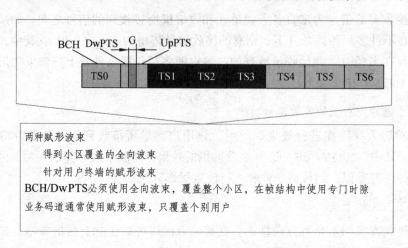

图 15.5 TD-SCDMA 全向码道和赋形码道

2. 智能天线的校准

在使用智能天线时，必须具有对智能天线进行实时自动校准的技术。

在 TDD 系统中使用智能天线时，是根据电磁场理论中的互易原理，直接利用上行波束赋形。但对实际无线基站，每一条通路的无线收发信机不可能是全同的，而且，其性能将随时期、工作电平和环境条件等因素变化。如果不进行实时自动校准，则下行波束赋形将受严重影响。不仅得不到智能天线的优势，而且可能完全不能通信。

3. 智能天线和其他抗干扰技术的结合

目前，在智能天线算法的复杂性和实时实现的可能性之间必须进行折中。这样，实用的智能天线算法还不能解决时延超过一个码片宽度的多径干扰，也无法克服高速移动多普勒效应造成的信道恶化。在多径严重的高速移动环境下，必须将智能天线和其他抗干扰的数字信号处理技术结合使用，才可能达到最佳的效果。这些数字信号处理技术包括联合检测（Joint Detection），干扰抵消及 Rake 接收等。目前，智能天线和联合检测或干扰抵消的结合已有实用的算法。

4. 波束赋形的速度问题

必须注意的是，由于用户终端的移动性，移动通信是一个时变的信道，智能天线是由接收信号来对上下行波束赋形，故要求 TDD 的周期不能太长（见图 15.6）。例如，当用户终端的移动速度达到 100 km/h 时，其多普勒频移接近 200 Hz，用户终端在 10 ms 内的位置变化达到 28 cm，在 2 GHz 频段已超过一个波长，对下行波束赋形将带来巨大的误差。故希望将 TDD 周期进行缩减，以保证智能天线的正常工作。如果要求此系统的终端能以更高的速度移动，则 TDD 上下行转换周期还应进一步缩短。

5. 设备复杂性的考虑

智能天线的性能显然将随天线阵元数目的增加而增加，但是增加天线阵元的数量，又将增加系统的复杂性。此复杂性主要是在基带数字信号处理的量将成几何级数递增。现在，CDMA 系统在向宽带方向发展，码片速率已经很高，基带处理的复杂性已对微电子技术提出了越来越高的要求，这就限制了天线元的数量不可能太多。按目前的水平，天线元的数量在 6 ~ 16。

目前，TD-SCDMA 系统中在基站端使用的是 8 个天线组成的环形天线阵列，移动台使用单个天线。

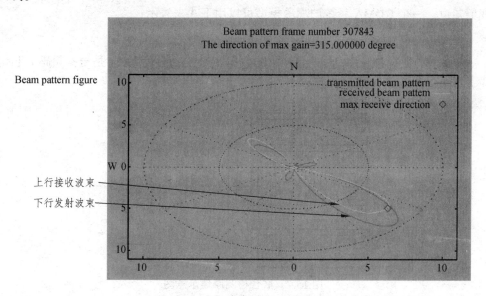

图 15.6　波束赋形示例图

15.2　联合检测

联合检测技术是多用户检测（Multi-user Detection）技术的一种。CDMA 系统中多个用户的信号在时域和频域上是混叠的，接收时需要在数字域上用一定的信号分离方法把各个用户的信号分离开来。信号分离的方法大致可以分为单用户检测和多用户检测技术两种。

CDMA 系统中的主要干扰是同频干扰，它可以分为两部分，一种是小区内部干扰（Intracell Interference），指的是同小区内部其他用户信号造成的干扰，又称多址干扰（Multiple Access Interference，MAI）；另一种是小区间干扰（Intercell Interference），指的是其他同频小区信号造成的干扰，这部分干扰可以通过合理的小区配置来减小其影响。

传统的 CDMA 系统信号分离方法是把多址干扰（MAI）看作热噪声一样的干扰，导致信噪比严重恶化，系统容量也随之下降。这种将单个用户的信号分离看作是各自独立的过程的信号分离技术称为单用户检测（Single-user Detection）。

IS-95 等第二代 CDMA 系统实际容量远小于设计码道数，就是因为使用了单用户检测技术。实际上，由于 MAI 中包含许多先验的信息，如确知的用户信道码，各用户的信道估计等，因此 MAI 不应该被当作噪声处理，它可以被利用起来以提高信号分离方法的准确性。这样充分利用 MAI 中的先验信息而将所有用户信号的分离看作一个统一的过程的信号分离方法称为多用户检测技术（MD）。根据对 MAI 处理方法的不同，多用户检测技术可以分为干扰抵消（Interference Cancellation）和联合检测（Joint Detection）两种。其中联合检测技术是目前第三代移动通信技术中的热点，它指的是充分利用 MAI，一步之内将所有用户的信号都分离开来的一种信号分离技术。而干扰抵消技术的基本思想是判决反馈，它首先从总的接收信号中判决出其中部分的数据，根据数据和用户扩频码重构出数据对应的信号，再从总接收信号中减去重构信号，如此循环迭代。

我们知道，一个 CDMA 系统的离散模型可以用下式来表示：

$$e = A \cdot d + n$$

其中，d 是发射的数据符号序列；e 是接收的数据序列；n 是噪声；A 是与扩频码 c 和信道脉冲响应 h 有关的矩阵，如图 15.7 所示。

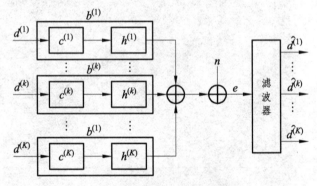

图 15.7 联合检测原理示意图

只要接收端知道 A（扩频码 c 和信道脉冲响应 h），就可以估计出符号序列 $\hat{d}$。

扩频码 c 已知；

信道脉冲响应 h 可以利用突发结构中的训练序列 Midamble 求解出，如图 15.8 所示。

图 15.8 TD-SCDMA 突发结构中的 Midamble

在 TD-SCDMA 系统中，帧结构中设置了用来进行信道估计的训练序列 Midamble，根据接收到的训练序列部分信号和我们已知的训练序列就可以估算出信道冲激响应，而扩频码也是确知的，那么我们就可以达到估计用户原始信号的目的。联合检测算法的具体实现方法有多种，大致分为非线性算法、线性算法和判决反馈算法等三大类。根据目前的情况，在 TD-SCDMA 系统中，采用了线性算法的一种，即迫零线性块均衡（Zero-Forcing Block Linear Equalizer，ZF-BLE）法。

在 TD-SCDMA 系统中，训练序列 Midamble 是用来区分相同小区、相同时隙内的不同用户的。在同一小区的同一时隙内所有用户具有相同的 Midamble 码本（基本序列），不同用户的 Midamble 序列只是码本的不同移位。在 TD-SCDMA 技术规范中，共有长度为 128 位的 Midamble 码 128 个。训练序列 Midamble 安排在每个突发的正中位置，长度为 144 chips。之所以将 Midamble 安排在每个突发的正中位置，是出于对可靠信道估计的考虑。可以认为在整个突发的传输过程中，尤其是在慢变信道中，信道所受到的畸变是基本相同的。所以，对位于突发正中的 Midamble 进行信道估计相当于是对整个突发信道变化进行了一次均值，从而能可靠地消除信道畸变对整个突发的影响，如图 15.9 所示。

当信号在移动信道中传输时会发生信号幅度的衰落和信号相位的畸变。移动信道中某个用户 k 的等效低通信道脉冲响应可以表示为：

$$h_k(t) = \sum_{l=0}^{L-1} a_{k,l}(t) e^{j\gamma_{k,l}(t)} \delta(t - lT_C)$$

其中，L 为信道的多径数；a_k，l 为瑞利分布的幅度衰落，它对于每条径来说是独立分布的；γ_k，$l(t)$ 表示信道的相位畸变，服从 $[0, 2\pi]$ 间的均匀分布；T_C 为扩频码的码片宽度。

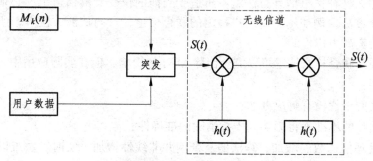

图 15.9　Midamble 的发送模型

其中，$M_k(n)$（$n = 1, 2, \cdots, N$）表示用户 k 使用的 Midamble 码，长度为 N。$h(t)$ 表示等效低通信道脉冲响应；$n(t)$ 表示系统中引入的多址干扰和热噪声；$S(t)$ 为发送信号；$S(t)$ 为经过信道后的接收端信号。

相干信道估计，是指用序列相干解调的方法来估计信道响应，如图 15.10 所示。也就是说，在发送数据的同时发送一个事先设定的辅助序列。当在接收端收到数据的同时，也收到了经过相同信道衰落的辅助序列。于是，可以根据已知的发送辅助序列和接收辅助序列估测出信道的幅度和相位的变化，从而可利用它来解调接收数据并抵消信道中产生的畸变。

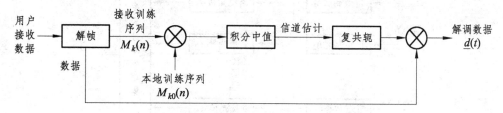

图 15.10　相干解调示意图

假设接收到的训练序列为 $M_k(n)$，本地训练序列为 $M_{k0}(n)$，通过作积分相关可得信道估计值

$$\hat{\theta} = \frac{1}{N} \int_0^N M_k(n) M_{k0}(n) \, dn = \frac{1}{N} \int_0^N \left[M_{k0}(n) a_k(n) e^{j\theta_k(n)} \right] M_{k0}(n) \, dn = \bar{a}_k e^{j\bar{\theta}_k}$$

由上式可以看出，最终的信道估计值是对整个训练序列信道响应的一个均值，而且由于训练序列在整个突发中所处的特殊位置，完全可以认为信道估计值就是整个突发信道响应的均值。尤其是在慢速变化的信道中，该均值完全能够可靠地消除信道畸变，从而解调出用户

数据。

设原始数据为 $d_0(t)$，解调前的用户接收数据为 $d(t)$，解调后的用户数据为 $\underline{d}(t)$，则有：

$$\underline{d}(t) = d(t)(\hat{\theta})^* = \left[d_0(t)a_k(t)\mathrm{e}^{\mathrm{j}\theta_k(t)} \right]\left(\overline{a}_k\mathrm{e}^{\mathrm{j}\overline{\theta}_k} \right)^* = d_0(t)\left[a_k(t)\overline{a}_k \right]\mathrm{e}^{\mathrm{j}\left[\theta_k(t)-\overline{\theta}_k \right]}$$

由于在慢变衰落信道中，$a_k(t) \approx \overline{a}_k$，$\theta_k(t) \approx \overline{\theta}_k$，所以，$\underline{d}(t) \approx d_0(t)(\overline{a}_k)^2$。

若在快变衰落信道中，式 $a_k(t) \approx \overline{a}_k$ 和 $\theta_k(t) \approx \overline{\theta}_k$ 并不一定成立，故有：

$$\underline{d}(t) \approx d_0(t)[a_k(t)\overline{a}_k] \cdot \mathrm{e}^{\mathrm{j}\Delta\theta_k(t)}$$

式中，$\mathrm{e}^{\mathrm{j}\Delta\theta_k(t)}$ 为信道估计误差，它将直接影响到数据解调的准确度。如果由于 $\mathrm{e}^{\mathrm{j}\Delta\theta_k(t)}$ 误差导致信号星座空间旋转后发生交叠，则必将发生误判。当因此产生的误码超出了信道编码和交织的纠错能力，那么这种信道估计方法就不再适于当前的快变衰落信道了，必须有更准确、更可靠的信道估计方法，例如用于多用户检测的联合信道估计与检测方法等，所有这些均是以复杂性和成本的提高为代价的。

理论上来说，联合检测技术可以完全消除 MAI 的影响，但在实际应用中，联合检测技术会遇到以下问题：

（1）对小区间干扰没有解决办法；

（2）信道估计的不准确将影响到干扰消除的准确性；

（3）随着处理信道数的增加，算法的复杂度并非线性增加，实时算法难以达到理论上的性能。

由于以上原因，在 TD-SCDMA 系统中，并没有单独使用联合检测技术，而是采用了联合检测技术和智能天线技术相结合的方法。

智能天线和联合检测两种技术相合，不等于将两者简单地相加。TD-SCDMA 系统中智能天线技术和联合检测技术相结合的方法使得在计算量未大幅增加的情况下，上行能获得分集接收的好处，下行能实现波束赋形。如图 15.11 所示说明了 TD-SCDMA 系统智能天线和联合检测技术相结合的方法。

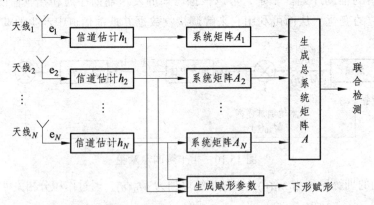

图 15.11　智能天线和联合检测技术结合流程示意图

小结：

1. 智能天线的主要作用

降低多址干扰，提高 CDMA 系统容量；

增加接收灵敏度和发射 EIRP（Effective Isotropic Radiated Power）。

2. 智能天线所不能解决的问题

时延超过码片宽度的多径干扰；

多普勒效益（高速移动）。

3. 联合检测

基于训练序列的信道估值；

同时处理多码道的干扰抵消。

联合检测优点：降低干扰，扩大容量，降低功控要求，削弱远近效应。

联合检测缺点：大大增加系统复杂度、增加系统处理时延、需要消耗一定的资源。

15.3　接力切换

接力切换适用于同步 CDMA 移动通信系统，是 TD-SCDMA 移动通信系统的核心技术之一。

设计思想：当用户终端从一个小区或扇区移动到另一个小区或扇区时，利用智能天线和上行同步等技术对 UE 的距离和方位进行定位，根据 UE 方位和距离信息作为切换的辅助信息，如果 UE 进入切换区，则 RNC 通知另一基站做好切换的准备，从而达到快速、可靠和高效切换的目的。这个过程就像是田径比赛中的接力赛跑传递接力棒一样，因而我们形象地称之为接力切换。

优点：将软切换的高成功率和硬切换的高信道利用率综合到接力切换中，使用该方法可以在使用不同载频的 SCDMA 基站之间，甚至在 SCDMA 系统与其他移动通信系统如 GSM、IS95 的基站之间实现不中断通信、不丢失信息的越区切换。

1. 越区切换

在现代无线通信系统中，为了在有限的频率范围内为尽可能多的用户终端提供服务，将系统服务的地区划分为多个小区或扇区，在不同的小区或扇区内放置一个或多个无线基站，各个基站使用不同或相同的载频或码，这样在小区之间或扇区之间进行频率和码的复用可以达到增加系统容量和频谱利用率的目的。

工作在移动通信系统中的用户终端经常要在使用过程中不停移动，当从一个小区或扇区的覆盖区域移动到另一个小区或扇区的覆盖区域时，要求用户终端的通信不能中断，这个过程称为越区切换。

2. 硬切换

在早期的频分多址（FDMA）和时分多址（TDMA）移动通信系统中采用这种越区切换方法，如图 15.12 所示。当用户终端从一个小区或扇区切换到另一个小区或扇区时，先中断与原基站的通信，然后再改变载波频率与新的基站建立通信。硬切换技术在其切换过程中有可能丢失信息。

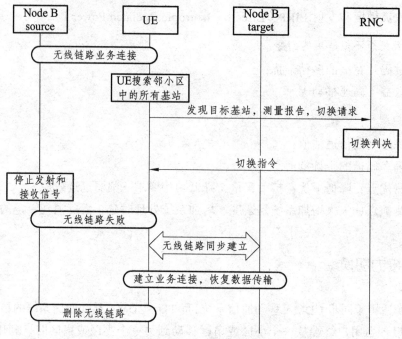

图 15.12　硬切换流程图

3. 软切换

在美国 Qualcomm 公司 20 世纪 90 年代发明的码分多址（CDMA）移动通信系统中采用软切换越区切换方法，如图 15.13 所示。当用户终端从一个小区或扇区移动到另一个具有相同载频的小区或扇区时，在保持与原基站通信的同时，和新基站也建立起通信连接，与两个基站之间传输相同的信息，完成切换之后才中断与原基站的通信。

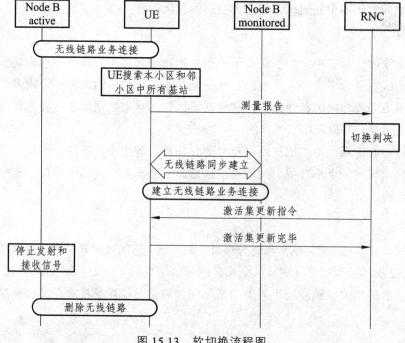

图 15.13　软切换流程图

优点：软切换过程不丢失信息，不中断通信，还可增加系统容量。

缺点：其一解决了终端在相同频率的小区或扇区间切换的问题；其二软切换的基础是宏分集，但在 IS-95 中宏分集占用了 50% 的下行容量，因此软切换实现的增加系统容量被它本身所占用的系统容量所抵消。

4. 接力切换

接力切换是一种应用于同步码分多址（SCDMA）通信系统中的切换方法。该接力切换方式不仅具有上述"软切换"功能，而且可以在使用不同载波频率的 SCDMA 基站之间，甚至在 SCDMA 系统与其他移动通信系统，如 GSM 或 IS-95 CDMA 系统的基站之间实现不丢失信息、不中断通信的理想的越区切换。

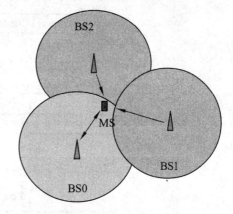

图 15.14　接力切换示意图

同步码分多址通信系统中的接力切换基本过程可描述如下（参见图 15.14）：

（1）MS 和 BS0 通信；

（2）BS0 通知邻近基站信息，并提供用户位置信息（基站类型、工作载频、定时偏差、忙闲等）；

（3）切换准备（MS 搜索基站，建立同步）；

（4）BS 或 MS 发起切换请求；

（5）系统决定切换执行；

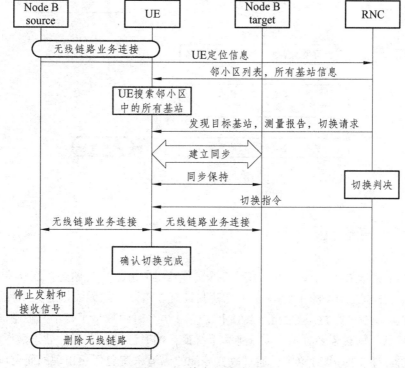

图 15.15　接力切换流程图

（6）MS 同时接收来自两个基站的相同信号；

（7）完成切换。

接力切换流程如图 15.15 所示。

基站的接力切换过程如图 15.16 所示。

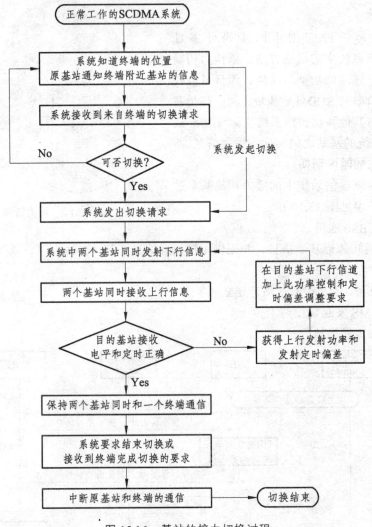

图 15.16　基站的接力切换过程

15.4　动态信道分配

频域 DCA：频域 DCA 中每一小区使用多个无线信道（频道）。在给定频谱范围内，与 5 MHz 的带宽相比，TD-SCDMA 的 1.6 MHz 带宽使其具有 3 倍以上的无线信道数（频道数）。

时域 DCA：在一个 TD-SCDMA 载频上，使用 7 个时隙减少了每个时隙中同时处于激活状态的用户数量。每载频多时隙，可以将受干扰最小的时隙动态分配给处于激活状态的用户。

码域 DCA：在同一个时隙中，通过改变分配的码道来避免偶然出现的码道质量恶化。

空域 DCA：通过智能天线，可基于每一用户进行定向空间去耦（降低多址干扰）。

在 TD-SCDMA 系统中：

信道（channel）：频率、时隙、码

RU（resource unit）：频率、时隙、码

基本 RU（basic RU）：SF=16 的 RU

1. DCA 与 TD-SCDMA 其他技术的融合

TD-SCDMA 系统中 DCA 的方法有如下几种：

（1）时域动态信道分配。

因为 TD-SCDMA 系统采用了 TDMA 技术，所以通过选择接入时隙来减小激活用户之间的干扰。

（2）频域动态信道分配。

因为 TD-SCDMA 系统中每个小区可以有多个载波（一到三个），所以把激活用户分配在不同的载波上，从而减小小区内用户之间的干扰。

（3）空域动态信道分配。

因为 TD-SCDMA 系统采用智能天线的技术，可以通过用户定位、波束赋形来减小小区内用户之间的干扰、增加系统容量。

2. 动态信道分配的组成

（1）慢速 DCA（把资源分配到小区）。

根据小区中各个时隙当前的负荷情况对各个时隙的优先级进行排队，为接入控制提供选择时隙的依据。

（2）接纳控制 AC。

当一个新的呼叫到来时，DCA 首先选择一个优先级最高的时隙，能否在该时隙为新呼叫分配资源。在选择时隙的过程中，如果没有单独的时隙能够提供新呼叫所需要的资源，DCA 将试图进行资源整合，从而为新呼叫腾出一定的资源（包括码资源、功率资源）。

（3）快速 DCA（为业务分配资源）。

当系统负荷出现拥塞或链路质量发生恶化时，RRM 中的其他模块（如 LCC、RLS）会触发 DCA 进行信道调整。它的功能主要是有选择的把一些用户从负荷较重（或链路质量较差）的时隙调整到负荷较轻（或链路质量较好）的时隙。

3. 双小区时隙分配及上下行调节容量模型举例

设 TDD 中一帧的时隙 a_1，a_2，$\cdots$，a_N 分配情况表示为：

$$a_i = \begin{cases} 0 & \text{分配给上行时隙} \\ 1 & \text{分配给下行时隙} \end{cases}$$；N：TDD 帧中的总时隙数；N_u：TDD 帧中分配的上行时隙数；

N_d：TDD 帧中分配的下行时隙数；M_A：A 类业务的呼叫数；M_B：B 类业务的呼叫数。

又设双小区环境中只存在 A 类和 B 类业务，其上、下行有效速率分别为 R_A^u，R_A^d，R_B^u，R_B^d。考虑如图 15.17 所示的几何形状完全相同的两正六边形相邻小区，如果 A 小区里面只有 A 类业务，B 小区里只有 B 类业务，且在 A 和 B 小区群中，业务都具有相类似的业务不对称因子（业务不对称因子是指下行有效速率和上行有效速率间的比值，表明了不对称业务的一个参

数），则只需将模型做适当的修改便可推广到更一般的多小区模型中去，如图 15.18 所示。

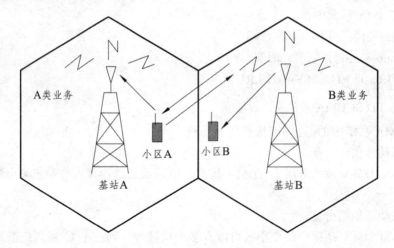

图 15.17　双小区干扰示意图

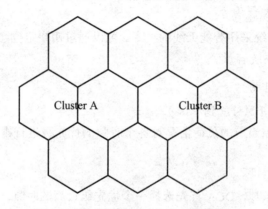

图 15.18　由双小区推广的多小区模型

（1）模型假设。

① 在每个小区中，假设 A 类业务和 B 类业务的呼叫是均匀地分布在每个时隙中。例如，在 A 小区中分配给下行的时隙可以承载 M_A/N_d 个呼叫。

② 在每个小区中，假设都实行理想功率控制（Perfect Power Control）。

（2）模型建立。

对于 A 类和 B 类业务，可针对上、下行两种情形分别进行讨论如下：

① 下行情形。

设 P_t 代表基站的发射功率，则移动台的接收功率

$$P_r=k_1D{-}vP_t$$

其中，D 为基站到移动台的距离；k 和 v 为常数。

记 $P_{t(r)}^{A(B)}$ 代表功率，上标 A 或 B 表示 A 类或 B 类业务，下标 t 或 r 表示发送或接收。在一定条件下，发射功率和信息速率一般成正比，即

$$\frac{P_t^A}{P_t^B}=\frac{R_A^d}{R_B^d}$$

则 A 类业务的下行 E_b / N_0 可表示为：

$$\left(\frac{E_b}{N_0}\right)_A^d = \frac{P_r^A}{\left(\dfrac{M_A}{N_d}-1\right)P_r^A\dfrac{NR_A^d}{B}+\dfrac{M_B}{N_d}P_r^B\dfrac{NR_B^d}{B}} = \frac{BN_d}{(M_A-N_d)NR_A^d+M_B NR_B^d}$$

其中，B 是 TDD 的工作带宽。分母的第一项代表来自本小区的干扰；第二项代表来自邻小区的干扰。类似地，可以得到 B 类业务的下行 E_b / N_0：

$$\left(\frac{E_b}{N_0}\right)_B^d = \frac{P_r^B}{\left(\dfrac{M_B}{N_d}-1\right)P_r^B\dfrac{NR_B^d}{B}+\dfrac{M_A}{N_d}P_r^A\dfrac{NR_A^d}{B}} = \frac{BN_d}{(M_B-N_d)NR_B^d+M_A NR_A^d}$$

② 上行情形。

设 P_c 代表基站从远端的移动台接收到的功率，由于理想功率控制假设，基站收到的所有移动台的功率均为 P_c，则有：

$$\left(\frac{E_b}{N_0}\right)_A^u = \frac{P_c}{\left(\dfrac{M_A}{N_u}-1\right)P_c\dfrac{NR_A^u}{B}+\zeta\dfrac{M_B}{N_u}P_c\dfrac{NR_A^u}{B}} = \frac{BN_u}{(M_A-N_u)NR_A^u+\zeta M_B NR_A^u}$$

其中，ζ 表示来自其他小区的干扰和来自本小区干扰的比值。同样，有 B 类业务的上行 E_b / N_0：

$$\left(\frac{E_b}{N_0}\right)_B^u = \frac{P_c}{\left(\dfrac{M_B}{N_u}-1\right)P_c\dfrac{NR_B^u}{B}+\zeta\dfrac{M_A}{N_u}P_c\dfrac{NR_B^u}{B}} = \frac{BN_u}{(M_B-N_u)NR_B^u+\zeta M_A NR_B^u}。$$

设 γ_A^d、γ_A^u、γ_B^d、γ_B^u 分别为 A、B 类业务的下、上行为保证一定传输质量所要求的 E_b / N_0，则以下各不等式必须得到满足：

$$\left(\frac{E_b}{N_0}\right)_A^d \geqslant \gamma_A^d\,; \quad \left(\frac{E_b}{N_0}\right)_A^u \geqslant \gamma_A^u\,; \quad \left(\frac{E_b}{N_0}\right)_B^d \geqslant \gamma_B^d\,; \quad \left(\frac{E_b}{N_0}\right)_B^u \geqslant \gamma_B^u$$

通常，蜂窝移动通信系统的容量定义为小区中同时可容纳的用户数。但在支持多媒体业务的第三代移动通信系统中，用户业务不再仅仅是单一的语音业务，不同业务给网络带来的负载也不尽相同，于是可采用"集合数据速率"（ADR）KT 来衡量系统的容量：

$$K_T = K_A + K_B = M_A(R_A^d+R_A^u)+M_B(R_B^d+R_B^u)$$

设 β 是调节小区之间 ADR 差距的一个因子，则应满足：$K_A \geqslant \beta K_B$，$K_B \geqslant \beta K_A$。

（3）模型求解。

根据以上讨论，本模型的关键可描述为寻求某个算法使得 K_T 最大，即 $K_T = M_A(R_A^d+R_A^u)+M_B(R_B^d+R_B^u)$ 最大，并满足以下各限定条件：

$$\frac{BN_d}{(M_A-N_d)NR_A^d+M_B NR_B^d} \geqslant \gamma\,;$$

$$\frac{BN_d}{\left(M_B - N_d\right)NR_B^d + M_A N R_A^d} \geqslant \gamma \; ;$$

$$\frac{BN_u}{\left(M_A - N_u\right)NR_A^u + \zeta M_B N R_A^u} \geqslant \gamma \; ;$$

$$\frac{BN_u}{\left(M_B - N_u\right)NR_B^u + \zeta M_A N R_B^u} \geqslant \gamma \; ;$$

$$K_A \geqslant \beta K_B \; ;$$

$$K_B \geqslant \beta K_A \; ;$$

$$K_A = M_A \left(R_A^d + R_A^u\right) \; ;$$

$$K_B = M_B \left(R_B^d + R_B^u\right) 。$$

式中，$N = N_u + N_d$；M_A、M_B、N_u、N_d 均为自然数。

3G 移动通信技术（CDMA2000）

第 16 章　CDMA2000 标准简述

16.1　CDMA2000 1X

CDMA2000 技术是第三代移动通信系统 IMT-2000 系统的一种模式，它是从 CDMA One（IS-95）演进而来的一种第三代移动通信技术。IS-95 标准在 1993 年面世，这个技术不是一个单一的、静止的技术，随着版本 0、版本 A 及版本 B 的制订，IS-95 也在不断地发展和演进。CDMA2000 的正式标准是在 2000 年 3 月通过的。它原意是把 CDMA2000 分为多个阶段来实施，第一个阶段称为 CDMA20001X，第二个阶段称为 CDMA20003X，参见图 16.1。

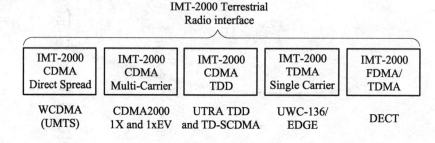

图 16.1　各标准衍生图

1X 的意思是使用与 IS-95 相同的一个 1.25 MHz 频宽的载波；3X 则意味着三个载波。CDMA20001X 完全兼容 IS-95 的第三代移动通信系统，其空中接口标准依照的是 EIA/TIA/IS-2000 协议，采用码分和频分结合的多址技术。CDMA20001X 的空中信道支持的调制功能在兼容 IS-95 的基础上得到了极大增强，包括采用前向快速功控，增加前向信道容量；提供反向导频信道，使反向相干解调成为可能，反向增益较 IS-95 提高 3 dB，反向容量增加 1 倍；业务信道可采用比卷积码更高效的 Turbo 码，使容量进一步增加；引入了快速寻呼信道，减少了移动台功耗，增加了移动台的待机时间；可采用发射分集方式 OTD 或 STS，提高了信道的抗衰落能力。此外，新的接入方式减少了移动台接入过程中的干扰；仿真与现场测试结果表明，CDMA20001X 系统的话音业务容量是 IS-95 系统的 2 倍，数据业务容量是 IS-95 的 10 倍。

CDMA2000 1X 网络主要是由 BTS、BSC 和 PCF、PDSN 等节点组成。基于 ANSI-41 核心网的系统结构如图 16.2 所示。

其中 PCF 为分组控制单元，PDSN 为分组数据服务器，SDU 为业务交换数剧单元模块，BSCC 为基站控制器连接。从图 16.2 中可以看出，与 IS-95 相比，网络结构中的 PCF 和 PDSN 是两个新增的模块，PCF 用于转发无线子系统和 PDSN 分组控制单元之间的信息，PDSN 节点为 CDMA2000 1X 接入 Internet 的接口模块，PCF 和 PDSN 通过支持移动 IP 的 A10、A11 接口互连，可以支持分组数据业务传输。而以 MSC/VLR 为核心的网络部分，支持语音和增强的电路交换型数据业务,与 IS-95 一样,MSC/VLR 与 HLR/AUC 之间的接口基于 ANSI-41 协议。BTS 在小区建立无线覆盖区域用于移动台通信,移动台可以是基于 IS-95 或 CDMA2000 1X 制式的手机。BSC 可对多个 BTS 进行控制,Abis 接口用于连接 BTS 和 BSC,A1 接口用于 MSC 与 BSC 之间的信令信息,A2 接口用于传输 MSC 与 BSC 之间的语音信息,A3 接口用于传输 BSC 与 SDU 之间的用户话务(包括语音和数据)和信令;A7 接口用于传输 BSC 之间的信令,支持 BSC 之间的软切换。以上这些接口与 IS-95 系统的需求是相同的,其中 A8、A9、A10、A11 是新增的接口。A8 接口用于传输 BSC 和 PCF 之间的用户业务,A9 接口用于传输 BSC 和 PCF 之间的信令信息,A10 和 A11 接口都是无线接入网和分组核心网之间的开放接口,A10 接口用于传输 PCF 和 PDSN 之间的用户业务,A11 接口用于传输 PCF 和 PDSN 之间的信令信息。

CDMA2000 1X 演进过程如图 16.3 所示。

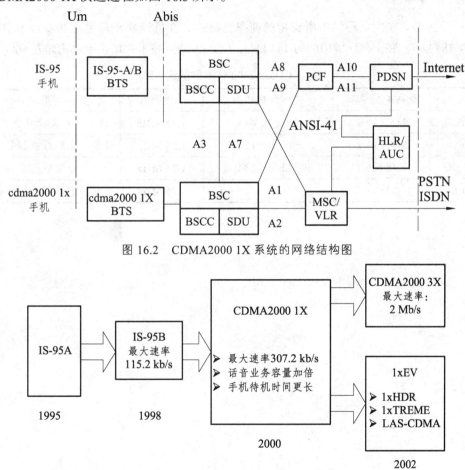

图 16.2　CDMA2000 1X 系统的网络结构图

图 16.3　CDMA2000 1X 演进过程

16.2　CDMA2000 1xEV-DO

一种叫 HDR(High Date Rate)的新技术的出现,让人们对 CDMA2000 技术的理解有了新的内涵。HDR 的提出是为了进一步满足用户对无线数据通信的渴望。它通过更高效的、更能符合分组数据传输特点的调制方式，使系统对数据传输速率的支持达到了前所未有的 2.4 Mb/s。如此优异的性能使 CDG（CDMA Development Group）组织于 2000 年 6 月决定向 3GPP2 提出建议把它作为 CDMA20001X 演进的另一条路径，并正式命名为 1xEV（1X Evolution）。1xEV 的演进又被划分为两个发展阶段，第一阶段叫 1xEV-DO。

1xEV-DO 意指 Date Only，它使运营商利用一个与 IS-95 或 CDMA2000 相同频宽的 CDMA 载频就可实现高达 2.4 Mb/s 的前向数据传输速率，目前已被国际电联 ITU 接纳为国际 3G 标准，并已具备商用化条件。第二阶段叫 1xEV-DV。1xEV-DV 意为 Date and Voice。顾名思义它可以在一个 CDMA 载频上同时支持话音和数据，目前有多种候选方案，如以朗讯、高通等公司为主提出的 L3NQS 和摩托罗拉、诺基亚等提出的 1xTREME。1xEV-DV 可提供 6 Mb/s 甚至更高的数据吞吐量。

其中，EV-DV 在固定环境中所支持的速率 2 Mb/s，在低速移动环境（如步行）中所支持的速率为 384 kb/s，在车载环境中的为 144 kb/s，CDMA2000 技术数据速率对比如表 16-1 所示。

表 16-1 CDMA2000 技术数据速率对比

技术	最高数据速率	实际数据速率	频谱	业务
IS-95 A/B	115.2 kb/s	10 ~ 40 kb/s	1.25 MHz	话音和电路交换数据业务
1xRTT	614.4 kb/s	80 ~ 100 kb/s	1.25 MHz	话音、电路数据和分组数据
1x-EV-DO	2.48 Mb/s	600 kb/s ~ 1 Mb/s	1.25 MHz	分组数据业务
3xRTT	2 Mb/s		3.75 MHz	话音、电路和分组数据业务

第 17 章　CDMA2000 关键技术

17.1　CDMA2000 1X

CDMA2000 得益于 CDMAOne 系统数年来所获得的丰富经验，CDMA2000 由 IS-95 平滑演进而来。它采用了众多的新技术（如前向发射分集、快速前向功率控制、反向链路相干解调、Turbo 编码等），因此，CDMA2000 是一种非常行之有效且富有生命活力的技术。该标准支持语音和数据传输，并在包括新的 IMT-2000 分配在内的各种频谱带宽中进行设计和测试。

CDMA2000 所独有的特点、益处和性能使它成为集高语音容量和高速分组数据于一身的卓越技术，其利用同一载频支持语音和数据服务的能力使无线运营商所投入的资金回报更高。由于 CDMA2000 的最优化无线电通信技术，运营商可以建设更少的基站，更快的开展业务，并最终实现更快更多的回报。

其采用的主要新技术包括：

多种射频信道带宽；

Turbo 码；

800 Hz 前向快速功率控制；

前向快速寻呼信道；

前向链路发射分集；

反向相干解调；

连续的反向空中接口波形；

辅助导频信道；

增强的媒体接入控制功能；

灵活的帧长。

17.1.1　Turbo 码技术

为了适应高速数据业务的需要，CDMA2000 1X 中采用 Turbo 编码技术（编码速率可以是 1/2、1/3 或 1/4）。CDMA2000 1X 提供在前向和后向 SCHs 中使用 Turbo 或卷积编码的选择，两个编码方案对基站和移动台而言是可选择的，各自的容量均在呼叫建立之前通过信令信息进行传达。除了峰值的提高和速率粒度的改进之外，在 CDMA2000 1X 中对流量信道编码的主要改进就是支持速率为 1/2、1/3 或 1/4 的 Turbo 编码。Turbo 码基于 1/8 状态平行结构，仅仅应用于补充信道和多于 360 字节的帧，Turbo 编码为数据传输提供行之有效的解决方案，并且更好地提升了链路性能和系统容量。总而言之，Turbo 编码较之卷积编码在功率节省方面又有很大的进步，这种增益是数据速率的函数，通常数据速率越高 Turbo 编码所产生的效果越好。

Turbo 编码器由两个递归系统卷积码（RSC）成员编码器、交织器和删除器构成，每个 RSC 有两路校验位输出，两个 RSC 的输出经删除复用后形成 Turbo 码。编码器一次输入 Nturbobit，包括信息数据、帧校验（CRC）和保留 bit，输出（Nturbo+6）/R 个符号。Turbo 译码器由两个软输入软输出的译码器、交织器和去交织器构成。两个成员译码器对两个成员编码器分别交替译码，并通过软输出相互传递信息，进行多轮译码后，通过对软信息作过零判决得到译码输出。

Turbo 码具有优异的纠错性能，但译码复杂度高，时延大，因此主要用于高速率、对译码时延要求不高的数据传输业务。于传统的卷积码相比，Turbo 码可降低对发射功率的要求，增加系统容量。在 CDMA2000 中，Turbo 码仅用于前向补充信道和反向补充信道中。

目前 Turbo 码用于 3G 系统的主要困难体现在以下几个方面：短交织语音信道下如何减小时延；基于 MAP 算法的软输出解码算法所需计算量和存储量较大，而基于软输出的 Viterbi 算法所需迭代次数往往难以保证；Turbo 码在衰落信道下的性能还有待于进一步研究；Turbo 码与其他技术的结合也还尚未成熟。

17.1.2　前向链路快速功率控制技术

CDMA 系统的实际应用表明，系统的容量并不仅仅取决于反向容量，往往还受限于前向链路的容量，尤其是当 CDMA2000 1X 系统引入了数据业务后，高速数据业务引起前向发射功率幅度波动加剧，增加了前向功率控制的复杂性，这就对前向链路的功率控制提出了更高的要求。前向链路功率控制（FLPC）的目的就是合理分配前向业务信道功率，在保证通信质量的前提下，使其对相邻基站/扇区产生的干扰最小，也就是使前向信道的发射功率在满足移动台解调最小需求信噪比的情况下尽可能小。通过调整，既能维持基站同位于小区边缘大移动台之间的通信，又能在有较好的通信传输环境时最大限度地降低前向发射功率，减少对相邻小区的干扰，增加前向链路的相对容量。

当移动台进入一个快速瑞利衰落区，对于 IS-95 中的慢速 FLPC 系统是无法实现快速提高前向信道的发射功率，就可能导致通话质量的下降甚至出现断话；而当移动台离开一个瑞利衰落区时，IS-95 的 FLPC 也无法快速降低信道的发射功率，导致干扰其他用户且付出了降低系统容量的代价。尤其是在前向有高速数据业务时需要多业务信道并发的情况下，以往相对较慢速率的前向功率控制机制不能满足要求。于是，CDMA2000 1X 引入了前向链路快速功率控制技术，使系统的前向功率控制得到了改善。

CDMA2000 1X 的前向功率控制一方面兼容 IS-95 系统的前向功率控制方法，另一方面通过 IS-2000 标准引入了针对无线配置为 RC3 以上业务信道的 800、400、200 Hz 调整速率的快速闭环前向功率控制模式，包括在移动台侧实现的外环功率控制和移动台与基站共同完成的内环功率控制。

外环功率控制：移动台（MS）通过估计并不断调整各指配前向业务信道上基于 Eb/Nt 标定值，来获得目标误帧率（FER）。该标定值有三种表现形式：初始标定值、最大标定值和最小标定值，需要通过消息的形式从基站发送到移动台。

闭环功率控制：移动台比较在前向业务信道上接收到的 Eb/Nt 和相应外环功控的标定值，来决定在反向功率控制子信道上发给基站的功率控制比特值。移动台还可以依据基站的指令在反向功控子信道上发送删除指示比特（EIB）或者质量指示比特（QIB）。

在 IS-95 系统中，帧的长度一般为 20 ms，并分为 16 个同等的功率控制组。而 CDMA2000 另外定义了 5 ms 的帧结构，本质上用于信令脉冲，还有 40 ms 和 80 ms 的帧结构，用于数据业务中的额外交错深度和多样性增益。与 IS-95 不同，CDMA2000 的信道不仅将快速闭环功率控制应用于反向链路，而且在高达 800 Hz 的前向与后向业务中均可进行功率控制。其采用新的前向快速功率控制算法，该算法使用前向链路功率控制子信道和导频信道，使移动台（MS）收到的全速率业务信道的 Eb/Nt 保持恒定。移动台测量收到的业务信道的 Eb/Nt 并与门限值进行比较，然后根据比较结果，向基站（BTS）发出升高或降低发射功率的指令。功率控制命令比特由反向功率控制子信道传送，功率控制速率可达到 800 b/s。

如果反向链路采用门控发射方式，两个链路中的功率控制速率会减至 400 或 200 b/s，反向链路的辅助功率控制信道也将会分为两个互相独立的功率控制流，可能两个都处于 400 b/s，也可能是一个是 200 b/s 另一个是 600 b/s。这样做考虑到了前向链路信道的独立功率控制。

除了闭环功率控制以外，CDMA2000 的反向链路功率是通过一种开环功率控制机制实现控制的。这种机制扭转了由于路径和阴影损耗所引起的慢衰落效果，并在快速功率控制失效时起到安全保险的作用。当前向链路失效时，闭环反向链路将处于"惯性滑行"状态，终端将对系统产生分裂性的干扰，在这种情况下，开环电路将减少终端的输出功率并限制其对系统的影响。最后外环功率将基于从前向或反向链路中所获得的故障统计，对闭环功率控制实施驱动。由于这种延伸的数据速率范围和多样的 QoS 要求，不同的用户将会有不同的外环门限，因此，不同的用户将会在基站获得不同的功率级别。CDMA2000 在反向链路中还基于各种信道帧结构和编码方案定义了一些名义上的增益补偿，剩余的差额将由外环自身进行校正。

17.1.3 移动 IP 技术在 CDMA2000 1X 中的应用

在 IS-95 的网络中，一般通过 IWF 为用户提供分组接入业务。它主要有以下一些缺点：移动台和 IWF 之间的采用的是电路交换方式，网络资源的利用率比较低；分等级服务实现比较困难；分组接入的速率比较低，而且费用也比较高。

对于这些缺点，作为 IS-95 的后续版本，CDMA2000 1X 引入了真正意义上的分组接入方式。CDMA2000 1X 提供了简单 IP 和移动 IP 两种分组业务接入方式。

简单 IP（Simple IP）方式：类似于传统的拨号接入，分组数据业务节点（PDSN，Packet Data Serving Node）为移动台动态分配一个 IP 地址，该 IP 地址一直保持到该移动台移出该 PDSN 的服务范围，或者移动台终止简单 IP 的分组接入。当移动台跨 PDSN 切换时，该移动台的所有通信将重新建立，通信中断。移动台在其归属地和拜访地都可以采用简单 IP 接入方式。

移动 IP（Mobile IP）方式：移动台使用的 IP 地址是其归属网络分配的，不管移动台漫游到哪里，它的归属 IP 地址均保持不变，这样移动台就可以用一个相对固定的 IP 地址和其他节点进行通信了。简单地说，移动 IP 提供了一种特殊的 IP 路由机制，使得移动台可以以一个永久的 IP 地址连接到任何链路上。

针对移动 IP 业务的 3G 网络结构模型如图 17.1 所示。实现移动 IP 业务主要涉及的功能实体有：移动台（MS）、分组数据节点（PDSN）、归属代理（HA）、鉴权、授权与计账服务器（AAA）。就网络结构而言，简单 IP 仅比移动 IP 少一个 HA。

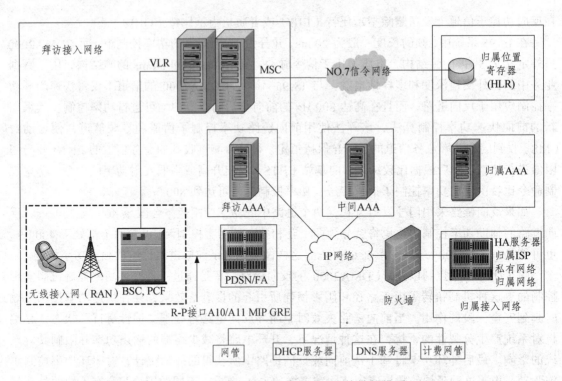

图 17.1　针对移动 IP 业务的 3G 网络结构模型

移动台（Mobile Station，MS）：移动用户的终端设备。移动台使用移动 IP 接入时，可以将接入因特网的位置从一条链路切换到另一个链路上，同时仍然保持所有正在进行的通信，并且只使用它的归属地址。

归属代理（Home Agent，HA）：它实际上是 MS 在归属网中的一个路由器，用于维护移动台的位置信息。当移动台离开注册网络后，需要向 HA 进行登记，HA 在收到发往移动台的数据包时，通过 HA 与 MS 的转交地址之间的隧道将数据包送往 MS，完成移动 IP 功能。

外地代理（Foreign Agent，FA）：移动台拜访网络的代理路由器。CDMA2000 1X 网络中 PDSN 承担着 FA 的功能，它为 CDMA2000 1X 移动台提供拜访 Internet 或 Intranet 的服务。PDSN 除提供移动 IP 接入方式外，它还可以为移动台提供简单 IP 接入服务，同时 PDSN 也完成对用户的鉴权、授权和记账等功能。

AAA 服务器（Authentication，Authorization，Accounting serve，AAA 服务器）：即鉴权、授权与计费服务器。AAA 服务器对分组数据呼叫用户进行鉴权，判决用户的合法性以及哪类业务对用户是开放的，AAA 服务器还完成分组数据呼叫记账功能。

由于商用的 CDMA 系统中为分组接入的用户分配的 IP 地址大都是动态分配的，绝大部分用户不能静态地指定自己的归属 IP 地址，因此移动台将无法采用移动 IP 技术中常用的两种移动检测机制：基于生存时间域的算法和基于网络前缀的算法。移动台在分组接入前需要先指定好自己的分组接入方式，即使是在归属地，移动台一样可以使用移动 IP 接入，它无法实现智能的选择。

无线通信中最宝贵的资源是无线频谱资源，无线频谱资源的扩充有时不是通过投资就能得到的。为节约空中资源，PDSN 在发布代理广播报文时不会像以太网中那样定时地广播，它只有在收到移动台的代理请求后才发送，或者在移动台刚刚接入时发送。

移动台在归属地也有可能使用移动 IP，如果在这种情况下，PDSN/FA 还像平常一样把所有的分组报文通过隧道封装发送给 HA 就显得有点浪费了，因此 PDSN/FA 通常在转发隧道报文前需要判断移动台是否是本地接入用户。

无线网络技术和 IP 技术的融合是一个必然的发展趋势，CDMA2000 1X 也不例外。就目前而言，移动用户使用最多的还是简单 IP 的接入方式，例如通过简单 IP 实现网页浏览、收发 E-mail 等，这类用户的位置相对固定，即使由 PDSN 间的切换而导致通信中断，通过移动 IP 接入方式，移动用户可以方便地获得定位业务、实时被叫、移动 ICQ、移动电子商务等服务。由于简单 IP 技术本身的局限性，随着新业务的推广，移动 IP 技术在 CDMA 的分组接入中的比重越来越大。

17.1.4　其余新技术

1. 增强的语音容量

语音是主要的话务来源，也是无线运营商的主要收入来源，但是分组数据会在后来成为电信业收入增长的重要来源。CDMA2000 利用最少的频谱资源传送最高的语音容量和信息包数据，将成本降至最低。CDMA2000 1X 通过 EVRC 语音编码器实现每个扇区每个射频 35 个话务信道，即 26 Erl/sector/RF，该技术已在 1999 年商用。CDMA2000 的前向链路在语音容量方面的改进应归因于其更快的功率控制、更低的编码率和传输的多样性，而在反向链路中则归因于其反向链路的连贯性。

2. 更高的数据吞吐量

现已商用的 CDMA2000-1X 网络支持峰值为 153.6 kb/s 的数据速率，在韩国已经商用化的 CDMA1x/EV-DO 可实现峰值速率高达 2.4 Mb/s，而 CDMA200- 1xEV-DV 将会实现 3.09 Mb/s 的传输速率。

3. 频率带宽的灵活性

CDMA2000 可以应用于所有单元和频谱，CDMA2000 网络已经在 450 MHz、800 MHz、1 700 MHz 和 1 900 MHz 的带宽中得以应用，其也可以应用于诸如 900 MHz、1 800 MHz 和 2 100 MHz 等其他频率，CDMA2000 这种高效的光谱利用率使得其在任何 1.25 MHz 信道中支持高话务量。

4. 增强的电池续航能力

CDMA2000 显著地提高了电池性能，得益于如下几方面：
（1）F-QPCH 的作用；（2）改善的反向链路性能；（3）新的公共信道结构和应用；（4）反向电路的门控发射机制；（5）用于有效且普遍存在的故障时间机制的新测量和控制规定。

5. 改善的反向链路性能

新的公共信道结构和应用；
反向电路的门控发射机制；
用于有效且普遍存在的故障时间机制的新测量和控制规定。

6. 同　步

CDMA2000 是与世界时间同步的，其在世界范围内所有基站的前向链路传送时钟均精确同步于微秒。基站的同步机制是通过几种技术实现的，包括自同步机制、微波寻呼或是基于卫星的系统，例如 GPS、Galileo 或 GLONASS。而反向链路时钟是基于某种被认可的定时机制，这种定时机制是从终端所用的第一个多径元件得来的。

对于所有基站处于一个同步网络有几点好处：

公共的时间的介入改善了信道的获取过程和转接手续，因为当在一套运行时的元件中寻找并添加一个新的单元时是不能有时间上的不确定的；

该机制也可以使系统具有在软切换中运行其中一些公共信道的能力，这样可以改善公共信道机制的效率；公共网络时钟的介入使得"定位"技术成为可能。

7. 软切换

终端甚至拥有专门的信道机制，用于在跨网移动时持续搜索新的蜂窝。除了拥有动态集、相邻集和维持集之外，终端也拥有一种候选集。当某终端在网络中行进时，来自新 BTS（P2）强度的导频超过了增加动态集的最小门限 TADD。然而由于其相对应最初所提供的接收信号强度不够强，于是终端便将 P2 移至候选集，决定在动态集中增加新导频的门限是由整个动态集信号强度的线性函数所定义的，而网络则定义了该函数的斜率和交叉点。当探测到 P2 的强度在该动态门限之上时，终端将向网络发送相关信号，之后将收到来自网络的切换方位信息，请求增加 P2 至动态集。这时的终端正在实施软交换过程。

服务 BTS（P1）的强度将降至动态集的门限以下，意味着 P1 所提供的全部接收信号强度无法满足 P1 用于传送的损耗，于是终端便启动了切换跌落计时器，当计时器期满时，终端将把 P1 跌至门限的情况告知网络，之后终端会收到一条来自网络的切换信息，指使将 P1 从动态集移至候选集。接着 P1 的强度将降至 TDROP，终端便启动切换跌落计时器，该计时器会在指定时间内期满，P1 会随之从候选集移至相邻集。这种涉及多重门限和计时器的分步式过程确保了只有当对那些偶尔在不同集中加入和移除的业务与导频有益的资源才会被使用，因此而限制信令。

除了内部系统和内部频率检测器之外，网络可能会指示终端在不同的频率或是不同的系统中搜寻基站 CDMA2000 为终端提供一种帧结构，支持内部频率移交测量结果，该测量由需测量的特性和系统参数组成，终端在其硬件容量允许的情况下完成所要求的检测。

如果终端拥有双接受结构的话，那么检测工作可以并行完成。而当终端只有一个接收器的时候，信道接受工作将在检测时中断，在这种情况下，检测期间帧的某部分将丢失。为了提高成功解码的可能性，终端被允许在执行检测前对 FL 功率控制环施加偏压并增加 RL 的传输功率，这种方法可以增加每个信息字节的能量并降低了间隔时丢失链接的风险。根据终端提供的检测报告，网络会决定是否将所给终端切换至不同频率的系统，直至其收到切换完成或计时器期满的确认，网络才会释放资源。这样做是防止终端无法接收新频率或新系统。

8. 发射分集

发射分集包括完全多路技术和将数据调制为两个正交信号，其中每一个信号都是由不同的天线以相同的频率发射的。这两个正交信号是用正交发射分集（OTD）或时空扩展分集（STS）产生的，接收器利用分集信号重建原始信号，从而充分利用了额外的空间和/或频率差异。

另一种发射选择是定向发射，基站对某单一用户或某一特定位置的用户群实行定向传播，除码分离之外又提供了空间分离。依靠无线电环境，发射分集技术可以提高链路性能 5 dB。

9. 语音和数据信道

CDMA2000 前向流量信道结构包括如下几个物理信道：

基础信道（F-FCH）等效于 IS-95 中功能性的流量信道（TCH ），它支持数据、话音或与 750 b/s ~ 14.4 kb/s 中其他任何速率同路传输的信令；

补偿信道（F-SCH）支持高速率数据业务，如果需要的话，网络可以在帧与帧的基础上在 F-SCH 中确定传输时间；

专用控制信道（F-DCCH）是用于信令或突发数据任务的，该信道可以在不影响相应数据流的情况下传送信令信息。

对于反向流量信道而言，其结构与前向流量信道相似。它包括 R-PICH、基础信道（R-FCH）和/或专用控制信道（R-DCCH），以及一个或多个补充信道（R-SCH）。它们的功能与编码构成与前向业务数据速率是相同的，其范围从 1 kb/s ~ 1 Mb/s。

10. 流量信道

流量信道的构成和帧结构是非常灵活的。为了限制与所有帧结构参数设置有关的信令负载，CDMA2000 规定了一系列信道配置。它定义了一个发散式的速率并为每个配置定义一套关联帧。

前向流量信道总是包含一个基础信道或专用控制信道。这种多信道的前向流量结构的好处是可以灵活的独立创立和拆卸业务，而不用经过烦琐的多路径重置或修改编码信道。这种结构也支持对于不同信道的不同切换，例如，承载关键信令信息的 F-DCCH，当其相关的 F-SCH 机制基于一种最佳的蜂窝规划时，可以进行软交换。

11. 补偿信道

CDMA2000-1X 的关键技术特征是在同一载频上支持话音和数据两种业务的能力。CDMA2000 能够以 FCH 速率的 16 或 32 倍进行运作，正如在版本 0 和版本 A 中分别提到的 16x 和 32x。与话音呼叫不同，由数据包所产生的流量是突发性的，短时间的高流量之间被长时间的无流量所占据。对于一个用作持续流量信道而言，数据呼叫的信道利用效率是非常低的，而突发事件又会影响话音呼叫总的有效功率，如果系统非正常运作将可能导致话音质量下降。因此，CDMA2000 设计的关键问题是保证一个 CDMA 信道可以承载话音和数据呼叫，同时对两者 QoS 的影响可以忽略不计。

补充信道（SCHs）由基站在任何时刻进行分配和反操作，SCH 对改进调制、编码和功率控制方案有额外的好处，系统允许 SCH 提供 CDMA2000 版本 0 中所提及的 16 倍 FCH 数据速率（或是速率系列 1 中的 153.6 kb/s 速率）和 CDMA2000 版本 A 中所提及的 32 倍 FCH（或是速率系列 1 中的 307.2 kb/s 速率）。要注意到如果基站有足够的传输功率并支持 Walsh 编码的话，其每一个扇区便可同时发射多条 SCHs。CDMA2000 标准限制能够同时支撑两个的单个移动站的 SCHs 数量。这是除 FCH 或 DCCH 之外，建立并贯穿整个呼叫过程，因为它们被用于承载信令和控制帧，对于数据呼叫也是如此。有两种方法是可行的：与有限或无穷任务分别分配 SCHs，或是与无穷任务共享 SCHs。

对于突发和延迟冗余流量而言，分配少量预定的宽通道比致力于许多的窄或慢的通道更可取，这种宽通道方法是从用于使扇区不同用户吞吐量最大化的信道条件变化中开发出来的。流量对延迟越敏感，应用专用流量信道越有效，例如话音业务。

17.2 CDMA2000 1x/EV-DO 系统

CDMA 1x EV-DO 是 CDMA2000 1X 增强型技术。它是针对支持高速无线互联分组数据的传输而优化的网络和频谱资源，在 1.25 MHz 标准载波下支持平均下行速率为：

静止或慢速移动：1.03 Mb/s（无分集）和 1.4 Mb/s（分集接收）

中高速移动：700 kb/s（无分集）和 1.03 Mb/s（分集接收）

1X EV-DO 现有两个标准版本，IS856 版本 0 和版本 A。版本 0 的正向峰值速率可达 2.4 Mb/s，而在 IS-856 版本 A 中可支持高达 3.1 Mb/s 的正向峰值速率。

IS856 版本 0 在反向链路上的容量大约每扇区为 270 kb/s，而在 IS-856 版本 A 中，由于采用了自适应的 BIT/SK、QPSK 和 8-PSK 等多种调制方式及多种编码速率，极大地提高了反向链路的容量，扇区容量大约增加为 IS-856 版本 0 容量的两倍，达 640 kb/s。1x EV-DO 是目前业界推出的高性能、低成本的无线高速数据传输成熟解决方案。

17.2.1 CDMA2000 1x/EV-DO 的网络结构

由于 CDMA2000 1x/EV-DO 技术仅支持数据业务，所以从网络结构上看，其网络结构比较简单。系统仅由 AT、AN、PCF、PDSN、AAA 等设备构成，也就是说，CDMA2000 1x/EV-DO 采用基于 IP 网的结构，不需要 ANSI-41 的核心网结构。网络结构如图 17.2 所示。

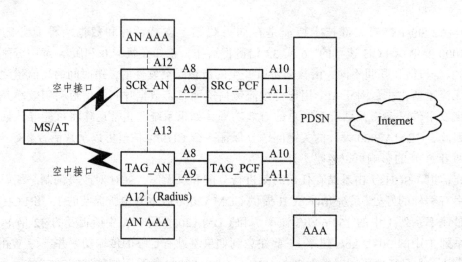

图 17.2 1x/EV-DO 的网络结构图

图 17.2 中 AT 是接入终端，其功能是类似于传统网络中的移动台。对于数据业务来说，终端的形式可能是多种多样的（如 PDA 等），并且数据处理部分和数据收发部分可能分开。与接入终端相对应，传统意义上的基站被称为接入网络（AN）。在图中，当接入终端发生切

换时，源接入网络和目标接入网络分别被叫作 SRC_AN 和 TAG_AN。PCF 和 PDSN 的功能与 CDMA2000 1X 系统相同。AAA 负责对用户进行认证，AN AAA 完成 AN 级的认证功能。

接口主要包括空中接口、A8/A9 接口、A12/A13 接口。A8/A9 接口、A10/A11 接口的功能与 CDMA2000 1X 相同，A12、A13 接口是新增的。其中 A12 接口链接源、目标 AN 与 AN AAA，只传送信令。该接口主要完成 AN 级的认证功能，同时 AN AAA 向 AN 返回 AT 在 A8/A9 接口、A10/A11 接口需要使用的 MN ID（IMSI）。A13 接口也是信令接口，主要用于不同 AN 间切换时，交换 AT 的相关信息。

17.2.2　CDMA2000 1x/EV-DO 的新增实体及其特点

1. 接入网络（AN）

用于提供分组交换数据网络（以因特网为代表）和接入末端间的数据连续传输的网络设备，一个接入网络相当于 CDMA2000 系统中的一个基站。

2. 接入终端（AT）

向用户提供数据传输的设备，接入终端可以连接到像笔记本电脑之类的计算机或者像个人数字化助手之类的独立的数据设备，一个接入终端相当于 CDMA2000 系统中的一个移动台。

3. 接入网鉴权系统（AN AAA）

在接入网中对终端进行鉴别和实现授权功能的系统实体。

4. 接续（Connection）

接续是空中链路中的一个特殊情况，每个接入终端将会被分配一条前向传输信道，一条反向传输信道和联合媒体接入控制（MAC）信道。在一个高速分组数据业务中，接入终端和接入网络可以多次打开和关闭接续。

5. 混合 MS/AT

一个具备操作 CDMA2000 和高速分组数据接入网的设备。

6. 业务流（Service Stream）

接入终端和 PDSN 之间产生数据交换时所应用的高速分组数据流。

7. 高速分组数据业务（HRPD Session）

HRPD（高速分组数据）业务，涉及到接入终端和接入网之间的某种共享状态。这种共享状态包括经磋商达成的协议及其结构，并用于接入终端和接入网之间的通信。假如未能打开业务，接入终端和接入网将无法通信。值得注意的是，这种情况下，即使 HRPD 会话已经创建，A10/A11 链路也可能无法建立。

8. PCF

PCF 增益对 EV-DO 的增益理论上包括 SC/MM 功能和 HRPD 的特殊操作能力。原始的 HRPD 功能和程序也可以通过从这些额外功能中取得有效数据进行优化和增加。

9. 分组数据业务

是一个移动用户使用分组数据业务的事件。当用户调用分组数据业务时，分组数据业务便由此开始了，并结束于用户或网络关闭分组数据业务时。在特殊的分组数据业务中，用户可以改变其地理位置，但其 IP 地址则是维持不变的。

10. SC/MM 功能

SC/MM（业务控制和移动管理）理论上定位于 PCF 并包括以下功能：

HRPD 业务相关信息的存储：这个功能用于在 ATS 处于静止状态下保持 HRPD 业务相关信息（例如，保持灵活定时器，MNID，MNID 和 UATI 间的映射等）。

UATI 业务：这个功能会分配一个 UATI（Unicast AT identifier）给一个 AT。

终端鉴别：这一功能执行终端鉴别程序。这一功能负责在 AT 接入 HRPD 会话时判断是否对其进行鉴别。SC/MM 执行 PPP 程序进行终端鉴定。

移动管理：这一功能管理 AT 的位置。AT 的位置信息通过基于距离的注册取得。这一功能执行一个基于信息的页面程序。

11. 终端鉴别

一个用于 AN-AAA 对接入终端进行鉴别的程序。

17.2.3　1x/EV-DO 的基本技术要求

1X TREME 需要一条专用的 1.25 MHz CDMA 信道，仅用来提供高速数据业务。目的在于更好地满足不断变化的用户需求，改进 CDMA2000 1X 系统的基本分组数据业务的功能和效率，提供超过 CDMA2000 1x 的高速数据，同时更好地提高频谱效率和满足用户对于无线分组数据应用上的要求。

该系统可以优化非实时、高速分组数据业务，并且使这些业务在一个单独的、仅传输数据业务的信道上传输。如果终端需要传送语音或其他实时业务，系统应该再使用一个 CDMA2000 1X 语音/数据信道。理想的平滑过渡方案是从 TIA/EIA/IS-95 或 CDMA2000 1X 出发过渡到 1x/EV-DO，这样可以最大限度地减少对终端和网络结构的影响，以取得最佳的经济效益。

核心网络应给能够在 1X/EV-DO 系统和基于 3GPP2 网络规范的系统之间切换，同时也能在基于 GSM-MAP 网络规范的系统之间切换。1x/EV-DO 规范的移动峰值数据速率在反向链路上应该支持 144 kb/s，前向链路上应该支持到 1.25 Mb/s。1x/EV-DO 的目标在于为尽可能多的用户提供高速分组数据应用。该规范希望能够适应将来更多宽带情况下的信道。

1x/EV-DO 覆盖范围应该和 IS-95 和 CDMA2000 1X 一致，确保运营商能够使用现存的蜂窝/扇区配置而无需重新进行蜂窝分割，可以与 IS-95、CDMA2000 1X 在混合的 RF 载频上工作。

17.2.4　HDR 技术

17.2.4.1　物理信道

HDR 的扩频码片速率和 IS-95、CDMA2000 1X 一样为 1.228 8 Mb/s。前向信道包括多个时隙为 1.67 ms 的数据信道。接入网络以时分复用的方式在此信道上发射导频信号、控制信息和用户数据。两个导频脉冲插入到多个时隙中，用于同步、C/I 估计和相干解调。

在数据速率控制信道的每一个时隙内，可支持的数据速率和最佳服务扇区的信息被发送给接入网络。数据速率范围可以为 38.4 kb/s ~ 2.457 6 Mb/s，根据数据速率要求采用不同调制方案（QPSK、8PSK 或 16QAM），纠错编码中的 Turbo 码和 CDMA2000 1X 中的一样，基本码率为 1/5 和 1/3。在序列重复和符号重复以后，达到不同的数据速率的要求。当接入网络发送数据给一个接入终端，使用接入终端指定的数据速率和服务扇区。在前向链路上，不采用软切换，但是在反向链路上和 IS-95、CDMA2000 1X 一样采用软切换。

HDR 技术的前向链路和 CDMA2000 1X 相比，具有如下特点：时分复用和码分复用相结合，正交扩频后的信道在发送时采用时分复用；业务信道采用 QPSK、8PSK 或 16QAM 调制方案以得到不同数据速率；信道编码方案采用 Turbo 码，码率为 1/5 或 1/3；信道交织采用了更为复杂的算法，可进一步提高纠正突发错误的能力。

HDR 技术中的反向链路中包括一个导频信道、一个 ACK（应答）信道（在混合 ARQ 方案中发送 ACK/NAK 比特）和一个数据信道。此外，DRC（数据速率控制）信道是每隔 1.67 ms 插入到导频信道中。4 bit 的 DRC 符号采用正交编码。RRI（反向速率指示）信道和导频信道时分复用。

反向链路长为 26.67 ms 可以在 9.6 kb/s、19.2 kb/s、38.4 kb/s、76.8 kb/s 和 153.6 kb/s 数据速率上发送。接入终端采用 RRI 信道明确地指示在反向链路的帧上以何种速率发送。3 bit 的 RRI 符号采用正交码编码，同时为了适应相应的帧的长度而重复，数据码信道采用 8PSK 调制。Turbo 码的采用和 CDMA2000 1X 一样，基本码率是 1/4 和 1/2，在 HDR 技术中，反向链路中采用 QPSK 扩频。

17.2.4.2　早期中止技术

为了提高系统吞吐量，HDR 采用了所谓的早期中止技术，增加的 DRC 和 ACK 信道主要为前向业务信道服务。对于前向链路而言，前向链路可以占用 1 个或是 16 个时隙，当分配的时隙多于 1 个时，两个相邻时隙被 3 个插入时隙分开，其他用户的分组可以在这 3 个时隙中传输，H-ARQ（混合 ARQ）方案允许一旦分组被成功接收到（也就是，解码后 CRC 校验成功），在多时隙分组发射中提前中断。对于分组信息包的每一个时隙，接入终端发送一个 ACK 或 NAK 比特给接入网络。如果接收到一个 ACK，接入网络将中止那个分组信息时隙的剩下部分。否则，将持续发送下去，直到分组信息的所有时隙都发送完。

由于早期中止而空闲的时隙可以用来发送其他的数据分组信息，混合 ARQ 方案可以改善前向链路的性能。早期中止一个成功接收到的分组的好处是可以得到高速有效的数据速率。提高了数据速率也就等于提高了系统吞吐量。

HDR 已经被证明能够为高速率数据分组业务提供卓越的性能，通过混合 ARQ 和接入终端的双天线，分组数据吞吐量是典型的 IS-95 系统的 15 倍。无线运营商在他们有效的带宽内，综合 CDMA2000 1X（语音和多媒体数据速率业务）和 HDR 技术将是同时提供语音和数据业务最有效的解决方案。

17.2.5　CDMA2000 1x/EV-DO 的信道结构

17.2.5.1　CDMA2000 1x/EV-DO 的前向信道

为了有效地支持数据业务，1x/EV-DO 系统的前向信道放弃了码分方式，而采用了时分方式。

从信道结构来看，前向链路由导频（Pilot）信道、媒体接入控制（MAC）信道、前向业务信道（FTCH）与控制信道（CCH）组成。MAC 信道又包括反向活动（RAB）子信道与反向功率控制（RPC）子信道，具体的信道构成如图所示。与 CDMA2000 相同，不同信道采用变长 Walsh 码字。导频信道主要用于系统捕获及导频信道质量测量；MAC 信道中 RAB 子信道用于指示接入终端（AT）增加或降低传输速率；RPC 子信道则负责对反向链路进行功率控制，调整 AT 的功率；CC 信道主要负责向 AT 发送一些控制消息，诸如 TCA 消息、速率极值消息等，其功能类似于 CDMA2000 1X 中的寻呼信道。FTC 信道进一步划分为 FTC 前缀部分（Preamable）和数据（Data）部分。FTC 信道主要负责向 AT 发送业务数据，会话建立后的参数配置消息也在 FTC 信道上发送，如图 17.3 所示。

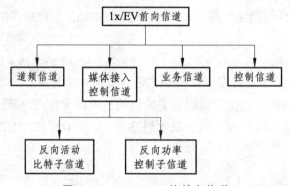

图 17.3　1x/EV-DO 的前向信道

前向信道的一个帧由 16 个时隙构成，每个时隙又由 2048 码片组成，各时隙占用 1.6667 ms。一个前向分组数据单元（PDU）占用 1 到 16 个时隙，有数据业务时，时隙处于激活状态，各信道按一定顺序、码片长度进行复用，没有业务时，对应时隙处于空闲状态，只传送 MAC 信道。

17.2.5.2　CDMA2000 1x/EV-DO 的反向信道

从信道结构来看，反向链路由反向业务信道（RTC）、接入信道（AC）构成。其中 RTC 信道由反向导频信道、MAC 信道、响应信道（ACK）与数据信道（Data）构成。其中反向 MAC 信道又包括反向速率指示（RRI）信道和前向速率控制（DRC）信道，AC 由导频信道与数据信道构成。整个反向信道结构如图 17.4 所示。反向信道是以时隙或半时隙为单位进行传送的，一个时隙长度为 1.667 ms，各信道以码分方式在一个时隙内进行复用，如图 17.4 所示。

各信道的功能如下：RTC 中导频信道用于 AN 对 AT 的捕获，MAC 信道中的 RRI 信道用于通知 AN 目前 AT 数据信道的传输速率。RRI 与导频信道以时分方式进行复用。AT 的 DRC 信道根据对各扇区的导频信道测量结果，选定导频信号最强的扇区与之通信，同时要求该扇区按 AT 规定好的传输速率进行传输，从而对前向链路进行速率控制。为减小干扰，DRC 信号在发送时可以采用门控（Gate Operation）与非门控两种方式传送。ACK 信道用于向 AN 发出响应，表明 AT 已经正确收到了 AN 所发送的数据，AC 信道中的导频信道作为前缀，后面紧跟接入的数据。整个接入过程中，导频信道都存在，但发送的功率不同。这一点与 RTC 中的导频信道与 RRI 信道时分复用的形式不同。

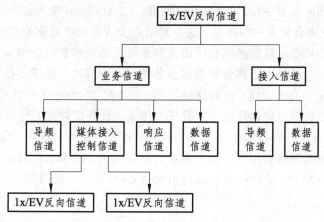

图 17.4　1x/EV-DO 的反向信道

17.2.6　EV-DO 与 HSDPA 的技术比较

从设计目的来看，两种技术解决问题的技术手段相同，都是通过提供高速的前向（下行）链路数据来支持非对称业务的需求。高速的前向（下行）链路十分有利于诸如广播、组播、流媒体等非对称业务的开展与应用；在标准兼容性方面，两种技术都考虑了与现有标准版本的兼容，最大限度地保护了运营商的校友投资与利益，减少了由现有网络技术升级带来的开销与代价。

另外，两种技术都是面向提供高速分组数据传输设计的，都在反向（上行）链路采用专用信道对反向（下行）高速数据包进行确认（ACK/NACK）。若基站收到 NACK，两种技术都采用 HARQ 机制进行重传，从而提高了接收增益；此外，两种技术在调制方法、编码方案也相同，如表 17-1 所示。

表 17-1　给出了两种技术的一些关键参数的比较结果

	1x/EV-DO（Rel A）	HSDPA（R5）
后向兼容性	RF 方面与 CDMA1X/DO Rel 0 兼容；码片速率 1.228 8 Mcps	RF 方面与 Rel 99/4 兼容；码片速率 3.84 Mcps
峰值速率	3.072 Mb/s	14.4 Mb/s
多用户复用	反向链路每帧最多复用 8 个用户数据	下行链路每帧理论上最多复用 15 个用户数据
TTI 帧长	反向链路最短 1.667 ms	下行链路最短 2 ms
重传机制	递增冗余 + 提前终止	追踪合并，递增冗余
调制方法	QPSK，8PSK，16QAM	QPSK，16QAM
编码	Turbo 码	Turbo 码

17.3　未来技术演进方向

3G 在不断发展：无线接口技术向着更高的带宽、更大的容量、更好的服务质量（QoS）的目标发展；核心网向全 IP 的网络架构方向发展。CDMA2000 也不例外。

采用 1x EV-DO 也会带来一些不足，这主要是由于话音和数据业务使用不同的载波，数据用户无法利用话音用户处于静默期间空闲出来的系统资源（如发射功率），从而可能降低系统资源带来的经济效益。另外由于话音和数据业务使用不同载波，造成支持 DO/1x 的双模终端在这两种系统间的业务为硬切换。针对这种情况，3GPP2 在 2000 年初就提出了一种新的系统方案，将话音和分组数据用户合并在一个载波上传送，且分组数据的传送可以采用和 1x 中的 SCH 信道所不同的方式，而是和 1x/EV-DO 的方式相似，使得数据用户能充分利用系统剩下资源，最大限度地提高频带利用率。这种新的方案被称为 1x/EV-DV（Date & Voice）。

CDMA2000 1x/EV-DV 系统作为 CDMA2000 1X/EV 的第二阶段技术，势必会成为之后的主流演进趋势。

17.3.1　CDMA2000 1x/EV-DV 的基本要求

首先，CDMA2000 1x/EV-DV 要求能够在现有 CDMA2000 1X 业务的同一载波上提供语音和数据业务，包括并扩展 CDMA2000 Release A 和 CDMA2000 Release B 标准中定义的现有的 CDMA2000 1X 的所有特点、功能和业务。更为有效的是，CDMA2000 1x/EV-DV 规范支持的语音和分组功能，能够最大限度地利用现存的 CDMA2000 标准协议族，从 CDMA2000 平滑过渡，应该支持再利用现存的结构设备，减少对终端和基站的影响，从而得到最大的经济利益。

对于核心网络而言，CDMA2000 1x/EV-DV 规范应与 ANSI-41 核心网标准兼容，支持 GSM MAP 核心网并与之兼容。对于系统容量和数据速率而言，支持 1x/EV-DV 的系统应该能够支持下列系统容量和数据速率：对于使用相同基站天线配置和语音编码器的单一无线信道，支持的语音容量至少是 CDMA2000 1X 的两倍；对于任何处于室外高速车载环境的用户，前向和反向信道要求必须同时满足，前向数据传送信道峰值速率至少达到 2.4 Mb/s，反向数据传送信道峰值速率至少达到 1.25 Mb/s；满负荷系统每扇区平均数据速率要求：对于任何处于室外高速车载环境中的用户，前向和反向信道必须要同时满足，前向和反向数据传送信道速率至少到达 600 kb/s；对于任何处于步行速率环境的用户和处于室内静止环境的用户，前向和反向信道必须要同时满足，峰值数据速率要求为：前向数据传送信道速率至少达到 2.4 Mb/s 和反向数据传送信道速率至少达到 2 Mb/s。此外，1x/EV-DV 系统在仅提供无 QoS 要求的分组数据业务时，提供的峰值和平均数据速率应该不低于 1x/EV-DO 系统的；同时应支持前向和反向信道的对称和非对称模式；1x/EV-DV 应该能够工作在 3X 无线配置下，在这种情况下，对于系统性能的要求（峰值和系统平均值）应该按照技术标准发展组规定的方案成比例放大。

17.3.2　TREME 技术

1X TREME 技术是由摩托罗拉和诺基亚提出的 CDMA2000 1X 扩展版提案。它支持标准的 CDMA2000 1X 的移动台，只需在 RF 的结构上做少许改动。技术关键在于可以在 1.25 MHz 的一个载频上，同时支持分组和语音业务，而导频、寻呼、快速寻呼和同步信道没有改动。

1. 高级混合 ARQ

未来得到最大的吞吐量，ARQ（自动重发请求）的设计必须和物理层中的 FEC 信道编码机制联系在一起考虑。下面给出了这些更高级混合 ARQ 中的两种基本形式。

分集合并：这是一种直观上可以改善性能的方法。接收机不是丢弃那些被检测出的错误的分组，而是保留最初的分组传输和后来的重发中的信息符号。这些相同符号收到的不同结果采用最大比合并方法进行合并，最终的分组被发送给解码器。

编码合并：重发的分组和原始的分组连接在一起等效成一种低码率的码字输出。达到这种效果的一种可能的方法是使用速率兼容的抽取的卷积码和 Turbo 码。发射机有一个输出被抽样的低码率编码器采用不同的抽样模式，得到一系列不同的、高速率的码字。

1X TREME 系统采用了这些智能合并的方式，而不是简单的分组选择，就可以在更低的信干比下工作。在报错率高的情况下，采用这些更高级形式的混合 ARQ 可以使系统容量和平均时延到更大的改善。

如果采用一般的选择重传 ARQ，存储不同的重发信息将要求接收机中有较大的缓存。因此，1X TREME 采用了一种双信道方式停止等待 ARQ。这种方案的最大好处在于：当等待第奇数个分组确认信号（ACK）或否认信号（NACK）时，允许基站发送第偶数个分组，避免一般选择重传方案中的要求较大缓存的缺陷，从而可以最大限度地提高前向链路的吞吐量。

当移动台从一个基站切换到另一个基站时，它必须通知新基站任何一个没有被接收到的分组的有关编码、调制和码速率，从而允许一个新基站采用合适的合并机制重发这些分组。

2. 1X TREME 和 HDR 的类似点

两者均采用自适应调制、编码和重复/抽样来增加前向链路的吞吐量，都采用了调制方案 QPSK、8PSK 或 16QAM，其中，1X TREME 在信道条件允许的情况下，还采用了一个方形 16QAM 调制方案。移动台测量不同扇区和基站传来的导频信号，从而决定可以发送的最大数据速率，并把最佳的扇区，以及调制和编码方案组合传输给基站。两者前向链路均没有采用快速功率控制和软切换，调度算法也是非常类似的。

3. 1X TREME 和 HDR 的不同点

与 HDR 最大的不同之处在于 1X TREME 可以在同一个载频上，既支持基于分组的前向链路共享信道，也可以支持基于电路的专用信道。这将会影响调度算法的选择，1X TREME 调度算法比基于 HDR 技术的系统要更加复杂。1X TREME 多重接入方案采用码分和时分混合的形式，每一帧可以分配给不同的用户或用户组，在多个用户共享的帧之间采用码分，基站将选择码的数量、功率等级和每一个用户的传输速率。而在 HDR 中，前两者固定在最大可能的值上，后者取决于移动台。HDR 的帧长为 26.67 ms，而 1X TREME 采用了更短的帧长（5 ms）。1X TREME 使用了混合 ARQ 的高级形式（自动重发请求），混合 ARQ 通常指前向纠错和 ARQ 纠正技术的组合，而 HDR 使用的仅仅是一种混合 ARQ 的基本形式，也就是说没有 FEC 编码和 ARQ 机制之间的交互作用。

17.3.3　1x/EV-DV 的信道结构

1. 1x/EV-DV 的前向信道

将语音和数据业务合并在一个载波中实现的另外一个优点是可以实现前向兼容。如图 17.5 所示是 1x/EV-DV 系统的前向信道的结构图，它说明了 1x/EV-DV 系统是如何实现前向兼容的。

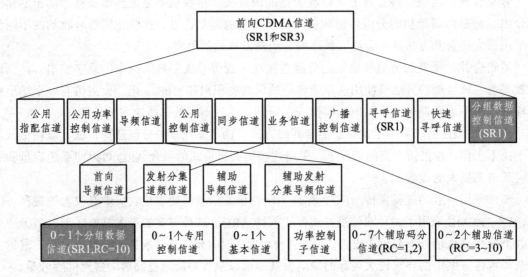

图 17.5　1x/EV-DV 系统的前向信道结构图

在图 17.5 中，阴影部分是 1x/EV-DV 新增加的信道，其余的信道是以前各种技术的信道，其中包括 IS-95A、IS-95B 和 CDMA2000 的信道。1x/EV-DV 技术采用这种方式保持前向兼容。

其中前向分组数据信道（Forward Packet Data Channel，F-PDCH）是数据信道，每扇区可以配置一个或两个，所以用户将以 TDM 和 CDM 形式共享这个信道。基站使用这个信道传送用户数据和第 3 层信令。

前向分组数据控制信道（Forward Packet Data Control Channel，F-PDCCH）是基站用以传送与 F-PDCH 信道有关的解调、解码和 ARQ 的信息给手机，每扇区有一个控制信道。

2. 1x/EV-DV 的反向信道

1x/EV-DV 系统的反向信道结构如图 17.6 所示，与前向信道的设计原则相同，反向信道保留了过去的 IS-95A、IS-95B 和 CDMA2000 的信道。1x/EV-DV 新增加的信道在图中用阴影表示。

在当前的 1x/EV-DV 版本中，对反向信道没有重大技术上的改进，新增加的反向信道主要是为了配合前向信道工作。其中，反向总证实信道（Reverse ACK Channel，R-ACKCH）主要用于向基站确认在 F-PDCH 信道上发送的分组是否被正确接收。而反向信道质量指示信道（Reverse Channel Quality Indicator Channel，R-CQICH）主要用于移动台向基站指示最佳服务扇区信道质量测量值。

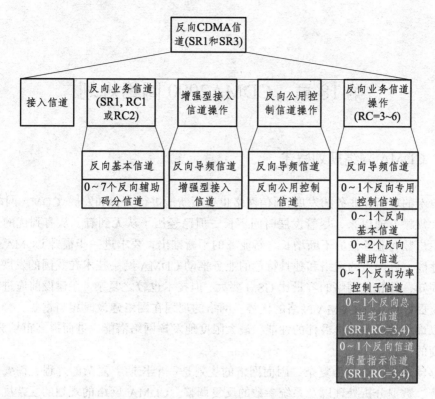

图 17.6　1x/EV-DV 系统的反向信道结构图

3. 1x/EV-DV 的网络结构

由于 1x/EV-DV 系统将语音和数据业务合并在一个载波中实现，与传统的方式相同，所以，其网络结构仍然是传统的网络结构。也就是说，在基站上分为两个支路，语音业务通过 A1/A2 接口交给 MSC 处理，而数据业务通过 A10/A11 接口交给 PDSN 处理。显然，A1/A2 接口和 A10/A11 接口都需要针对 1x/EV-DV 系统做改进，但相关标准还没完成。

第 18 章　CDMA2000 网络规划

18.1　CDMA 网络规划概述

随着技术的更新和业务的发展,通信网络也要不断地进行完善和发展。CDMA 网络从 2002 年在我国大规模开通以来,尽管发展时间不长,但已经历了从无到有、从有到优的过程。特别是随着用户数和业务量的不断增长、新业务的不断推出,要求进一步提升 CDMA 网络覆盖面和网络性能,以优质的网络和独具特色的业务推动 CDMA 网络技术在我国的发展。

众所周知,CDMA 网络的容量比 GSM 要大,但技术也较之复杂。在建设前应进行细致的规划,以便更好地发挥 CDMA 网络的优势。网络的规划在网络建设时相当重要,合理的网络规划可以以最小的成本获得最佳的性能,最大限度地发挥网络潜能,进而提高市场竞争能力,提高运营商的信誉。

由于移动通信网络较为复杂,因而网络的规划是一个长期、复杂的过程,需要进行大量复杂的计算、数据分析处理以及系统参数的反复调整。CDMA 网络的规划的复杂度和深度体现在以下三个方面:

(1)技术密集;

(2)计算度密集;

(3)经验密集。

通常在网络建设时期,要综合考虑以下因素,进行网络的设计和建设:

(1)能够达到业务需要所设定的通信质量、服务面积、用户数量等方面的目标;

(2)最低的成本;

(3)网络的后向兼容性,有利于网络的后期扩容。

在网络发展的各个时期,不同的网络和业务情况会对网络的规划提出不同的技术要求。针对中国联通 CDMA 网目前所处的各个发展时期,下面简单分析各期网络规划和建设工作,探讨各个阶段网络规划的各项技术要求和应注意的问题。

18.2　CDMA2000 1X 无线网络规划

18.2.1　CDMA2000 1X 的组网方案

在 CDMA 网络升级为 CDMA2000 1X 系统后,为实现 CDMA2000 1X 覆盖以提供分组数据业务,无线网可以采用以下两种方式实现。

1. 重叠网方式

所谓重叠网就是新建 CDMA2000 1X 无线网与原有 IS-95A 无线网完全独立,形成两个重叠的无线覆盖网络。该方案又包括共用 MSC 和不共用 MSC 两种方案。重叠网的优点是两网相互独立，互不影响网络建设及运营。但缺点是投资较大，需新增机架和天线，对基站机房资源需求较高，网络建设周期较长；两网间语音及数据切换较多，加大网络信令负荷；IS-95网和 CDMA2000 1X 网使用不同的 BSC/MSC，导致掉话率升高，影响网络质量。

2. 混合网方案

升级方式是通过对原有 IS-95 网络中的设备进行软件升级及部分硬件升级，或部分硬件的更换/增加，实现 IS-95 网络向 CDMA2000 1x 网络的演进。其优点主要是投资较小，不需新增机架和天线，原有基站机房即可满足工程需要，网络建设周期较短；实现各种切换，不需额外增加网络信令负荷，在无线网络规划合理的情况下可减少掉话率，提高网络质量。缺点是设备选型受到限制，另外对原有 IS-95 系统影响较大。

18.2.2　CDMA2000 1x 基站覆盖问题的分析

在蜂窝系统中，基站扇区覆盖范围的区域中基站接收端应有足够的信号电平来满足业务需求。对于单个移动台的发射功率，基站和用户的覆盖范围受限于基站接收机的灵敏度（满足某个最小 SNR 值所需的接收信号功率）。在实际应用中，由于衰落和阴影会引起移动台信号电平的变化和干扰，移动台发射功率的范围必须留有余地。在网络规划中，反向链路小区覆盖比前向链路小区覆盖更重要，这是因为在反向链路预算中，各种因素已知或可准确估计，结果较可靠。而前向链路不可测量因素较多（如周围基站的干扰、移动台的移动速度等），网络具体情况不同，无法给出通用的取值，因此，计算反向链路更有实际意义。在确定了系统的链路基本预算后，小区的覆盖范围限制是由能承受的最大反向链路传播损耗决定。在不同特征的地区集合具有不同的链路特性，一般可分为四类：密集城区、城区、郊区和农村。由于各种环境因素，各地区的传播模型也各有不同。在这里，采用 HATA 模型进行反向链路预算，模型以市区传播损耗为标准，其他地区在此基础上进行修正。市区路径损耗的标准公式为：

$$PL=69.55+26.16\log F-13.82\log h_\mathrm{b}-a(h_\mathrm{m})+(44.9-6.55\log d)\ \mathrm{dB}$$

其中，F 为工作频率（MHz），范围从 150～1 500 MHz；h_b 为基站天线高度（m），30～200 m；h_m 为移动台天线高度，1～10 m；$a(h_\mathrm{m})$ 为移动台天线有效高度修正因子，d 为 T-R 距离（k_m）。

对于中小城市，移动天线高度修正因子为：

$$a(h_\mathrm{m})=(1.1\log F-0.7)\ h_\mathrm{m}-(1.56\log F-0.8)\ \mathrm{dB}$$

对于大城市，为：

$$a(h_\mathrm{m})=8.29(\log 1.45\ h_\mathrm{m})2-1.1\ \mathrm{dB}\quad F\leqslant 300\ \mathrm{MHz}$$

$$a(h_\mathrm{m})=3.2(\log 11.75\ h_\mathrm{m})2-4.79\ \mathrm{dB}\quad F\geqslant 300\ \mathrm{MHz}$$

为获得郊区路径损耗，标准 HATA 模型修正为：

$$PL=PL（市区）-2[\log(F/28)]2-5.4\ \mathrm{dB}$$

对于开阔地区公式修正为：

$$PL=PL（市区）-4.78[\log(F)]2+18.33\log F-40.98\ \mathrm{dB}$$

当达到允许的最大链路损耗时,此时的 d 值即为基站的覆盖半径。在系统覆盖可靠性为 90%条件下,得到不同特征四类地区的链路损耗公式,如表 18-1 所示。

表 18-1　四类地区的链路损耗公式

地区	F/MHz	h_b/m	h_m/m	公式
密集地区	800	30	1.5	$PL_{max}=125.08+35.22\log(R)$
城区	800	30	1.5	$PL_{max}=125.07+35.22\log(r)$
郊区	800	40	1.5	$PL_{max}=113.54+34.41\log(R)$
农村	800	50	1.5	$PL_{max}=93.78+33.77\log(r)$

根据 CDMA2000 1X 基站对不同数据速率覆盖能力的不同,实现网络的覆盖有不同的方案。

(1)设置较小站距,保证在 CDMA2000 1X 基站覆盖范围内对于高、低速数据业务均有较好的 QoS。

(2)设置站距较大,在保证语音业务覆盖的同时,也对低速数据业务有了较好覆盖,但对高速数据业务,全网不保证有较好的 QoS。

这里,第 1 种方案可以确保 CDMA2000 1X 网络承载的各种数据业务均有较好的 QoS,使得 CDMA2000 1X 网络能够提供较好的服务。但由于 CDMA2000 1X 基站对高速速率业务覆盖半径较小,因此需要设置较多的基站(约为同样条件下仅覆盖语音业务所需基站数的 4 倍)才能保证高速数据业务的连续覆盖。通常,对于密集城区和城区建议采用第 1 种方案,因为原有 IS-95 系统通常的覆盖半径为 0.4 km 左右,正好可以使 CDMA2000 1X 基站提供 153.6 kb/s 数据速率服务的覆盖。对于其他对高速数据速率无要求的地区,可以采用第 2 种方案。

根据密集城区反向链路预算结果可知,在 153.6 kb/s 时的 CDMA2000 1X 基站半径几乎是相同条件下 9.6 kb/s 时覆盖半径的一半少一点,按 153.6 kb/s 覆盖半径设置基站时,会造成对语音业务的重叠覆盖。解决重叠问题大致有两种方法:

按照一个折中的速率进行覆盖半径规划,通过 CDMA2000 1X 中的功率控制算法,对不同的业务类型信道的功率控制设置不同的门限,对不同信道(语音和数据)定出各自不同的最大最小信道功率,以满足覆盖半径的要求。

语音业务和数据业务采用不同的频点,覆盖半径不同,通过补点来满足覆盖要求。

由于 CDMA2000 1X 移动数据业务在我国刚刚起步,对高速数据业务的需求不会太大,同时对高速数据速率业务的连续覆盖还有一定难度,初期 CDMA2000 1X 建议采用第 2 种方案,保证对低速数据速率业务进行连续覆盖。

18.2.3　CDMA2000 1X 的容量分析

对于无线网络的设计而言,由于 CDMA2000 1X 在移动数据业务方面的能力较 2G 的 IS-95A 有质的提升,在无线接入方面增加了 F-FCH/R-CH 和 F-SCH/R-SCH 等逻辑信道以及分组控制功能实体(PCF)设备,通过转发无线子系统与 PDSN 之间的信息和数据来承载数据业务。

这些新变化给无线网络的规划设计带来了新的挑战和课题,尤其在如何界定话音用户和数据用户在同一扇区载波下并发存在时,系统的理论极限容量的能力问题,特别在前向链路的技术掌握上已成为目前困扰运营商、厂商和设计人员的难题，这一问题已经直接影响到了对无线网络设计容量的认定。

影响 CDMA 容量的因素很多，尤其是其网络覆盖与有效容量会互相牵制，所呈现出"软容量"的特征增加了 CDMA 容量分析的复杂性。由于 CDMA 系统是自干扰的系统，在反向链路上当再增加的一个终端所发射的最大功率不足以使基站克服来自其他终端的干扰信号而正确接收时，系统就达到了反向容量的极限；在前向，当基站发射总功率或 Walsh 码没有多余的部分可以分配给新增加的用户时，前向空中接口就达到了最大容量，因此 CDMA 容量分析可以从反向受限容量分析和前向受限容量分析两个方面入手。

1. 反向受限容量分析

95A/1X 混合系统是专门针对目前联通 CDMA 网的现状而言的，因为目前网上的基站，BSC 已经升级为 CDMA2000 1X 系统，那么 95A/1X 混合终端条件下系统的反向受限容量可以这样考虑：

$$T_{MIX}=1/[a/T_{95A}+(1-a)/T_{1X}]$$

其中：

T_{MIX}：表示混合系统定向基站每载波扇区在 2%呼损情况下可承载的话务量；

a：表示 95A 终端所占百分比，这里假定 95A 终端的比例约为 50%；

T_{95A}：95A 系统定向基站每载波扇区大约可容纳 17 个信道，在 2%呼损情况下的话务量约为 10.7Erl；

T_{1X}：1X 系统定向基站每载波扇区大约可容纳 30 个信道，在 2%呼损情况下的话务量约为 21.9Erl；

将以上取值代入上式，得 T_{MIX} =14.3Erl。

由于 1X 系统对空中信道有一系列改善措施，95A 终端无法利用，因此当 1X 系统中同时存在 95A 终端和 1X 终端时，其信道容量将会有所下降，为了支持 95A 终端，1X 的技术优势和容量优势就不能完全发挥，必须做出牺牲。

2. 前向受限容量分析

与反向链路相比，前向链路有以下不同。

首先，业务信道功率被所有用户所共享。

其次，软切换的因素增加了分析的复杂性，因为对前向，有无软切换、有几路切换都是难以确定的，其中分组数据业务，只有基本信道（F-FCH）可以进行软切换，补充信道并不参加软切换，终端只选用激活集中基本信道（F-FCH）最强扇区的补充信道（F-SCH）。

另外，移动终端不同于基站，具有位置随机性和周围小区的干扰，前向链路所需要的 Eb/Nt 随着移动速度和多径的变化而变化，因此各移动台所需的 Eb/Nt 理论上是不同的。

最后，根据无线分组数据业务的特性，呈现出明显的上下行不对称。前向数据业务速率要求高，吞吐量大，功率资源和 Walsh 码资源消耗较大，直接影响到前向有效容量。

随着 CDMA2000 1x 投入大规模商用，对前向链路的分析已成为必须要解决的问题，尽管存在着以上的不确定因素，但如果能将不定的变量控制在一个合理的可以接受的范围内，再运用运筹学中的线性规划的理论，即可对前向链路的容量进行分析，推出的结果也应是有实际借鉴作用的。

在前向链路中，随着数据速率的提高，扩频增益在减小，就需要增加发射功率以满足质量的要求，同时占用的 Walsh 码资源也增加，但在物理信道的需要量却没有多余的部分可以分配给新增的用户时，前向空中接口就达到了最大容量，由于有 Qualcomm 公司推荐采用 SCH 调度算法和 Walsh 码池的动态管理，数据业务相比语音业务而言硬件 CE 和 Walsh 码资源已不是主要瓶颈，前向容量的限制集中在前向的功率资源（即吞吐量的限制）。

前向功率在各信道间如何分配，将直接决定前向的容量，由于前向变量较多，所以对前向容量的分析就是进行最优化的分析，求解在满足一定覆盖半径的条件下各信道功率分配比例的最优值，该最优值下的可用信道数即为前向最大容量。这里，通过采用线性规划的方法，建立以前向容量的功率目标函数和一系列的信道 Eb/Nt 的约束条件来求解前向容量。

（1）各种前向信道对 E_b/N_t 的要求。

顺利建立一个话音或数据通话，要求与前向相关的信道的 E_b/N_t 都要满足终端的要求，E_b/N_t=SNR×PG，SNR 为信噪比，PG（处理增益）=扩频带宽/信息速率，对于不同的前向信道，信息速率和要求的 FER 各不同，如表 18-2 所示为经典值。

表 18-2　各种前向信道对 E_b/N_t 要求情况

前向信道	速率/（b/s）	处理增益	E_b/N_t /dB
导频	1.228 8 M	1	−15
同步	1.2 k	1 024	6
寻呼	4.8 k	256	6
话音	9.6 k	128	7
数据	9.6	128	4.5
	19.2 k	64	3.5
	38.4	32	3.2
	76.8	16	2.9
	153.6 k	8	2.8

3. 前向链路的功控因子

与 IS-95a 相比，CDMA2000 1x 引入了快速前向功率控制技术，基站负责调整前向信道功率，以提供终端最合适的功率，减少了功率资源的浪费和小区干扰。定义前向链路的功控因子 $\rho_{功控}$=$P_{中值}$ / $P_{边缘}$，$P_{中值}$ 为终端在基站覆盖半径内某位置接收到的功率中值，P 边缘为终端在基站覆盖半径边缘位置接收到的功率。由于终端位置移动的随机性，假定终端位置在基站覆盖半径内是等概率分布的，通过计算可得到 $\rho_{功控}$=1/（1+γ），γ 为传播幂指数=（44.9-6.55×log10（$h_{基站}$））/10，$h_{基站}$ 为基站天线的挂高。

4. 前向链路综合损耗

前向链路的最大综合损耗包括链路最大损耗、天线增益、电缆和接头损耗等，对于 800 MHz 蜂窝，取定 L=147 dB。

线性规划的目标函数：

基站发出的总功率 $P_{总}$=$P_{导频}$ + $P_{同步}$ + $P_{寻呼}$ + $P_{功控}$ + $\rho_{功控}$×M×V×$P_{边缘}$ ≤P_{MAX}

其中，M 为前向信道数；V 为前向链路功率激活系数；P_{MAX} 为基站额定总功率。通过线性求和，可以得到在满足各种约束条件下的最大用户数 M_{MAX}。

5. 单纯一种业务的前向信道容量

$$M_{\text{MAX}}=[\left(128/(\rho_{功控}\times V\times(E_b/N_t)_{业务})\right)]\times[10\text{-}F/10/(\rho_{本小区}+\rho_{邻小区})\text{-}$$

$$(E_c/N_t)_{导频}\text{-}(E_b/N_t)_{同步}/1024\text{-}(E_b/N_t)_{寻呼}/256]$$

其中，F 是以 dB 表示的终端接收机容限，一般取 3 dB。

CDMA2000 1X 承载 1X 终端的话音容量要大于承载 95A 终端的话音容量。这是因为 1X 在空中接口上的一系列的改善，最终使得业务信道所需要的下降了 2.5 dB，这带来了容量的增加；对于数据业务，随着峰值速率的提高，处理增益在下降。为了得到与语音业务相同的覆盖半径，需要增加发射功率，因此前向数据容量随着峰值速率的提高而不断下降。在满足用户平均空中速率为 9.6 kb/s 数据速率的条件下，最大支持 22 个用户/sector/carries；在满足用户平均空中速率为 19.2 kb/s 的条件下，最大支持 14 个用户/ sector/carries；在满足用户平均空中速率为 38.4 kb/s 的条件下，最大支持 7 个用户/sector/carries；在满足用户平均空中速率为 76.8 kb/s 的条件下，最大支持 4 个用户/sector/carries；在满足用户平均空中速率为 153.6 kb/s 的条件下，最大支持 2 个用户/ sector/carries。

6. 话音和数据用户并发条件下的前向容量

CDMA2000 1X 的最大功能在于它提供了一个开展无线分组数据业务的平台，在基站的每一个扇区和每一个载频下，理论上都可以开展话音和数据业务。那么，话音和数据用户并发条件下的前向容量又会出现怎样的变化呢？这是业界一直非常关注的焦点，因为在 CDMA2000 1x/EV-DO 或 DV 未投入商用前，在一个扇区载频在话音和数据用户同时存在是不可避免的，由于数据业务会消耗更多的功率资源，而话音业务主要消耗信道（CE）资源，因此混合时的资源利用效率被较低了。

我们假设在一个单扇区载频下已有 15 个 1X 话音终端在通话，根据以上对前向容量的分析方法，依旧通过线性规划的方法，可以求解剩余基站功率尚可提供的各种业务的容量，计算结果为：当有 15 个 1X 话音用户在线时，只允许再接入 13 个 95A 的话音用户或 16 个 9.6 kb/s 的数据用户，或 10 个 19.2 kb/s 的数据用户，或 5 个 38.4 kb/s 的数据用户，或 2 个 76.9 kb/s 的数据用户，或 1 个 153.6 kb/s 的数据用户。

18.2.4　设计参数的相关推导

1. 单数据用户忙时话务量的推导

（1）数据用户忙时，会话数据话务量的计算方法可以用下面公式得出

$$\text{dataErlang} = \text{BHCA}\times T / 36\,000$$

其中，BHCA 为忙时数据用户 SESSION 数量；T 为忙时每个 SESSION 平均通话时长。

通过对前面得到的话务参数有：

BHCA=0.89，T=81.79 s。

dataErlang = BHCA×T/36 000=0.020 3Erl/用户

（2）数据用户忙时空中激活率（忙时平均 PPP 同时激活率）。

正如移动数据业务特点所描述的，用户在与 PDSN 建立 PPP 连接后，存在着休眠及激活状态的转换，为了能节省空中无线资源，降低不必要的干扰，系统在用户休眠状态时，将释放所有的空中信道，包括 FCH 和 SCH。

忙时空中激活率就是指忙时单机用户在一次 PPP 连接中激活状态占用时长与总时长之比，所以：

Active Rate=忙时 FCH 占用时长/忙时每个 SESSION 平均通话时长=16.6(s)/81.79(s)=20%

（3）数据用户忙时 FCH 话务量。

数据用户忙时激活话务量（即 FCH 的数据话务量）为：

FCH Erlang = Data Erlang×Active Rate

= 0.0203×20% = 0.004 12Erl/用户

其中，20%为忙时平均 PPP 同时激活率。

（4）数据用户忙时 SCH 数据话务量。

SCH Erlang = FCH Erlang×SCH 激活时长/FCH 激活时长=0.004 12×12.12/16.61=0.003Erl/用户。

2. 单个移动数据用户忙时平均数据吞吐量计算

单个移动数据用户忙时平均数据吞吐量可以通过以下公式计算

T=SCH Erlang×忙时每个 SESSION 激活速率

其中，T 为单个移动数据用户忙时平均数据吞吐量；SCH Erlang =0.003Erl/用户；忙时每个SESSION 激活速率=35.30 kb/s；T=0.003×35.2×1024=108.24 b/s。

18.3 CDMA2000 1X 数据业务网络规划案例

众所周知，移动通信网的工程建设大致可分为 6 个步骤：

（1）拟订网络需达到的覆盖指标和话务要求；

（2）初步网络规划；

（3）基站站址现场勘查；

（4）修正网络规划，完成工程设计；

（5）系统调测和网络优化；

（6）根据优化结果或网络扩容要求，返回第一步。

CDMA2000 1X 网络的设计同样遵循这个步骤，但在很多方面又区别于 GSM 网络。在无线网络的设计方面，主要包括无线频率配置、无线覆盖参数的选定和传播预测、基站话务配置、干扰分析、PN 码规划设计应考虑的其他问题。

在 CDMA 网络规划时，首先应考虑网络的扩容性，因为 CDMA 网络不能像 GSM 网络那样可以简单地通过小区频率达到扩容的目的。因而，在网络规划初期便需要考虑一个确定的信号余量，作为在计算小区面积时因业务量增多而产生干扰的补偿。网络规划时必须注意到这一问题，因为单一地增加发射功率只能改善某一小区的接收信号，并不能消除因业务量增多而引起的接收信号的恶化。而增加发射功率的代价是增加对所有相邻小区的干扰，从而影响了整个网络的通信质量。

CDMA 网络的另一个典型问题是远近效应问题。因为同一小区的所有用户分享相同的频率，所以对整个系统来说，每个用户都是以最小的发射功率发射信号就尤为重要了。CDMA2000 使用闭环功率控制的频率是 800 Hz，而 GSM 为 2 Hz，并且只对上行链路进行闭环功率控制，所以 CDMA 功率控制是一种快速的功率控制机制。当某一用户远离基站时，必须得到较大的发射功率，这意味着小区容量与用户的实际分布有关。当某一用户远离基站时，必须得到较大的发射功率，这意味着小区容量与用户的实际分布有关。当用户密度很大时，可以用平均统计的方法解决这个问题，当用户数量小或者分布有一定倾向性时，可以通过模拟方法对网络进行动态分析。

CDMA2000 1X 网络的业务量是非对称的，也就是说网络上行链路和下行链路的数据传输量有所不同。网络规划时首先分别计算两个方向的值，然后两者适当地结合。上行链路是受覆盖范围限定的，下行链路是受容量限定的。对于通信质量要求不高的业务，其小区覆盖范围就小。这样一来，网络规划就必须考虑这两者的有效平衡，这与建网成本有关。

对于蜂窝通信而言，所涉及到的距离决定了传播模式（一般为视距传播模式）。然而，在城镇中，建筑物经常表现为各种的地形障碍物，它们反射并阻挡了天线之间的数据传输，因此其传播模式表现为反射和衍射路径的一种复杂的结合。这种情况下，使用理论模型很难估计传播损耗，一般使用经验公式进行估计。

1. 系统组网方案

某市 CDMA2000 1x 试验网工程包括电路域、分组域及无线设备，其中电路域配置 MSC 一台和 HLR 一台，分组域设备包括 PDSN 设备一套和 AAA 服务器一台以及相应的路由设备和防火墙，无线设备包括 BSC（包含 PCF）、BTS。无线网络的容量需求在呼损等级为 2%时为 30000 用户左右，覆盖需求为某市区全覆盖面积，即实现对面积 16 平方公里的城区的覆盖。本次试验无线子系统的网络结构如图 18.1 所示。

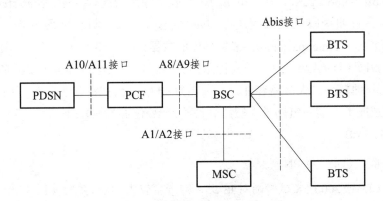

图 18.1　试验网无线子系统结构图

2. 无线系统覆盖的规划

一般规定的 E_b/I_0 参数的推荐值为：

导频信道 $E_c/I_0 \geqslant -15$ dB；

业务信道 $E_c/I_0 = 5$ dB；

同步信道 $E_b/I_0 = 5$ dB；

寻呼信道 $E_b/I_0 = 5$ dB。

在上面的表达中使用导频信道 E_c/I_0 代替 E_b/I_0，这是因为导频信道并不传送任何信息。在表达式中还使用了每码片能量 E_c，码片速率是 1.2288 Mb/s。

为了达到以上覆盖目标，经过初步探讨，计划设置 6 个基站。在市中心地带 A、B、C 和 D 放置四个站，形成一个以 B 为中心的密集覆盖区，在该区域保证数据业务的 QoS。E 和 F 站址距离相对较远，形成一个小容量、大覆盖的区域。其中 A、B、C、D 四个站配置为双载波基站，E 和 F 设置为单载波基站。再使用覆盖预测软件，通过天线高度的调整和天线倾角的调整使市区覆盖达到最佳效果。

链路预算分析的过程：

确定影响前向和反向链路的参数，包括 CDMA 接入特定的技术参数、特定产品参数、传播相关参数、可靠性参数等；

链路预算分析，确定能够保持前向和反向链路通信的最大容许损耗，按下式进行：

MAPL=EIRP of traffic CH − Rx sensitivity + Sum of （gain + loss）

其中 MAPL——满足通信质量的最大容许路径损耗；

EIRP of traffic CH——发射机功率（mdB）、传输系统损耗（dB）和发射机天线增益（dBi）的综合；

Rx sensitivity——不考虑余量和损耗条件下，在基站处所需的最小接收信号电平；

Sum of（gain + loss）——路径损耗。

链路预算中，还需要获得许多与之有关的参数，主要包括与传播有关的参数，如建筑物穿透损耗（Building penetration loss）、车辆穿透损耗（Vehicle penetration loss）、电缆损耗（Cable loss）、天线增益（Antenna gain），与接入技术有关的参数，如干扰余量（Interference rise）、软切换增益（Soft handoff gain）、所需的 E_b/I_0、接收机噪声密度（Receiver interference density），与产品有关的参数如接收机灵敏度（receiver sensitivity）、阴影衰落余量（shadow fading margin）、天线增益（Antenna gain）。根据具体的数据计算所得，在小区边缘覆盖率为 90% 的情况下，该试验网 CDMA2000 1X 前向链路预算语音业务在车载环境下最大链路容许路径衰耗为 133.2 dB，反向链路最大链路容许路径衰耗为 143.6 dB；在数据业务上，为了达到 38.4 kb/s 的速率，车载情况下，前向链路最大链路容许路径衰耗为 136.9 dB；反向链路最大链路容许路径衰耗为 135.7 dB。

3. 频道使用计划和系统 PN 码规划

为了避免 CDMA2000 1X 试验网对 IS-95A 网产生较大影响，实验使用 37 号和 119 号频道，B1 为 119 号 B2 为 37 号。PN 码的规划如表 18-3 所示。

表 18-3 PN 码规划

编 号	站 名	PN（S1）	PN（S2）	PN（S3）
BTS01	E	1	44	87
BTS02	F	32	75	118
BTS03	D	24	67	110
BTS04	A	10	53	97
BTS05	B	18	61	105
BTS06	C	26	69	113

4. 无线系统容量的规划

CDMA2000 1X 系统既可以承载传统话音业务，也可以支持数据业务，其话务参数和数据业务参数取值如下：

话务参数：平均每户忙时话务量 0.02Erl，呼损等级 2%，软切换率 35%。

数据业务参数：忙时平均每用户数据吞吐速率为 1.6 kb/s，忙时每用户上网时长 4 min，平均 IP 包长 480 Byte，电路利用率 70%。

根据对现有 GSM 系统用户的统计，大约有 70%的通话发生在室内，30%的通话发生在室外，而室外的通话中又只有不足 10%的通话是在以 50 km 以上的速度运动，占总通话的比例不足 3%，所以在计算 CDMA2000 1X 的容量时，可暂时忽略由用户移动，而造成对容量的影响。

根据前面对于 CDMA2000 1X 的容量分析结果，定向基站每载波大约可容纳 30 信道。根据 2%的呼损，6 个基站共计：36 300 户，话务容量为 726Erl。

5. 无线系统仿真结果

根据 6 个基站的经纬度以及 6 个基站的天线高度（30 与 45 m 之间），天线增益：17.5dBi；HBW：65degree；FBR：35 dB，通过 CDMA2000 规划软件对系统的仿真预测和天线参数调整，每个小区的天线倾角调整在 2 到 8 度时，可以得到满意的覆盖效果。

6. 系统测试结果

在系统开通后，通过网络优化对系统参数和天线倾角进行了适量的调整，使试验网实现了对该市主要中心地区的良好覆盖。试验网证网指标性能良好，实测结果表明：

实验网全网的 Ec/I0 值均大于-9 dB，中心地带的 Ec/I0 值均大于-6 dB；

主要覆盖区的信号强度大于-80 dB，满足覆盖要求；

整网手机平均发射功率 100 W；FER 控制在 1%以内。

下面是使用路测分析设备对该市 CDMA2000 1X 的正常覆盖时的路测，语音业务全速率容量测试分为 CDMA2000 1X 与 IS-95A 分别进行，测试环境在 B 基站单扇区单载波。测试结果：

CDMA2000 1X 用户最大语音呼叫数为 34，平均话音呼叫数为 33；

IS-95A 用户容量测试最大话音呼叫数为 20，平均话音呼叫数为 18；

数据业务带宽测试分为单数据用户、多数据用户情况，测试环境均在 A 基站单山区两个载频（IS-95 和 CDMA2000 1X）。测试结果为：

前向数据业务带宽测试单用户数据吞吐量为 114.67 kb/s，最大数据呼叫吞吐量（12 个数

据呼叫）为 267.03 kb/s;

反向数据业务单用户数据吞吐量为 137.50 kb/s，最大数据吞吐量（6 个数据呼叫）为 368.15 kb/s。

通过路测（DT）和连续拨打测试（COT）得到的无负载覆盖情况如表 18-4 所示。

表 18-4　无负载覆盖率统计表

序　号	统　计　类　型	统 计 区 间	百分比
1	前向接收功率的室外面积覆盖率	RxPwr>-95 dBm	95.7%
2	前向接收功率的室内面积覆盖（CQT）	RxPwr>-65 dBm	70.2%
3	反向发射功率的室外面积覆盖	TxPwr<25 dBm	96.3%
4	反向发射功率的室内面积覆盖	TxPwr<-15 dBm	76.1%
5	最强导频 Ec/I0 室外面积覆盖率	Ec/I0>-14 dB	99.9%
6	前向 FER 室外面积覆盖率	Forward FER<2%	91.7%

3G 移动通信技术对比

第 19 章 TD-SCDMA、WCDMA、CDMA2000 技术对比

表 19-1 所示是对 WCDMA、TD-SCDMA 和 CDMA2000 三种主流标准的主要技术性能进行了比较。其中仅有 TD-SCDMA 方式使用了智能天线、联合检测和同步 CDMA 等先进技术，所以在系统容量、频谱利用率和抗干扰能力方面具有突出的优势。

表 19-1 TD-SCDMA、WCDMA、CDMA2000 技术对比

	WCDMA	TD-SCDMA	CDMA2000
载波间隔	5 MHZ	1.6 MHZ	1.25 MHZ
码片速率	3.84 Mcps	1.28 Mcps	1.228 8 Mcps
帧长	10 ms	10 ms（分为两个子帧）	20 ms
基站同步	不需要	需要	需要典型方法是 GPS
功率控制	快速功控：上、下行 1 500 Hz	0～200 Hz	反向：800 Hz 前向：慢速、快速功控
下行发射分集	支持	支持	支持
频率间切换	支持，可用压缩模式进行测量	支持，可用空闲时隙进行测量	支持
检测方式	相干解调	联合检测	相干解调
信道估计	公共导频	DwPCH，UpPCH，Mdamble	前向、反向导频
编码方式	卷积码 Turbo 码	卷积码 Turbo 码	卷积码 Turbo 码
上行	干扰受限	码道受限	
下行	功率受限	码道受限	
与覆盖关系	紧密关联 呼吸效应明显	无紧密关系 呼吸效应不明显	

19.1 移动 TD_SCDMA

全称为 Time Division-Synchronous CDMA（时分同步 CDMA），是由我国信息产业部电信科学技术研究院提出，与德国西门子公司联合开发。主要技术特点：同步码分多址技术，智能天线技术和软件无线技术。它采用 TDD 双工模式，载波带宽为 1.6 MHZ。TDD 能使用各种频率资源，不需要成对的频率，能节省未来紧张的频率资源，而且设备成本相对比较低，比 FDD 系统低 20%～50%，特别对上下行不对称，不同传输速率的数据业务来说 TDD 更能显示出其优越性。另外，TD-SCDMA 独特的智能天线技术，能大大提高系统的容量，特别对 CDMA

系统的容量能增加 50%，而且降低了基站的发射功率，减少了干扰。TD-SCDMA 软件无线技术能利用软件修改硬件，在设计、测试方面非常方便，不同系统间的兼容性也易于实现。当然 TD-SCDMA 也存在一些缺陷，它在技术的成熟性方面比另外两种技术要欠缺一等。因此，信息产业部也广纳合作伙伴一起完善它。另外它在抗快衰落和终端用户的移动速度方面也有一定缺陷。

优势：

（1）移动 TD-SCDMA 采用 TDD 方式和 CDMA 和 TDMA 等多址技术，在传输中很容易针对不同类型的业务设置上、下行链路转换点，因而可以使总的频谱效率更高。特别对上下行不对称，不同传输速率的数据业务有优越性。

（2）移动 TD-SCDMA 技术是唯一使用了智能天线，联合检测，同步 CDMA 等先进技术的 3G 标准。TD 在许多方面非常符合移动通信未来的发展方向，是目前唯一明确将智能天线和高速数字调制技术设计在标准中的 3G 系统。

缺点：

（1）技术的成熟性方面存在弱势，尤其终端设备不成熟，造成很多问题。

（2）抗快衰落和终端用户的移动速度方面也有一定缺陷。

19.2　联通 WCDMA

全称为 Wideband CDMA，这是基于 GSM 网发展出来的 3G 技术规范。WCDMA 源于欧洲和日本几种技术的融合。WCDMA 采用直扩（mc）模式，载波带宽为 5 MHZ，数据传送可达到 2 Mb/s（室内）及 384 kb/s（移动空间）。它采用 FDD 双工模式，与 GSM 网络有良好的兼容性和互操作性。作为一项新技术，它在技术成熟性方面不及 CDMA2000，但其优势在于 GSM 的广泛采用能为其升级带来方便。WCDMA 采用最新的异步传输模式（ATM）微信元传输协议，能够允许在一条线路上传送更多的语音呼叫，呼叫数由现在的 30 个提高到 300 个，在人口密集的地区线路将不在容易堵塞。另外，WCDMA 还采用了自适应天线和微小区技术，大大地提高了系统的容量。

优势：

（1）联通 WCDMA 技术相对成熟，手机终端丰富，对移动性的支持更加优质，能支持移动终端在时速 500 km 左右时的正常通信，适合宏蜂窝、蜂窝、微蜂窝组网；而 TD-SCDMA 只适合微蜂窝，对高速移动的支持也较差，只能支持移动终端时速 120 km 左右的正常通信。

（2）在传统网络基础和市场推广上，WCDMA 占据着更大的优势。由于全球移动系统有 85% 都在用 GSM 系统，而 GSM 向 3G 过渡的最佳途径就是历经 GPRS 演进到 WCDMA。

19.3　电信 CDMA2000

CDMA2000 是由窄带 CDMA（CDMA IS95）技术发展而来的宽带 CDMA 技术，由美国高通（qualcomm）公司提出。它采用多载波（ds）方式，载波带宽为 1.25 MHz。CDMA2000

共分为两个阶段：第一阶段将提供 144 kb/s 的数据传送率，而当数据速度加快到每秒 2 Mb/s 传送时，便是第二阶段。到时，和 WCDMA 一样支持移动多媒体服务，是 CDMA 发展 3G 的最终目标。CDMA2000 和 WCDMA 在原理上没有本质的区别，都起源于 CDMA（IS-95）系统技术。但 CDMA2000 做到了对 CDMA（IS-95）系统的完全兼容，为技术的延续性带来了明显的好处：成熟性和可靠性比较有保障，同时也使 CDMA2000 成为从第二代向第三代移动通信过渡最平滑的选择。但是 CDMA2000 的多载传输方式比起 WCDMA 的直扩模式相比，对频率资源有极大的浪费，而且它所处的频段与 IMT-2000 规定的频段也产生了矛盾。

优势：做到了对 CDMA（is-95）系统的完全兼容，成熟性和可靠性比较有保障，CDMA2000 可软件升级平滑过渡到 3G。

缺点：目前技术不太完善，电信 CDMA2000 至目前为止仍不支持视频电话业务。

夯实篇

4G 移动通信技术

第 20 章 概　述

20.1　背景介绍

20.1.1　移动通信演进过程概述

移动通信从 2G、3G 到 4G 发展过程，是从低速语音业务到高速多媒体业务发展的过程。3GPP 正逐渐完善 R8 的 LTE 标准：2008 年 12 月 R8 LTE RAN1 冻结，2008 年 12 月 R8 LTE RAN2、RAN3、RAN4 完成功能冻结，2009 年 3 月 R8 LTE 标准完成，此协议的完成能够满足 LTE 系统首次商用的基本功能。

无线通信技术发展和演进过程如图 20.1 所示。

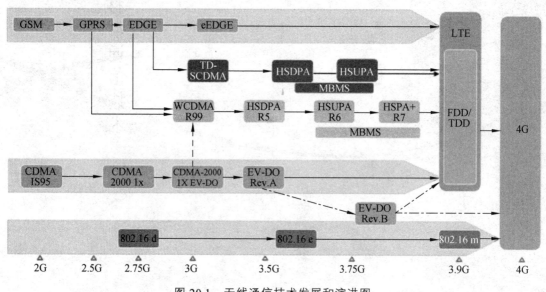

图 20.1　无线通信技术发展和演进图

20.1.2　WCDMA、TD-SCDMA 与 CDMA2000 制式对比

表 20-1　3 种制式对比

制式	WDMA	CDMA2000	TD-SCDMA
继承基础	GSM	窄带 CDMA	GSM
同步方式	异步	同步	同步

续表

制式	WDMA	CDMA2000	TD-SCDMA
码片速率	3.84 Mcps	1.228 8 Mcps	1.28 Mcps
系统带宽	5 MHz	1.25 MHz	1.6 MHz
核心网	GSM MAP	ANSI-41	GSM MAP
语音编码方式	AMR	QCELP，EVRC，VMR-WB	AMR

20.1.3　WCDMA 技术演进过程

WCDMA 的技术发展路标如图 20.2 所示。

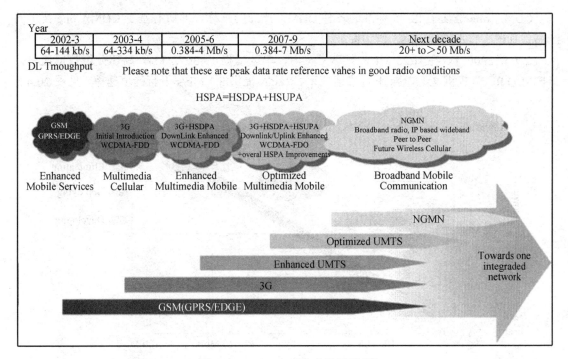

图 20.2　WCDMA 技术发展路标

20.1.4　TD-SCDMA 技术演进过程

中兴无线网络设备支持 TD 近期演进软件平滑升级。

TD 演进可分为两个阶段，CDMA 技术标准阶段和 OFDMA 技术标准阶段。

CDMA 技术标准阶段可平滑演进到 HSPA+，频谱效率接近 LTE，如图 20.3 所示。

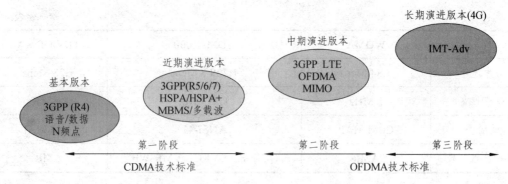

图 20.3　TD-SCDMA 技术演进过程

20.1.5　CDMA2000 技术演进过程

CDMA one 是基于 IS-95 标准的各种 CDMA 产品的总称，即所有基于 CDMA one 技术的产品，其核心技术均以 IS-95 作为标准。

CDMA2000 1x 在 1.25 MHz 频谱带宽内，单载扇提供 307.2 kb/s 高速分组数据速率，1xEV-DO Rev.0 提供 2.4 Mb/s 下行峰值速率，Rev.A 提供 3.1 Mb/s 下行峰值速率（见图 20.4）。

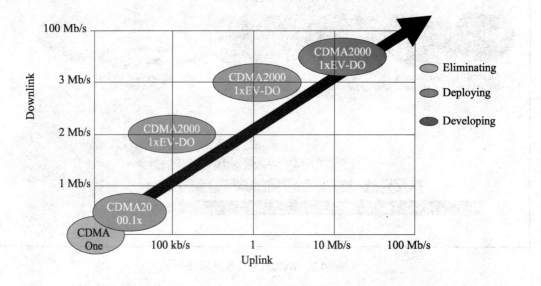

图 20.4　CDMA2000 技术演进过程

20.1.6　LTE 简介和标准进展

3GPP 于 2004 年 12 月开始 LTE 相关的标准工作，LTE 是关于 UTRAN 和 UTRA 改进的项目。3GPP 标准制定分为提出需求、制定结构、详细实现、测试验证 4 个阶段，如图 20.5 所示。3GPP 以工作组的方式工作，与 LTE 直接相关的是 RAN1/2/3/4/5 工作组，如图 20.6 所示。

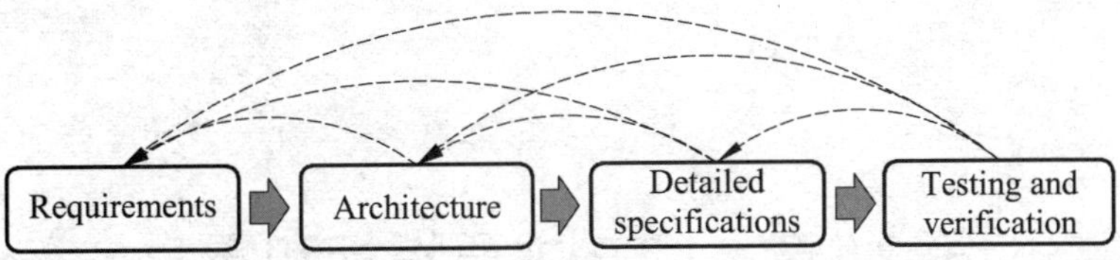

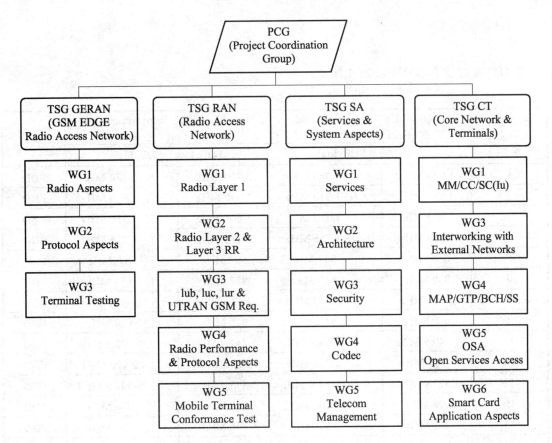

图 20.5　3GPP 标准制定的 4 个阶段

图 20.6　3GPP 标准组织与制定阶段

第 21 章　LTE 主要指标和需求

21.1　频谱划分

E-UTRA 的频谱划分如表 21-1 所示。

表 21-1　E-UTRA frequency bands

E-UTRA Operating Band	Uplink（UL）operating band BS receive UE transmit		Downlink（DL）operating band BS transmit UE receive		Duplex Mode
	FUL_low ~ FUL_high		FDL_low ~ FDL_high		
1	1 920 MHz	~	1 980 MHz	2 110 MHz	~ 2 170 MHz	FDD
2	1 850 MHz	~	1 910 MHz	1 930 MHz	1 990 MHz	FDD
3	1 710 MHz	~	1 785 MHz	1 805 MHz	1 880 MHz	FDD
4	1 710 MHz	~	1 755 MHz	2 110 MHz	~ 2 155 MHz	FDD
5	824 MHz	~	849 MHz	869 MHz	894MHz	FDD
6	830 MHz	~	840 MHz	875 MHz	~ 885 MHz	FDD
7	2 500 MHz	~	2 570 MHz	2 620 MHz	2 690 MHz	FDD
8	880 MHz	~	915 MHz	925 MHz	960 MHz	FDD
9	1 749.9 MHz	~	1 784.9 MHz	1 844.9 MHz	1 879.9 MHz	FDD
10	1 710 MHz	~	1 770 MHz	2 110 MHz	~ 2 170 MHz	FDD
11	1 427.9 MHz	~	1 452.9 MHz	1 475.9 MHz	1 500.9 MHz	FDD
12	698 MHz	~	716 MHz	728 MHz	~ 746 MHz	FDD
13	777 MHz	~	787 MHz	746 MHz	756 MHz	FDD
14	788 MHz	~	798 MHz	758 MHz	768 MHz	FDD
...					
17	704 MHz	~	716 MHz	734 MHz	~ 746 MHz	FDD
...					
33	1 900 MHz	~	1 920 MHz	1 900 MHz	~ 1 920 MHz	TDD
34	2 010 MHz	~	2 025 MHz	2 010 MHz	~ 2 025 MHz	TDD
35	1 850 MHz	~	1 910 MHz	1 850 MHz	~ 1 910 MHz	TDD
36	1 930 MHz	~	1 990 MHz	1 930 MHz	~ 1 990 MHz	TDD
37	1 910 MHz	~	1 930 MHz	1 910 MHz	~ 1 930 MHz	TDD
38	2 570 MHz	~	2 620 MHz	2 570 MHz	~ 2 620 MHz	TDD
39	1 880 MHz	~	1 920 MHz	1 880 MHz	~ 1 920 MHz	TDD
40	2 300 MHz	~	2 400 MHz	2 300 MHz	~ 2 400 MHz	TDD

21.2　峰值数据速率

下行链路的瞬时峰值数据速率在 20 MHz 下行链路频谱分配的条件下，可以达到 100 Mb/s（5 bit/Hz）（网络侧 2 发射天线，UE 侧 2 接收天线条件下）。

上行链路的瞬时峰值数据速率在 20 MHz 上行链路频谱分配的条件下，可以达到 50 Mb/s（2.5 bit/Hz）（UE 侧 1 发射天线情况下）。

宽频带、MIMO、高阶调制技术都是提高峰值数据速率的关键所在。

21.3　控制面延迟

从驻留状态到激活状态，也就是类似于从 Release 6 的空闲模式到 CELL_DCH 状态，控制面的传输延迟时间小于 100 ms，这个时间不包括寻呼延迟时间和 NAS 延迟时间。

从睡眠状态到激活状态，也就是类似于从 Release 6 的 CELL_PCH 状态到 CELL_DCH 状态，控制面传输延迟时间小于 50 ms，这个时间不包括 DRX 间隔。

控制面容量频谱分配是 5 MHz 的情况下，期望每小区至少支持 200 个激活状态的用户。在更高的频谱分配情况下，期望每小区至少支持 400 个激活状态的用户。

21.4　用户面延迟

用户面延迟定义为一个数据包从 UE/RAN 边界节点（RAN edge node）的 IP 层传输到 RAN 边界节点/UE 的 IP 层的单向传输时间。这里所说的 RAN 边界节点指的是 RAN 和核心网的接口节点。

在"零负载"（即单用户、单数据流）和"小 IP 包"（即只有一个 IP 头、而不包含任何有效载荷）的情况下，期望的用户面延迟不超过 5 ms。

21.5　用户吞吐量

下行链路：
在 5% CDF（累计分布函数）处的每赫兹用户吞吐量应达到 R6 HSDPA 的 2 ~ 3 倍；
每 MHz 平均用户吞吐量应达到 R6 HSDPA 的 3 ~ 4 倍。
此时 R6 HSDPA 是 1 发 1 收，而 LTE 是 2 发 2 收。
上行链路：
在 5% CDF 处的每 MHz 用户吞吐量应达到 R6 HSUPA 的 2 ~ 3 倍；
每 MHz 平均用户吞吐量应达到 R6 HSUPA 的 2 ~ 3 倍。
此时 R6 HSUPA 是 1 发 2 收，LTE 也是 1 发 2 收。

21.6 频谱效率

下行链路：在一个有效负荷的网络中，LTE 频谱效率（用每站址、每赫兹、每秒的比特数衡量）的目标是 R6 HSDPA 的 3~4 倍。此时 R6 HSDPA 是 1 发 1 收，而 LTE 是 2 发 2 收。

上行链路：在一个有效负荷的网络中，LTE 频谱效率（用每站址、每赫兹、每秒的比特数衡量）的目标是 R6 HSUPA 的 2~3 倍。此时 R6 HSUPA 是 1 发 2 收，LTE 也是 1 发 2 收。

21.7 移动性

E-UTRAN 能为低速移动（0~15 km/h）的移动用户提供最优的网络性能，能为 15~120 km/h 的移动用户提供高性能的服务，对 120~350 km/h（甚至在某些频段下，可以达到 500 km/h）速率移动的移动用户能够保持蜂窝网络的移动性。

在 R6 CS 域提供的话音和其他实时业务在 E-UTRAN 中将通过 PS 域支持，这些业务应该在各种移动速度下都能够达到或者高于 UTRAN 的服务质量。E-UTRA 系统内切换造成的中断时间应等于或者小于 GERAN CS 域的切换时间。

超过 250 km/h 的移动速度是一种特殊情况（如高速列车环境），E-UTRAN 的物理层参数设计应该能够在最高 350 km/h 的移动速度（在某些频段甚至应该支持 500 km/h）下保持用户和网络的连接。

21.8 覆 盖

E-UTRA 系统应该能在重用目前 UTRAN 站点和载频的基础上灵活地支持各种覆盖场景，实现上述用户吞吐量、频谱效]率和移动性等性能指标。

E-UTRA 系统在不同覆盖范围内的性能要求如下：

覆盖半径在 5 km 内：上述用户吞吐量、频谱效率和移动性等性能指标必须完全满足；

覆盖半径在 30 km 内：用户吞吐量指标可以略有下降，频谱效率指标可以下降，但仍在可接受范围内，移动性指标仍应完全满足；

覆盖半径最大可达 100 km。

21.9 频谱灵活性

频谱灵活性一方面支持不同大小的频谱分配，譬如 E-UTRA 可以在不同大小的频谱中部署，包括 1.4 MHz、3 MHz、5 MHz、10 MHz、15 MHz 以及 20 MHz，支持成对和非成对频谱。

频谱灵活性另一方面支持不同频谱资源的整合（diverse spectrum arrangements）。

21.10 与现有 3GPP 系统的共存和互操作

E-UTRA 与其他 3GPP 系统的互操作需求包括但不限于：

E-UTRAN 和 UTRAN/GERAN 多模终端支持对 UTRAN/GERAN 系统的测量，并支持 E-UTRAN 系统和 UTRAN/GERAN 系统之间的切换。

E-UTRAN 应有效支持系统间测量。

对于实时业务，E-UTRAN 和 UTRAN 之间的切换中断时间应低于 300 ms。

对于非实时业务，E-UTRAN 和 UTRAN 之间的切换中断时间应低于 500 ms。

对于实时业务，E-UTRAN 和 GERAN 之间的切换中断时间应低于 300 ms。

对于非实时业务，E-UTRAN 和 GERAN 之间的切换中断时间应低于 500 ms。

处于非激活状态（类似 R6 Idle 模式或 Cell_PCH 状态）的多模终端只需监测 GERAN，UTRA 或 E-UTRA 中一个系统的寻呼信息。

21.11 减小 CAPEX 和 OPEX

体系结构的扁平化和中间节点的减少使得设备成本和维护成本得以显著降低。

第22章 LTE 总体架构

22.1 系统结构

LTE 采用了与 2G、3G 均不同的空中接口技术、即基于 OFDM 技术的空中接口技术，并对传统 3G 的网络架构进行了优化，采用扁平化的网络架构，亦即接入网 E-UTRAN 不再包含 RNC，仅包含节点 eNB，提供 E-UTRA 用户面 PDCP/RLC/MAC/物理层协议的功能和控制面 RRC 协议的功能。E-UTRAN 的系统结构如图 22.1 所示。

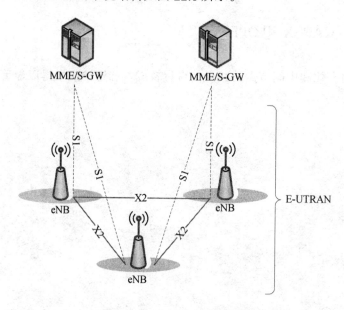

图 22.1 E-UTRAN 结构图

eNB 之间由 X2 接口互连，每个 eNB 又和演进型分组核心网 EPC 通过 S1 接口相连。S1 接口的用户面终止在服务网关 S-GW 上，S1 接口的控制面终止在移动性管理实体 MME 上。控制面和用户面的另一端终止在 eNB 上。图 22.1 中各网元节点的功能划分如下：

1. eNB 功能

LTE 的 eNB 除了具有原来 NodeB 的功能之外，还承担了原来 RNC 的大部分功能，包括有物理层功能、MAC 层功能（包括 HARQ）、RLC 层（包括 ARQ 功能）、PDCP 功能、RRC 功能（包括无线资源控制功能）、调度、无线接入许可控制、接入移动性管理以及小区间的无线资源管理功能等。具体包括有：

无线资源管理：无线承载控制、无线接纳控制、连接移动性控制、上下行链路的动态资源分配（即调度）等功能，IP 头压缩和用户数据流的加密，当从提供给 UE 的信息无法获知到 MME 的路由信息时，选择 UE 附着的 MME。

路由用户面数据到 S-GW。

调度和传输从 MME 发起的寻呼消息。

调度和传输从 MME 或 O&M 发起的广播信息。

用于移动性和调度的测量和测量上报的配置。

调度和传输从 MME 发起的 ETWS（即地震和海啸预警系统）消息。

2. MME 功能

MME 是 SAE 的控制核心，主要负责用户接入控制、业务承载控制、寻呼、切换控制等控制信令的处理。

MME 功能与网关功能分离，这种控制平面/用户平面分离的架构，有助于网络部署、单个技术的演进以及全面灵活的扩容。具体包括：

NAS 信令。

NAS 信令安全。

AS 安全控制。

3GPP 无线网络的网间移动信令。

idle 状态 UE 的可达性（包括寻呼信号重传的控制和执行）。

跟踪区列表管理。

P-GW 和 S-GW 的选择。

切换中需要改变 MME 时的 MME 选择。

切换到 2G 或 3GPP 网络时的 SGSN 选择。

漫游。

鉴权。

包括专用承载建立的承载管理功能。

支持 ETWS 信号传输。

3. S-GW 功能

S-GW 作为本地基站切换时的锚定点，主要负责以下功能：在基站和公共数据网关之间传输数据信息；为下行数据包提供缓存；基于用户的计费等。

eNB 间切换时，本地的移动性锚点。

3GPP 系统间的移动性锚点。

E-UTRAN idle 状态下，下行包缓冲功能以及网络触发业务请求过程的初始化。

合法侦听。

包路由和前转。

上、下行传输层包标记。

运营商间的计费时，基于用户和 QCI 粒度统计。

分别以 UE、PDN、QCI 为单位的上下行计费。

4. PDN 网关（P-GW）功能

公共数据网关 P-GW 作为数据承载的锚定点，提供以下功能：包转发、包解析、合法监听、基于业务的计费、业务的 QoS 控制，以及负责和非 3GPP 网络间的互联等。

基于每用户的包过滤（例如借助深度包探测方法）。

合法侦听。

UE 的 IP 地址分配。

下行传输层包标记。

上、下行业务级计费、门控和速率控制。

基于聚合最大比特速率（AMBR）的下行速率控制。

从图 22.2 可见，新的 LTE 架构中，没有了原有的 Iu 和 Iub 以及 Iur 接口，取而代之的是新接口 S1 和 X2。

E-UTRAN 和 EPC 之间的功能划分图，可以从 LTE 在 S1 接口的协议栈结构图来描述，如图 22.2 所示黄色框内为逻辑节点，白色框内为控制面功能实体，蓝色框内为无线协议层。

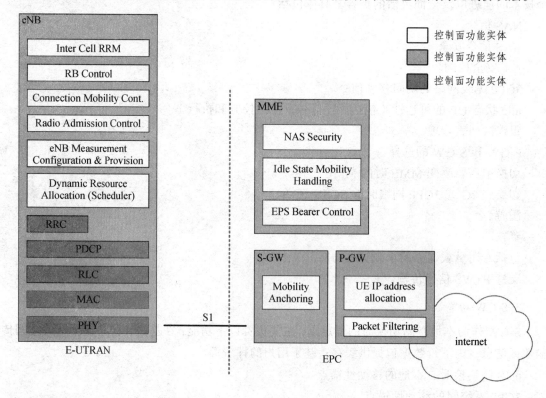

图 22.2　E-UTRAN 和 EPC 的功能划分

22.2　无线协议结构

22.2.1　控制面协议结构

控制面协议结构如图 22.3 所示。

PDCP 在网络侧终止于 eNB，需要完成控制面的加密、完整性保护等功能。

RLC 和 MAC 在网络侧终止于 eNB，在用户面和控制面执行功能没有区别。

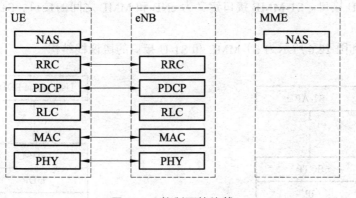

图 22.3　控制面协议栈

RRC 在网络侧终止于 eNB，主要实现广播、寻呼、RRC 连接管理、RB 控制、移动性功能、UE 的测量上报和控制功能。

NAS 控制协议在网络侧终止于 MME，主要实现 EPS 承载管理、鉴权、ECM（EPS 连接性管理）idle 状态下的移动性处理、ECM idle 状态下发起寻呼、安全控制功能。

22.2.2　用户面协议结构

用户面协议结构如图 22.4 所示。

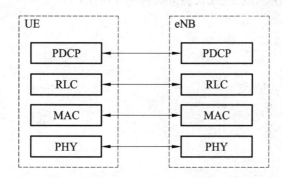

图 22.4　用户面协议栈

用户面 PDCP、RLC、MAC 在网络侧均终止于 eNB，主要实现头压缩、加密、调度、ARQ 和 HARQ 功能。

22.3　S1 和 X2 接口

与 2G、3G 都不同，S1 和 X2 均是 LTE 新增的接口。

22.3.1　S1 接口

S1 接口定义为 E-UTRAN 和 EPC 之间的接口。S1 接口包括两部分：控制面 S1-MME 接口和用户面 S1-U 接口。S1-MME 接口定义为 eNB 和 MME 之间的接口，S1-U 定义为 eNB 和 S-GW 之间的接口。

如图 22.5 和图 22.6 所示为 S1-MME 和 S1-U 接口的协议栈结构。

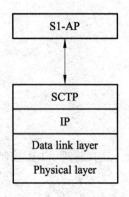

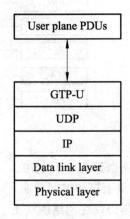

图 22.5　S1 接口控制面（eNB-MME）　　　图 22.6　S1 接口用户面（eNB-S-GW）

已经确定的 S1 接口支持功能包括有：

（1）E-RAB 业务管理功能：

建立，修改，释放。

（2）UE 在 ECM-CONNECTED 状态下的移动性功能：

LTE 系统内切换；

与 3GPP 系统间切换。

（3）S1 寻呼功能。

（4）NAS 信令传输功能。

（5）S1 接口管理功能：

错误指示；

复位。

（6）网络共享功能。

（7）漫游和区域限制支持功能。

（8）NAS 节点选择功能。

（9）初始上下文建立功能。

（10）UE 上下文修改功能。

（11）MME 负载均衡功能。

（12）位置上报功能。

（13）ETWS 消息传输功能。

（14）过载功能。

（15）RAN 信息管理功能。

已经确定的 S1 接口的信令过程有：

（1）E-RAB 信令过程：

E-RAB 建立过程；

E-RAB 修改过程；

MME 发起的 E-RAB 释放过程；

eNB 发起的 E-RAB 释放过程。

（2）切换信令过程：

切换准备过程；

切换资源分配过程；

切换结束过程；

切换取消过程；

（3）寻呼过程。

（4）NAS 传输过程：

上行直传（初始 UE 消息）；

上行直传（上行 NAS 传输）；

下行直传（下行 NAS 传输）。

（5）错误指示过程：

eNB 发起的错误指示过程；

MME 发起的错误指示过程。

（6）复位过程：

eNB 发起的复位过程；

MME 发起的复位过程。

（7）初始上下文建立过程。

（8）UE 上下文修改过程。

（9）S1 建立过程。

（10）eNB 配置更新过程。

（11）MME 配置更新过程。

（12）位置上报过程：

位置上报控制过程；

位置报告过程；

位置报告失败指示过程。

（13）过载启动过程。

（14）过载停止过程。

（15）写置换预警过程。

（16）直传信息转移过程。

如图 22.7 所示是一个 S1 接口信令过程示例：

S1 接口和 X2 接口类似的地方是：S1-U 和 X2-U 使用同样的用户面协议，以便于 eNB 在数据反传（data forward）时，减少协议处理。

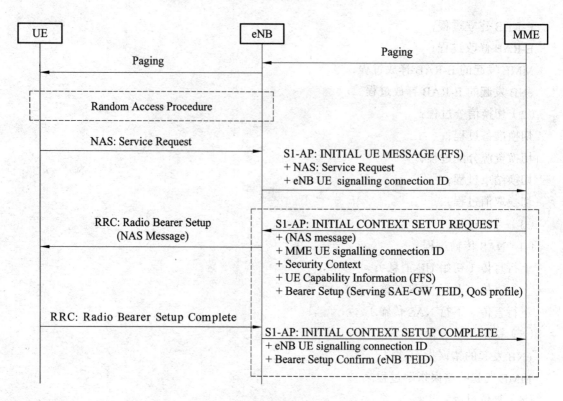

图 22.7　初始上下文建立过程 in Idle-to-Active procedure

22.3.2　X2 接口

X2 接口定义为各个 eNB 之间的接口。X2 接口包含 X2-CP 和 X2-U 两部分，X2-CP 是各个 eNB 之间的控制面接口，X2-U 是各个 eNB 之间的用户面接口。如图 22.8 为 X2-CP 和 X2-U 接口的协议栈结构。

X2-CP 支持以下功能：

（1）UE 在 ECM-CONNECTED 状态下 LTE 系统内的移动性支持：

上下文从源 eNB 到目标 eNB 的转移；

源 eNB 和目标 eNB 之间的用户面通道控制；

切换取消。

（2）上行负荷管理。

（3）通常的 X2 接口管理和错误处理功能：

错误指示。

已经确定的 X2-CP 接口的信令过程包括有：

（1）切换准备。

（2）切换取消。

（3）UE 上下文释放。

（4）错误指示。

（5）负载管理。

小区间负载管理通过 X2 接口来实现。

LOAD INDICATOR 消息用作 eNB 间的负载状态通信，如图 22.9 所示。

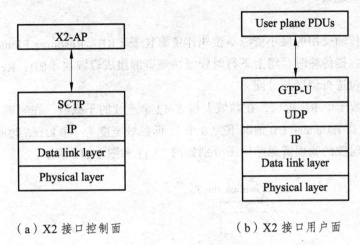

（a）X2 接口控制面　　　　　（b）X2 接口用户面

图 22.8　X2 接口协议栈结构图

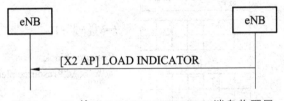

图 22.9　X2 接口 LOAD INDICATOR 消息物理层

22.4　帧结构

LTE 支持两种类型的无线帧结构：

类型 1，适用于 FDD 模式；

类型 2，适用于 TDD 模式。

帧结构类型 1 如图 22.10 所示。每一个无线帧长度为 10 ms，分为 10 个等长度的子帧，每个子帧又由 2 个时隙构成，每个时隙长度均为 0.5 ms。

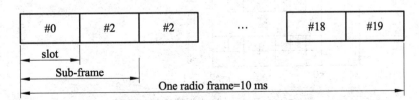

图 22.10　帧结构类型 1

对于 FDD，在每一个 10 ms 中，有 10 个子帧可以用于下行传输，并且有 10 个子帧可以用于上行传输。上下行传输在频域上进行分开。

22.5　物理资源

LTE 上下行传输使用的最小资源单位叫作资源粒子（RE：Resource Element）。

LTE 在进行数据传输时，将上下行时频域物理资源组成资源块（RB：Resource Block），作为物理资源单位进行调度与分配。

一个 RB 由若干个 RE 组成，在频域上包含 12 个连续的子载波、在时域上包含 7 个连续的 OFDM 符号（在 Extended CP 情况下为 6 个），即频域宽度为 180 kHz，时间长度为 0.5 ms。

下行和上行时隙的物理资源结构图分别如图 22.11 和图 22.12 所示。

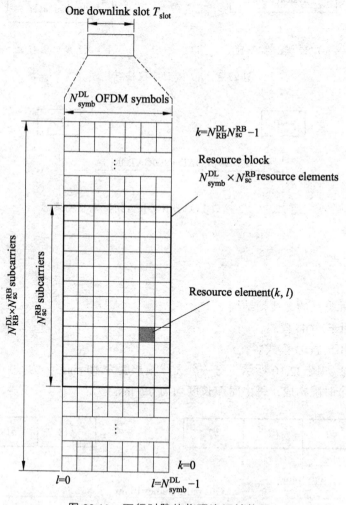

图 22.11　下行时隙的物理资源结构图

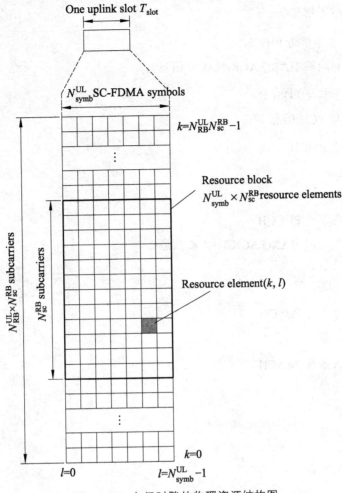

图 22.12　上行时隙的物理资源结构图

22.6　物理信道

下行物理信道有：

1. 物理广播信道 PBCH

已编码的 BCH 传输块在 40 ms 的间隔内映射到 4 个子帧；

40 ms 定时通过盲检测得到，即没有明确的信令指示 40 ms 的定时；

在信道条件足够好时，PBCH 所在的每个子帧都可以独立解码。

2. 物理控制格式指示信道 PCFICH

将 PDCCH 占用的 OFDM 符号数目通知给 UE；

在每个子帧中都有发射。

3. 物理下行控制信道 PDCCH

将 PCH 和 DL-SCH 的资源分配以及与 DL-SCH 相关的 HARQ 信息通知给 UE；

承载上行调度赋予信息。

4. 物理 HARQ 指示信道 PHICH

承载上行传输对应的 HARQ ACK/NACK 信息。

5. 物理下行共享信道 PDSCH

承载 DL-SCH 和 PCH 信息。

6. 物理多播信道 PMCH

承载 MCH 信息。

上行物理信道有：

1. 物理上行控制信道 PUCCH

承载下行传输对应的 HARQ ACK/NACK 信息；
承载调度请求信息；
承载 CQI 报告信息。

2. 物理上行共享信道 PUSCH

承载 UL-SCH 信息。

3. 物理随机接入信道 PRACH

承载随机接入前导。

22.7 传输信道

下行传输信道类型有：

1. 广播信道 BCH

固定的预定义的传输格式；
要求广播到小区的整个覆盖区域。

2. 下行共享信道 DL-SCH

支持 HARQ；
支持通过改变调制、编码模式和发射功率来实现动态链路自适应；
能够发送到整个小区；
能够使用波束赋形；
支持动态或半静态资源分配；
支持 UE 非连续接收（DRX）以节省 UE 电源；
支持 MBMS 传输。

3. 寻呼信道 PCH

支持 UE DRX 以节省 UE 电源（DRX 周期由网络通知 UE）；
要求发送到小区的整个覆盖区域；
映射到业务或其他控制信道也动态使用的物理资源上。

4. 多播信道 MCH

要求发送到小区的整个覆盖区域；

对于单频点网络 MBSFN 支持多小区的 MBMS 传输的合并；

支持半静态资源分配。

上行传输信道类型有：

1. 上行共享信道 UL-SCH

能够使用波束赋形；

支持通过改变发射功率和潜在的调制、编码模式来实现动态链路自适应；

支持 HARQ；

支持动态或半静态资源分配。

2. 随机接入信道 RACH

承载有限的控制信息；

有碰撞风险。

22.8　传输信道与物理信道之间的映射

下行和上行传输信道与物理信道之间的映射关系分别如图 22.13 和图 22.14 所示。

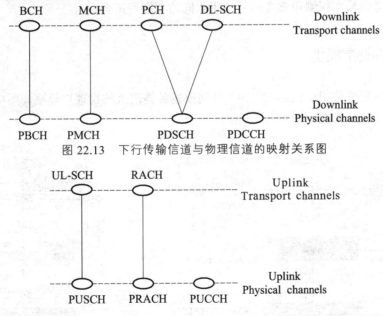

图 22.13　下行传输信道与物理信道的映射关系图

图 22.14　上行传输信道与物理信道的映射关系图

22.9　物理信号

物理信号对应物理层若干 RE，但是不承载任何来自高层的信息。

下行物理信号包括有参考信号（Reference signal）和同步信号（Synchronization signal）。

1. 参考信号

下行参考信号包括下面 3 种：

小区特定（Cell-specific）的参考信号，与非 MBSFN 传输关联；

MBSFN 参考信号，与 MBSFN 传输关联；

UE 特定（UE-specific）的参考信号。

2. 同步信号

同步信号包括下面 2 种：

主同步信号（Primary synchronization signal）；

辅同步信号（Secondary synchronization signal）。

对于 FDD，主同步信号映射到时隙 0 和时隙 10 的最后一个 OFDM 符号上，辅同步信号则映射到时隙 0 和时隙 10 的倒数第二个 OFDM 符号上。

上行物理信号包括参考信号（Reference signal）。

3. 参考信号

上行链路支持两种类型的参考信号：

解调用参考信号（Demodulation reference signal）：与 PUSCH 或 PUCCH 传输有关；

探测用参考信号（Sounding reference signal）：与 PUSCH 或 PUCCH 传输无关。

解调用参考信号和探测用参考信号使用相同的基序列集合。

22.10 物理层模型

下边几个图形（见图 22.15 ~ 22.19）分别描述各类信道的物理层模型。图中的 NodeB 在 LTE 中都称为 eNode B 或 eNB。

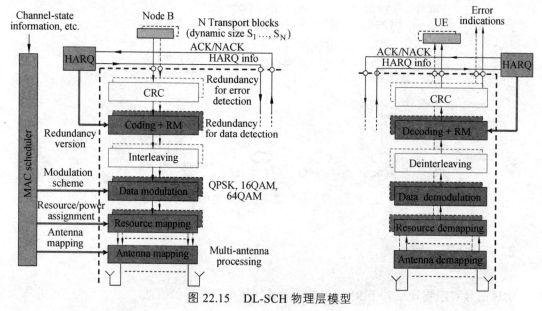

图 22.15 DL-SCH 物理层模型

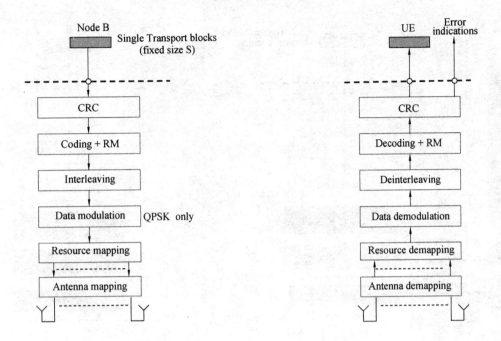

图 22.16 BCH 物理层模型

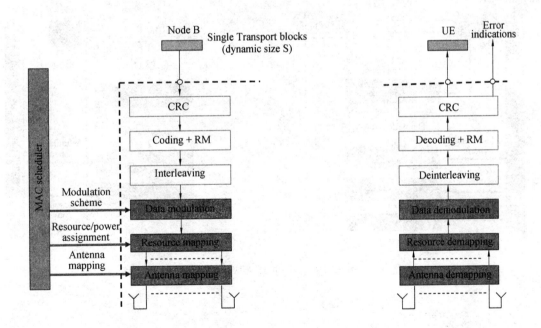

图 22.17 PCH 物理层模型

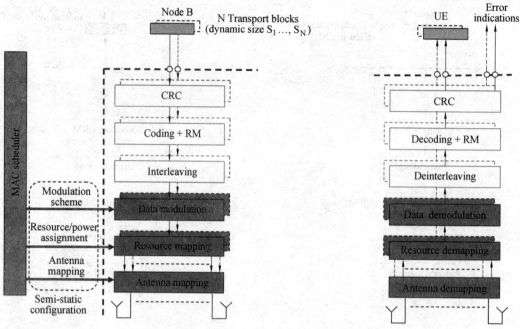

图 22.18　MCH 物理层模型

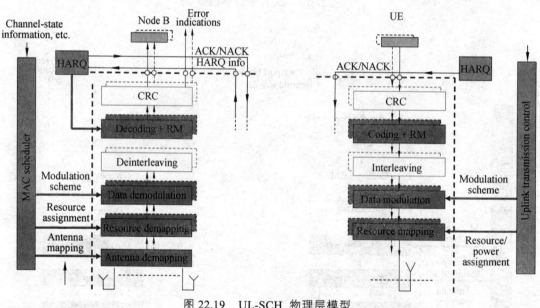

图 22.19　UL-SCH　物理层模型

22.11　物理层过程

22.11.1　同步过程

1. 小区搜索

UE 通过小区搜索过程来获得与一个小区的时间和频率同步，并检测出该小区的小区 ID。

E-UTRA 小区搜索基于主同步信号、辅同步信号以及下行参考信号完成。

2. 定时同步

定时同步（Timing synchronization）包括无线链路监测（Radio link monitoring）、小区间同步（Inter-cell synchronization）、发射定时调整（Transmission timing adjustment）等。

22.11.2　功率控制

下行功率控制决定每个资源粒子的能量（EPRE：energy per resource element）。资源粒子能量表示插入 CP 之前的能量。资源粒子能量同时表示应用的调制方案中所有星座点上的平均能量。上行功率控制决定物理信道中一个 DFT-SOFDM 符号的平均功率。

1. 上行功率控制（Uplink power control）。

上行功率控制控制不同上行物理信道的发射功率。

2. 下行功率分配（Downlink power allocation）。

eNB 决定每个资源粒子的下行发射能量。

22.11.3　随机接入过程

在非同步物理层随机接入过程初始化之前，物理层会从高层收到以下信息：

随机接入信道参数（PRACH 配置，频率位置和前导格式）。

用于决定小区中根序列码及其在前导序列集合中的循环移位值的参数（根序列表格索引，循环移位，集合类型（非限制集合或限制集合））。

从物理层的角度看，随机接入过程包括随机接入前导的发送和随机接入响应。被高层调度到共享数据信道的剩余消息传输不在物理层随机接入过程中考虑。

物理层随机接入过程包括如下步骤：

（1）由高层通过前导发送请求来触发物理层过程。

（2）高层请求中包括前导索引（preamble index），前导接收功率目标值（PREAMBLE_RECEIVED_TARGET_POWER），对应的随机接入无线网络临时标识（RA-RNTI），以及 PRACH 资源。

（3）确定前导发射功率：PPRACH=min{Pmax，PREAMBLE_RECEIVED_TARGET_POWER + PL}，其中 Pmax 表示高层配置的最大允许功率，PL 表示 UE 计算的下行路损估计。

（4）使用前导索引在前导序列集中选择前导序列。

（5）使用选中的前导序列，在指示的 PRACH 资源上，使用传输功率 PPRACH 进行一次前导传输。

（6）在高层控制的随机接入响应窗中检测与 RA-RNTI 关联的 PDCCH。如果检测到，对应的 PDSCH 传输块将被送往高层，高层解析传输块、并将 20 比特的 UL-SCH 授权指示给物理层。

第23章 层2

层 2 包括 PDCP、RLC 和 MAC 三个子层，下行和上行的层 2 结构分别如图 23.1 和图 23.2
所示。

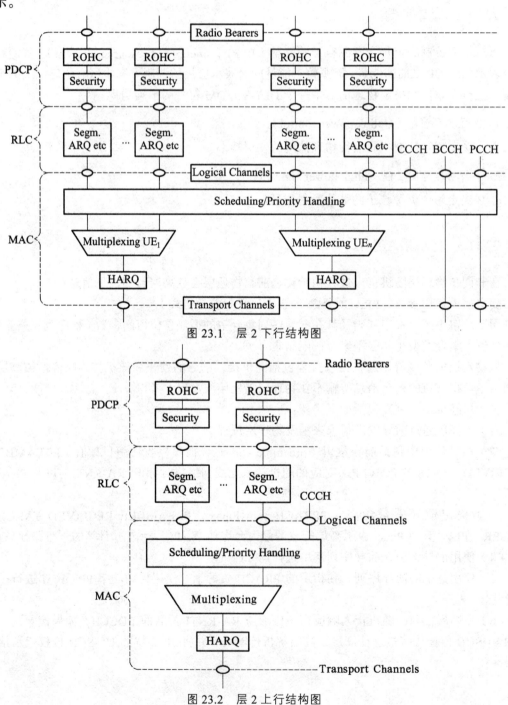

图 23.1 层 2 下行结构图

图 23.2 层 2 上行结构图

　　图中各个子层之间的连接点称为服务接入点（SAP）。PDCP 向上提供的服务是无线承载，提供可靠头压缩（ROHC）功能与安全保护。物理层和 MAC 子层之间的 SAP 提供传输信道，MAC 子层和 RLC 子层之间的 SAP 提供逻辑信道。

　　MAC 子层提供逻辑信道（无线承载）到传输信道（传输块）的复用与映射。

　　非 MIMO 情形下，不论上行和下行，在每个 TTI（1ms）只产生一个传输块。

23.1　MAC 子层

23.1.1　MAC 功能

MAC 子层的主要功能包括有：

逻辑信道与传输信道之间的映射；

MAC 业务数据单元（SDU）的复用/解复用；

调度信息上报；

通过 HARQ 进行错误纠正；

同一个 UE 不同逻辑信道之间的优先级管理；

通过动态调度进行的 UE 之间的优先级管理；

传输格式选择；

填充。

23.1.2　逻辑信道

MAC 提供不同种类的数据传输服务。每个逻辑信道类型根据传输数据的种类来定义。

逻辑信道总体上可以分为下面两大类：

控制信道（Control Channel，用于控制面信息传输）；

业务信道（Traffic Channel，用于用户面信息传输）。

控制信道包括有：

1. 广播控制信道（Broadcast Control Channel，BCCH）

下行信道，广播系统控制信息。

2. 寻呼控制信道（Paging Control Channel，PCCH）

下行信道，传输寻呼信息和系统信息改变通知。当网络不知道 UE 小区位置时用此信道进行寻呼。

3. 公共控制信道（Common Control Channel，CCCH）

用于 UE 和网络之间传输控制信息。该信道用于 UE 与网络没有 RRC 连接的情况。

4. 多播控制信道（Multicast Control Channel，MCCH）

点到多点的下行信道，为 1 条或多条 MTCH 信道传输网络到 UE 的 MBMS 控制信息。该信道只对能够接收 MBMS 的 UE 有效。

5. 专用控制信道（Dedicated Control Channel，DCCH）

点到点的双向信道，在 UE 和网络之间传输专用控制信息。用于 UE 存在 RRC 连接的情况。业务信道包括有：

1. 专用业务信道（Dedicated Traffic Channel，DTCH）

点到点双向信道，专用于一个 UE，用于传输用户信息。

2. 多播业务信道（Multicast Traffic Channel，MTCH）

点到多点下行信道，用于网络向 UE 发送业务数据。该信道只对能够接收 MBMS 的 UE 有效。

23.1.3 逻辑信道与传输信道之间的映射

下行和上行传输信道与物理信道之间的映射关系分别如图 23.3 和图 23.4 所示。

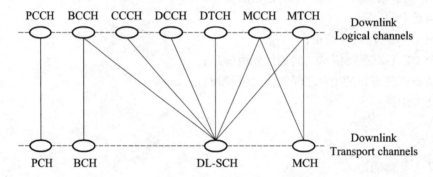

图 23.3 下行逻辑信道与传输信道映射关系图

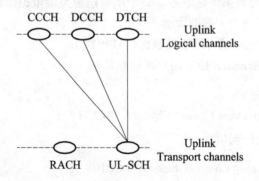

图 23.4 上行逻辑信道与传输信道映射关系图

23.2 RLC 子层

23.2.1 RLC 功能

RLC 子层的主要功能包括有：

上层 PDU 传输；

通过 ARQ 进行错误修正（仅对 AM 模式有效）；

RLC SDU 的级联，分段和重组（仅对 UM 和 AM 模式有效）；

RLC 数据 PDU 的重新分段（仅对 AM 模式有效）；

上层 PDU 的顺序传送（仅对 UM 和 AM 模式有效）；

重复检测（仅对 UM 和 AM 模式有效）；

协议错误检测及恢复；

RLC SDU 的丢弃（仅对 UM 和 AM 模式有效）；

RLC 重建。

23.2.2 PDU 结构

RLC PDU 结构如图 23.5 所示。

RLC 头携带的 PDU 序列号与 SDU 序列号（即 PDCP 序列号）独立；

图中红色的虚线表示分段的位置。

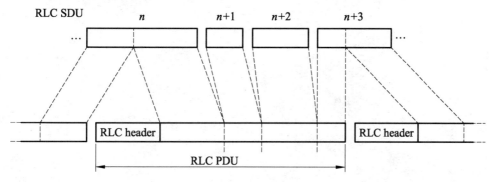

图 23.5 RLC PDU 结构图

23.3 PDCP 子层

23.3.1 PDCP 功能

PDCP 子层用户面的主要功能包括有：

头压缩与解压缩：只支持 ROHC 算法；

用户数据传输；

RLC AM 模式下，PDCP 重建过程中对上层 PDU 的顺序传送；

RLC AM 模式下，PDCP 重建过程中对下层 SDU 的重复检测；

RLC AM 模式下，切换过程中 PDCP SDU 的重传；

加密、解密；

上行链路基于定时器的 SDU 丢弃功能。

PDCP 子层控制面的主要功能包括有：

加密和完整性保护；

控制面数据传输。

23.3.2　PDU 结构

如图 23.6 所示是 PDCP PDU 结构图：

PDCP PDU 和 PDCP 头均为 8 位组的倍数；

PDCP 头可以是一个字节或者两个字节长。

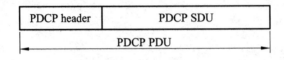

图 23.6　PDCP PDU 结构图

第 24 章　RRC

24.1　RRC 功能

RRC 的主要功能包括有：

（1）NAS 层相关的系统信息广播；

（2）AS 层相关的系统信息广播；

（3）寻呼；

（4）UE 和 E-UTRAN 间的 RRC 连接建立、保持和释放，包括：

UE 和 E-UTRAN 之间的临时标识符分配；

为 RRC 连接配置信令无线承载（SRB）：

低优先级和高优先级的 SRB。

（5）包括密钥管理在内的安全管理；

（6）建立、配置、保持和释放点对点 RB；

（7）移动性管理，包括：

针对小区间和 RAT 间移动性的 UE 测量上报和上报控制；

切换；

UE 小区选择和重选，以及小区选择和重选控制；

切换过程中的上下文转发。

（8）MBMS 业务通知；

（9）为 MBMS 业务建立、配置、保持和释放 RB；

（10）QoS 管理功能；

（11）UE 测量上报及上报控制；

（12）NAS 直传消息传输。

24.2　RRC 状态

RRC 的状态分为 RRC_IDLE 和 RRC_CONNECTED 两种：

（1）空闲状态（RRC_IDLE）：

PLMN 选择；

NAS 配置的 DRX；

系统信息广播；

寻呼；

小区重选移动性；

UE 将被分配一个在跟踪区（TA）范围内唯一的标识；

eNB 中没有存储 RRC 上下文。

（2）连接状态（RRC_CONNECTED）：

UE 有一个 E-UTRAN-RRC 连接；

UE 在 E-UTRAN 中有上下文；

E-UTRAN 知道 UE 归属哪个小区；

网络可以与 UE 之间进行数据收发；

网络控制的移动性（切换）；

邻区测量；

RRC_CONNECTED 状态的 PDCP/RLC/MAC 特点：

UE 可以与网络之间收发数据；

UE 监听与共享数据信道相关的控制信令信道来查看在共享数据信道上是否有分配给此 UE 的传输；

UE 也上报信道质量信息和反馈信息给 eNB；

DRX 周期可以根据 UE 的活动水平来配置以达到终端节电和提高资源利用率的目的，该功能由 eNB 控制。

24.3　NAS 状态及其与 RRC 状态的关系

NAS 状态模型可以用 EPS 移动性管理（EMM）状态和 EPS 连接管理（ECM）状态两维状态模型来描述：

（1）EMM 状态：

EMM-DEREGISTERED 状态；

EMM-REGISTERED 状态。

（2）ECM 状态：

ECM-IDLE 状态；

ECM-CONNECTED 状态。

注意 EMM 状态和 ECM 状态是相互独立的。

NAS 状态与 RRC 状态之间的关系如下所示：

（1）EMM-DEREGISTERED 状态+ ECM-IDLE 状态$\Rightarrow$ RRC_IDLE 状态：

移动性特征包括有：PLMN 选择；

UE 位置：不被网络所知。

（2）EMM-REGISTERED 状态 + ECM-IDLE 状态$\Rightarrow$ RRC_IDLE 状态：

移动性特征包括有：小区选择；

UE 位置：在跟踪区级别被网络所知。

（3）EMM-REGISTERED 状态+ ECM-CONNECTED 状态+无线承载已建立$\Rightarrow$ RRC_CONNECTED 状态：

移动性特征包括有：切换；

UE 位置：在小区级别被网络所知。

24.4 RRC 过程

RRC 过程主要包括：系统信息（System Information）、连接控制（Connection Control）、移动性过程、测量、信息直传等。

24.4.1 系统信息

系统信息分为主信息块（MIB：MasterInformationBlock）和一系列系统信息块（SIB：SystemInformationBlock）：

主信息块（MasterInformationBlock）：定义小区最重要的物理层信息，用于接收进一步的系统信息；

系统信息块类型 1（SystemInformationBlockType1）：包含评估 UE 是否允许被接入一个小区的相关信息，以及对其他系统信息块的调度进行定义；

系统信息块类型 2（SystemInformationBlockType2）：包含公共和共享信道信息；

系统信息块类型 3（SystemInformationBlockType3）：包含小区重选信息，主要与服务小区相关；

系统信息块类型 4（SystemInformationBlockType4）：包含小区重选相关的服务频点和同频邻小区信息；

系统信息块类型 5（SystemInformationBlockType5）：包含小区重选相关的其他 E-UTRA 频点和异频邻小区信息；

系统信息块类型 6（SystemInformationBlockType6）：包含小区重选相关的 UTRA 频点和 UTRA 邻小区信息；

系统信息块类型 7（SystemInformationBlockType7）：包含小区重选相关的 GERAN 频点信息；

系统信息块类型 8（SystemInformationBlockType8）：包含小区重选相关的 CDMA2000 频点和 CDMA2000 邻小区信息；

系统信息块类型 9（SystemInformationBlockType9）：包含家庭基站标识（HNBID：home eNB identifier）；

系统信息块类型 10（SystemInformationBlockType10）：包含 ETWS 主通知（ETWS primary notification）；

系统信息块类型 11（SystemInformationBlockType11）：包含 ETWS 辅通知（ETWS secondary notification）；

MIB（主信息块）映射到 BCCH 和 BCH 上，其他 SI（系统信息）消息映射到 BCCH 和 DL-SCH 上、此时通过 SI-RNTI（System Information RNTI）进行标识。MIB 使用固定的调度周期 40 ms，SystemInformationBlockType1 使用固定的调度周期 80 ms，其他 SI 消息调度周期不固定、由 SystemInformationBlockType1 指示。

24.4.2　连接控制

RRC 连接控制包括有：

寻呼（Paging）；

RRC 连接建立（RRC connection establishment）；

初始安全激活（Initial security activation）；

RRC 连接重配置（RRC connection reconfiguration）；

计数器检查（Counter check）；

RRC 连接重建立（RRC connection re-establishment）；

RRC 连接释放（RRC connection release）；

无线资源配置（Radio resource configuration）；

信令无线承载增加/修改（SRB addition/ modification）；

数据无线承载释放（DRB release）；

数据无线承载增加/修改（DRB addition/ modification）；

MAC 重配置（MAC main reconfiguration）；

半持续调度重配置（Semi-persistent scheduling reconfiguration）；

物理信道重配置（Physical channel reconfiguration）；

无线链路失败相关的操作（Radio link failure related actions）。

第 25 章　LTE 关键技术

25.1　双工方式

LTE 支持 FDD、TDD 两种双工方式。同时 LTE 还考虑支持半双工 FDD 这种特殊的双工方式。

25.2　多址方式

LTE 采用 OFDMA（正交频分多址：Orthogonal Frequency Division Multiple Access）作为下行多址方式，如图 25.1 所示。

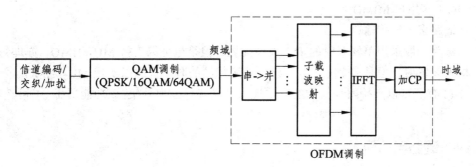

图 25.1　LTE 下行多址方式

LTE 采用 DFT-S-OFDM（离散傅立叶变换扩展 OFDM：Discrete Fourier Transform Spread OFDM），或者称为 SC-FDMA（单载波 FDMA：Single Carrier FDMA）作为上行多址方式，如图 25.2 所示。

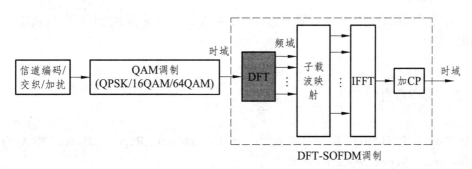

图 25.2　LTE 上行多址方式

25.3　多天线技术

下行链路多天线传输：

多天线传输支持 2 根或 4 根天线。码字最大数目是 2，与天线数目没有必然关系，但是码字和层之间有着固定的映射关系。码字（code word）、层（layer）和天线口（antenna port）的大致关系如图 25.3 所示。

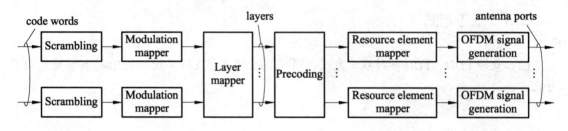

图 25.3　物理信道处理

多天线技术包括空分复用（SDM：Spatial division multiplexing）、发射分集（Transmit diversity）等技术。SDM 支持 SU-MIMO 和 MU-MIMO。当一个 MIMO 信道都分配给一个 UE 时，称之为 SU-MIMO（单用户 MIMO）；当 MIMO 数据流空分复用给不同的 UE 时，称之为 MU-MIMO（多用户 MIMO）。

上行链路多天线传输：

上行链路一般采用单发双收的 1*2 天线配置，但是也可以支持 MU-MIMO，亦即每个 UE 使用一根天线发射，但是多个 UE 组合起来使用相同的时频资源以实现 MU-MIMO。

另外 FDD 还可以支持闭环类型的自适应天线选择性发射分集(该功能属于 UE 可选功能)。

25.4　链路自适应

1. 下行链路自适应

主要指自适应调制编码（AMC：adaptive modulation and coding），通过各种不同的调制方式（QPSK、16QAM 和 64QAM）和不同的信道编码率来实现。

2. 上行链路自适应

包括有三种链路自适应方法：① 自适应发射带宽；② 发射功率控制；③ 自适应调制和信道编码率。

25.5　HARQ 和 ARQ

E-UTRAN 支持 HARQ（混合自动重传：Hybrid Automatic Repeat reQuest）和 ARQ（自动重传：Automatic Repeat reQuest）功能。

25.5.1　HARQ

HARQ 功能由 MAC 子层完成，具有如下特性：

采用 N 进程停等（N-process Stop-And-Wait）方式；

HARQ 对传输块进行传输和重传。

在下行链路：

（1）异步自适应 HARQ；

（2）下行传输（或重传）对应的上行 ACK/NACK 通过 PUCCH 或 PUSCH 发送；

（3）PDCCH 指示 HARQ 进程数目以及是初传还是重传；

（4）重传总通过 PDCCH 调度。

在上行链路：

（1）同步 HARQ；

（2）针对每个 UE（而不是每个无线承载）配置重传最大次数；

（3）上行传输（或重传）对应的下行 ACK/NACK 通过 PHICH 发送。

上行链路的 HARQ 遵循以下原则：

当 UE 正确收到发给自己的 PDCCH 时，无论 HARQ 反馈的内容是什么（ACK 或 NACK），UE 只按 PDCCH 的命令去做，即执行传输或重传（即自适应重传）操作；

当 UE 没有检测到发给自己的 PDCCH 时，由 HARQ 反馈来指示 UE 如何执行重传操作：

NACK：UE 将执行非自适应的重传操作；

ACK：UE 不执行任何上行传输（或重传）操作，并将数据保留在 HARQ 缓存中。

测量间隙（Measurement gap）相对 HARQ 重传具有更高的优先级：当 HARQ 重传与测量间隙冲突时，则停止 HARQ 重传。

25.5.2　ARQ

ARQ 功能由 RLC 子层完成，具有如下特性：

（1）ARQ 重传 RLC PDU 或 RLC PDU 分段；

ARQ 重传基于 RLC 状态报告触发，也可以基于 HARQ/ARQ 的交互情况来触发。

（2）RLC 根据需要轮询 RLC 状态报告；

（3）状态报告可由上层触发。

25.5.3　HARQ/ARQ 交互

如果 HARQ 发送端检测到一个传输块（TB）失败传输次数达到了最大重传限制，相关的 ARQ 实体将收到通知并可能启动重传或重分段操作。

附 录

缩略语

缩略词	中文名称	英文名称
3GPP	第 3 代合作伙伴计划	3rd Generation Partnership Project
BIT/SK	双相移键控	Binary Phase Shift Keying
CAPEX	资本性支出，运营商投资	Capital Expenditure
DFT	离散傅立叶变换	Discrete Fourier Transform
DRX	非连续接收	Discontinuous Reception
E-MBMS	演进型 MBMS	Evolved Multimedia Broadcast and Multicast Service
eNB	演进型 NodeB	Evolution NodeB
E3G	演进型 3G	evolved 3G
EPC	演进型分组核心网	Evolved Packet Core
E-UTRA	演进型 UTRA	Evolved Universal Terrestrial Radio Access
HCR	高码片速率	High Chip Rate
HeNB	家庭 eNB	Home eNB
IASA	跨接入系统锚点	Inter Access System Anchor
IFFT	逆快速傅立叶变换	Inverse Discrete Fourier transform
LCR	低码片速率	Low Chip Rate
LDPC	低密度奇偶校验	low-density parity-check
LTE	长期演进	Long Term Evolution
MIMO	多输入多输出	Multiple Input Multiple Output
MME	移动性管理实体	Mobile Management Entity
OFDM	正交频分多址	Orthogonal Frequency Division Multiplex
OPEX	运营性支出	Operating Expenditure
PAPR	峰均功率比	Peak to Average Power Ratio
QAM	正交调幅	Quadrature Amplitude Modulation

缩略词	中文名称	英文名称
QoS	服务质量	Quality of Service
QPSK	正交转换相移键控	Quadrature Phase Shift Keying
RRC	无线资源控制	Radio Resource Control
SAE	系统构架演进	System Architecture Evolution
SC-FDMA	单载频-频分多址接入	Single Carrier-Frequency Division Multiple Access
SDM	空分复用	Spatial Division Multiple
S-GW	服务网关	Serving Gateway
TTI	传输时间间隔	Transmission Time Interval

参考文献

[1] 张明和. 深入浅出 4G 网络[M]. 北京：人民邮电出版社，2016.

[2] 窦中兆，雷湘. WCDMA 系统原理与无线网络优化[M]. 北京：清华大学出版社，2009.

[3] 许圳彬，王田甜，等. WCDMA 移动通信技术[M]. 北京：人民邮电出版社，2012.

[4] 杨大成. CDMA2000 1X 移动通信系统[M]. 北京：机械工业出版社，2003.

[5] 彭木根，王文博，等. TD-SCDMA 移动通信系统[M]. 北京：机械工业出版社，2006.

[6] 张威. GSM 网络优化—原理与工程[M]. 北京：人民邮电出版社，2003.

[7] 韩斌杰，杜新颜，张建斌. GSM 原理及其网络优化[M]. 2 版. 北京：机械工业出版社，2009.

[8] 纪红. 7 号信令系统[M]. 北京：人民邮电出版社，1999.

[9] 孙宇桐，赵文伟，蒋文辉. CDMA 空中接口技术[M]. 北京：人民邮电出版社，2004.

[10] 姜怡华，许慕鸿，习建德，等. 3GPP 系统架构演进（SAE）原理与设计[M]. 北京：人民邮电出版社，2013.

[11] DAHLMAN E，PARKVALL S，SKOLD J. 4G 移动通信技术权威指南[M]. 2 版. 朱敏，等译. 北京：人民邮电出版社，2015.

[12] 左飞. 大话 TD-SCDMA[M]. 北京：人民邮电出版社，2010.

[13] 李军. TD-SCDMA HSDPA 系统设计与组网技术[M]. 北京：电子工业出版社，2010.

[14] 赵绍刚，等. TD-SCDMA 网络部署、运营、与优化实践[M]. 北京：电子工业出版社，2010.

[15] 王晓龙. WCDMA 信令解析与网络优化[M]. 北京：机械工业出版社，2013.

[16] 姜波. WCDMA 关键技术详解[M]. 北京：人民邮电出版社，2008.

[17] 陈威兵，刘光灿，张刚林，冯璐. 移动通信原理[M]. 北京：清华大学出版社，2015.